HANSHENG MUCAO ZHONGZHIZIYUAN SHOUJI
PINGJIA JI FANZHI GENGXIN

旱生牧草种质资源收集评价及繁殖更新

田福平 胡 宇 陈子萱 编著

中国农业科学技术出版社

图书在版编目（CIP）数据

旱生牧草种质资源收集评价及繁殖更新 / 田福平，胡宇，陈子萱编著. -- 北京：中国农业科学技术出版社，2024. 11. -- ISBN 978-7-5116-7164-6

Ⅰ. S54

中国国家版本馆 CIP 数据核字第 2024A08G27 号

责任编辑　穆玉红
责任校对　马广洋
责任印制　姜义伟　王思文

出 版 者	中国农业科学技术出版社
	北京市中关村南大街 12 号　　邮编：100081
电　　话	（010）82106626（编辑室）（010）82106624（发行部）
	（010）82106624（读者服务部）
网　　址	https://castp.caas.cn
经 销 者	各地新华书店
印 刷 者	北京建宏印刷有限公司
开　　本	170 mm×240 mm　1/16
印　　张	17.5
字　　数	310 千字
版　　次	2024 年 11 月第 1 版　2024 年 11 月第 1 次印刷
定　　价	59.00 元

◆━━━版权所有·侵权必究━━━◆

《旱生牧草种质资源收集评价及繁殖更新》
编著委员会

主编著：
    田福平（兰州大学）
    胡　宇（中国农业科学院兰州畜牧与兽药研究所）
    陈子萱（甘肃省农业科学院生物技术研究所）

副主编著：
    鱼小军（甘肃农业大学）
    梁欢欢（中国农业科学院兰州畜牧与兽药研究所）
    刘雄洲（金昌居佳生态农业有限公司）

参编人员：
    武生聃　樊经纬　李敏洁　杜星瑶　郭慧婷　刘舒宇　杜彦磊　张　峰
    贾培寅　韩林蓉　蔡　竞　南红艳　杨一帆（兰州大学）
    段慧荣　吴　芳　张小甫　杨　晓　李玉洁　杨倩倩
    （中国农业科学院兰州畜牧与兽药研究所）
    徐　娜（兰州市园林绿化服务中心）
    朱　静（中国农业科学院西部农业研究中心）
    薛莉超　胡天光　程斌让（金昌居佳生态农业有限公司）
    尹亚丽（青海大学畜牧兽医科学院）
    徐　炜　王国栋（甘肃省农业科学院畜草与绿色农业研究所）
    董　礼　王　睿　王　波（中广核风电有限公司）
    李德明　周栋昌　杨　浩　梁　婷　李智燕（甘肃省草原技术推广总站）
    陈海涛（三杰牧草杨凌研究院有限公司）

康继平　张忠平（天水市农业科学研究所）
何永涛（四川省国投羌山科技集团股份有限公司）
韩　军（中国大气本底基准观象台/青海省气象局）
尹国丽　刘文兰　刘雅楠（甘肃农业大学）
徐智明　李争艳（安徽省农业科学院畜牧兽医研究所）
高　凯（内蒙古民族大学）
陈立强（塔里木大学动物科学学院）
刘晓东（天水师范学院生物工程与技术学院）
杨　杰（青海省海东市气象局）
段海峰　贺佳圆　宁　发　王　奥
（河北省张家口市张北县自然资源和规划局）
强德智（河北省张家口市赤城县自然资源和规划局）
邱振城（内蒙古巴彦淖尔市农牧业产业园区服务中心）
郑富宏　蒲佳兵（玉门市至诚三和饲草技术开发有限公司）
张宏霞　张彦斌（甘肃省天水市秦州区林业和草原局）
玛里兰·毕克塔依尔（伊梨职业技术学院）
米热班古丽·瓦力（伊犁哈萨克自治州草原工作站）
王春玲（张家口市剪子岭林场）
史晓霞　何　军（北京鼎鑫嘉禾生态工程科技有限公司）

前　言

中国草原是欧亚大陆草原的重要组成部分，具有典型的干旱、半干旱草原景观和植被分布，广泛分布于东北的西部、内蒙古、西北荒漠地区的山地和青藏高原一带，横亘北纬 $30°\sim50°$。从行政区划来看，主要分布在黑龙江、吉林、辽宁、内蒙古、宁夏、甘肃、青海、新疆、陕西、河北、山西和四川等12个省区。我国主要的草原区位于西北内陆，以蒙宁甘草原区、新疆草原区、青藏高原草原区的干旱、半干旱地区及荒漠地区为主，西北内陆干旱区多为高山峻岭，远离海洋，气候干旱且风沙较多，分布着大量优质的旱生牧草种质资源。由于我国生态地理条件复杂多样，草原分布区域空间特征明显，从草甸草原、典型草原、荒漠草原到荒漠，草地植被垂直分布和水平分布差异非常显著，复杂的生态地理条件及多样化的草地类型蕴含着丰富、优质且多样的旱生牧草资源。

我国旱生牧草资源丰富，开发潜力巨大。旱生牧草种质资源是重要的战略资源，是北方寒旱区生态环境建设和现代草牧业可持续发展的重要物质基础。我国的旱生牧草资源是长江和黄河发源地生态环境的主要生物屏障，保护旱生牧草资源是中下游环境治理的根本，尤其是黄河流域中下游地区国民可经济持续发展的保证。其中，药用旱生牧草资源、富含蛋白质的豆科旱生牧草资源、种类繁多的菊科旱生牧草资源、抗旱耐盐的藜科旱生牧草资源等均蕴藏着巨大的开发利用价值，一些具有优异特性的旱生牧草种质资源在生态环境恢复、盐碱地改良、活性成分提取、天然日化产品研发和生物能源研究等方面具有独特的资源优势。

旱生牧草种质资源的收集、评价及繁殖更新，是目前我国退化草地恢复、生态环境建设、防风治沙、抗逆性牧草与生态草新品种选育非常重要的研究内容之一，特别在广阔的半干旱、干旱地区，产业化开发方面相对落后，如何开发利用优异的旱生牧草种质资源，将其转化为产业化技术，开发出新产品，一直是牧草资源研究者不断创新和实践的动力。然而，由于广大干旱、半干旱地区及荒漠地区的生物多样性受危害最为严重,生态系统最为脆弱,许多旱生牧草的生存受到威胁。因此,了解旱生牧草资源及其生理生态适应性,开展旱生牧草种质资源的评价、种子繁育的相关研究,对于我国西北乃至整个北方地区的生态建设,尤其对全面推动黄河流域生态保护和高质量发展、打好"三北"工程攻坚战、打赢"河西走廊——塔克拉玛干沙漠边缘阻击战"及退化生态系统的恢复等,都将具有重要的现实意义和战略意义。

当前,我国对旱生牧草资源的研究主要基于资源调查,进而向评价、种子繁育以及人工栽培等领域拓展。我国旱生牧草种质资源绝大部分尚没有得到充分的挖掘和利用,旱生牧草种质资源的开发利用潜力很大,通过开发利用优异的旱生牧草基因资源,可以形成许多优势产品和新产业,选育出抗逆性强的优异品种,从而提高旱生牧草资源的利用价值。

本书由从事旱生牧草种质资源收集、评价和繁殖更新研究的科研院所、高校、地方事业单位、企业等生产一线的专家合作编著而成。对从事草种资源与饲草种子繁育的科研人员、高校教师和学生、草种生产的企业技术和管理人员及草种技术推广人员等具有一定的指导作用。

本书包含了兰州大学"双一流建设科研启动费(561120227)"、中国农业科学院创新工程专项资金项目"寒生旱生灌草新品种选育(CAAS-ASTIP-2018-LIHPS-08)"、横向技术开发项目"抗旱节水型优质饲草筛选评价及生产示范(金科综2023-10)"、天水市秦州区科技重大专项计划项目"天水市生态修复草种质资源收集试验及评价(2023-NCKJG-5000)"及"中广核新能源典型区域沙漠治理技术研究与验证(020-GN-B-2024-C45-P.O.99-00807)"项目的部分研究内容,并得到以上项目的资助。

在书稿编写过程中得到许多同行的支持,特别是在标准规范、数据标准及草种综合保存技术方面大量参考或引用了相关标准和规范文件与著作的内容,在此,谨向为本书提供资料和支持的专家以及被引用文献的作者致以衷心感谢!

由于所收集的旱生牧草种质、繁殖更新的草种和田间栽培的旱生牧草等方面资源所限,且编写者在植物分类以及部分旱生牧草研究方面的实践经验不足,书中如有错误疏漏之处,敬请有关专家和广大读者多提宝贵意见。谢谢!

编 者

2024 年 8 月 29 日

目 录

第一章　我国的草原及旱生牧草资源 ········· 1
 第一节　我国的草原 ········· 1
 第二节　我国的旱生牧草资源 ········· 6
 第三节　旱生牧草的收集、保存、评价及利用现状 ········· 16

第二章　旱生牧草生态环境及其生理生态适应性 ········· 27
 第一节　世界的干旱类型及分布 ········· 28
 第二节　中国的干旱半干旱地区 ········· 30
 第三节　旱生牧草的生理生态适应性 ········· 34

第三章　旱生牧草种质资源的收集与保存 ········· 52
 第一节　旱生牧草资源的收集 ········· 52
 第二节　旱生牧草资源的保存 ········· 61

第四章　旱生牧草种质资源的评价 ········· 65
 第一节　旱生牧草资源鉴定及评价内容 ········· 65
 第二节　旱生牧草利用价值的评价 ········· 71

第五章　旱生牧草种子的采集与贮藏 ········· 93
 第一节　旱生牧草的种子采集技术 ········· 93
 第二节　旱生牧草的种子处理与贮藏 ········· 100
 第三节　旱生牧草种子清选 ········· 102
 第四节　旱生牧草种子包装 ········· 103
 第五节　旱生牧草种子贮藏 ········· 106

第六章　旱生牧草种子的休眠与老化 ··· 117

第一节　旱生牧草种子的休眠 ··· 117

第二节　旱生牧草种子的老化 ··· 126

第七章　旱生牧草资源的繁殖更新 ··· 129

第一节　繁殖更新的方式及条件 ··· 129

第二节　繁殖更新的技术措施 ··· 132

第三节　繁殖更新的技术规程 ··· 147

附录 ·· 173

附录一　旱生牧草资源共性描述规范及技术规程 ································· 175

第一节　旱生牧草种质资源描述规范和数据标准 ································· 175

第二节　牧草种质资源田间评价技术规程 ······································· 185

第三节　牧草种质资源考察收集技术规程 ······································· 210

第四节　牧草种质资源征集技术规程 ··· 224

第五节　草种引种技术规程 ··· 227

附录二　部分旱生牧草种子和植株图片 ··· 241

（一）部分旱生牧草种子（果实）图片 ··· 241

（二）部分旱生牧草（群体）植株图片 ··· 255

主要参考文献 ·· 269

第一章　我国的草原及旱生牧草资源

草原是世界上最大的生态系统，世界草原（包括生长有非木质植被的稀树草原、树林、灌木、苔原等）主要分布在森林和沙漠的中间地带，总面积为 52.5 亿 hm^2，占全球陆地面积（格陵兰岛和南极洲除外）的 40.5%。中国是世界上草原资源最丰富的国家之一，也是全世界草原面积最大的国家，拥有天然草原 3.928 亿 hm^2，占我国陆地的 41%，是我国面积最大、分布最广的土地资源和生态系统，草原总面积为现有耕地面积的 3 倍。中国的草原犹如一串串璀璨的绿色明珠，镶嵌在欧亚大陆草原带的东翼。我国主要的草原区远离海洋，气候干旱，风沙较多，广布的都是旱生、超旱生的草类植物或灌木、半灌木。主要由内蒙古高原温带草原、青藏高原高寒草原、新疆阿尔泰西部温带山地草原及亚热带与热带草山草坡 4 部分组成。大部分以旱生丛生禾草为优势成分，其中，以针茅属（*Stipa*）植物为主要建群成分的草原植被从我国东北的松嫩平原向西南呈带状连续分布，直至青藏高原。无论是典型草原、草甸草原、荒漠草原还是荒漠均以适应草原生境的中旱生、旱生和超旱生草本植物群落为主。

第一节　我国的草原

草原是我国最大的内陆生态系统，是畜牧业发展的重要资源，是少数民族的聚居区。我国草原广泛分布于东北的西部、内蒙古、西北荒漠地区的山地和青藏高原一带，横亘于北纬 30°～50°。从行政区划来看，主要分布在黑龙江、吉林、辽宁、内蒙古、宁夏、甘肃、青海、新疆、陕西、河北、山西和四川这 12 个省区。如果从我国的东北到西南画一条斜线，即从东北的完达山开始，越过长城，沿吕梁山，经延安，一直向西南到青藏高原的东麓，可以把我国分为两大地理区：东南部分是丘陵平原区，离海洋较近，气候温湿，大部分为农业区；西北部分深居内陆，多为高山峻岭，远离海洋，气候干旱且风沙较多，是主要的草原区，这里蕴藏着大量优质的旱生牧草基因资源。我国的旱生牧草基因资源主要分布在蒙宁甘草原区、新疆草原区、青藏草原区和东北草原区。

中国草原形成于7 000万年前，草原分布自东北平原跨越大兴安岭，经蒙古高原、鄂尔多斯高原、黄土高原，直达青藏高原的南缘，从东北向西南绵延4 500多km。由于受到东南季风和蒙古高压双重交互的强烈影响和大地貌条件的制约，致使东西走向的欧亚大陆草原带在中国的分布方向，由东北向西南，发生大幅度偏转，形成了诸多的干旱、高寒及盐碱性草原和"荒漠—草原"的缓冲过渡带，使旱生牧草基因资源类型更为多样。

独特的地理位置塑造了多样的草原生态地带类型。南北相距31个纬度，囊括了热带、亚热带、暖温带、中温带和寒温带5种气候类型，年降水量从不足50 mm到2 000 mm，海拔则从-100 m至8 000 m。在如此广阔的地理空间内，热量从南往北、从低海拔到高海拔逐渐降低，水分从沿海往内陆逐渐减少，从而引起我国草原植被明显的地带性差异。

1. 沿纬度的南北方向分布的草原植被热量地带性规律

在我国内陆地区，纬度的南移与地势的抬升是同步发生的，从而促进了温带草原向南大幅度的延伸。从南到北依次分布着：高寒型草原、暖温型草原和中温型草原。高寒型草原分布于青藏高原，这是地球上地理分布最高、也最奇特的一类草原，热量条件是温带草原中最低的。这里年均温度为-4~4℃，≥10℃积温低于1 000℃。辐射强、积温低、生长季短、温差大、冻融交替现象明显。暖温型草原分布于阴山山脉以南的鄂尔多斯高原与黄土高原，向西直达青海湖畔，热量条件是温带草原中最高的，年均温度为4.5~9℃，≥10℃积温介于2 370~3 300℃。中温型草原分布于阴山山脉以北的内蒙古高原、东北松嫩平原和西辽河平原。这类草原的热量条件适中，年均温度为-3~4.7℃，≥10℃积温介于1 664~2 625℃（表1）。

表1 中国的草原基本生态类型及其特征简表*

类型与亚型指标	中温型草原			暖温型草原			高寒型草原		
	草甸草原	典型草原	荒漠草原	草甸草原	典型草原	荒漠草原	草甸草原	典型草原	荒漠草原
年均温（℃）	$-3\sim3.1$	$-2.3\sim4.5$	$2.6\sim4.7$	$6.8\sim7.5$	$6.5\sim7.8$	$6.0\sim9.0$	$-2.0\sim4.0$	$-2.0\sim0.0$	$-4.0\sim-2.0$
≥10℃积温	$1664\sim1693$	$1768\sim2385$	$2023\sim2625$	$3033\sim3214$	$2370\sim3200$	$2623\sim3300$	$500\sim1000$	$500\sim1000$	<500
年降水量（mm）	$357\sim426$	$218\sim445$	$150\sim280$	$416\sim558$	$330\sim477$	$200\sim302$	$300\sim400$	$150\sim300$	$75\sim150$
湿润度（K）	$0.70\sim0.90$	$0.30\sim0.60$	$0.12\sim0.27$	$0.40\sim0.50$	$0.30\sim0.50$	$0.20\sim0.24$	$0.40\sim0.59$	$0.32\sim0.42$	$0.18\sim0.28$
分布地区	松嫩平原、大兴安岭南段山地、内蒙古高原东部、阴山山地、天山、阿尔泰山山地	西辽河平原、内蒙古高原中部	乌兰察布高原	黄土高原东部	黄土高原中部、鄂尔多斯高原东部	黄土高原西北部、鄂尔多斯高原中西部	羌塘高原东南部、祁连山、天山、阿尔泰山山地	羌塘高原中部、祁连山、天山、阿尔泰山山地	羌塘高原北部
海拔高度（m）	$150\sim1200$	$450\sim1100$	$900\sim1500$	$500\sim1000$	$900\sim1800$	$1100\sim1800$	$3600\sim5000$	$4500\sim4700$	$4200\sim5020$
土壤	黑钙土	栗钙土	棕钙土	黑垆土	栗褐土	灰钙土	高寒草甸土	高寒草原土	高寒荒漠草原土
植物生态类群	广旱生禾草、中生、旱生杂类草	典型旱生禾草	强旱生候禾草、矮半灌木	喜暖广旱生禾草、中生、旱中生杂类草、灌木	喜暖典型旱生禾草	喜暖强旱生禾草、半灌木	寒旱生禾草、薹草、高草、杂类草	广寒草旱生、禾草、薹草	强寒旱生荒漠草、薹半灌木

* 引自《西部地标：中国的草原》（徐柱）及《中国的草原》（张明华）。

2. 沿经度的东西方向分布的草原植被湿度地带性规律

在我国，由于受东南季风、蒙古高压以及青藏高原高压的多重交互影响，草原区的大气降水由东南向西北逐渐递减，而干燥度则逐渐递增，由此进一步导致水热组合的差异，从东向西相应形成了三类草原亚型：草甸草原、典型草原、荒漠草原。草甸草原年降水量为 350～450 mm，湿润度为 0.7～0.9，属于半湿润型气候，大部分靠近森林区的东侧和南侧。典型草原年降水量为 250～350 mm，湿润度为 0.3～0.6，属于半干旱型气候，分布于湿润草原与干旱荒漠草原之间的广阔地带。荒漠草原年降水量下降到 150～250 mm，湿润度为 0.12～0.24，已跨入干旱型气候区，生长着稀疏低矮的旱生、超旱生草本和灌木（图 1）。

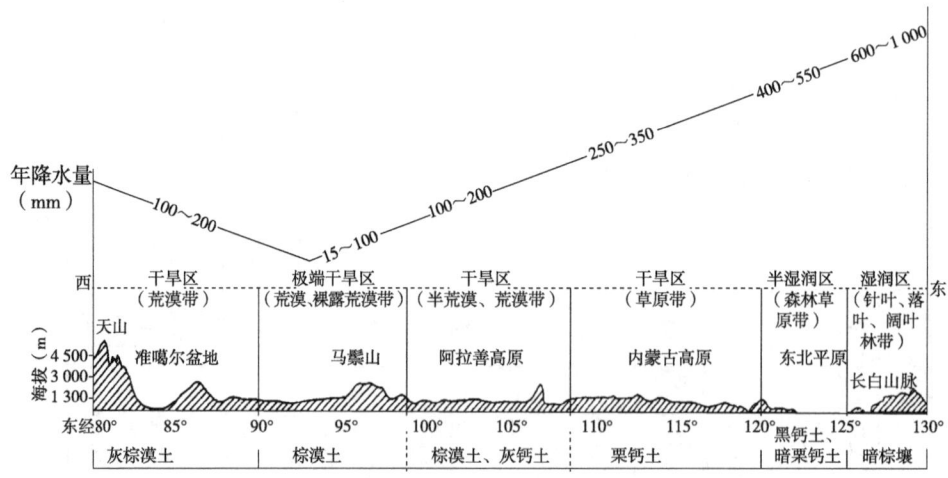

图 1　中国温带、暖温带（北纬 40°～45°）植被水平分布的经向变化及其与年降水量、土壤的关系

引自《西部地标：中国的草原》（徐柱）。

3. 沿海拔方向分布的草原区山地植被垂直带分布规律

我国草原的分布除上述水平地带分布外，随着海拔高度的变化，还表现出垂直分布的规律性。每一个山体的垂直带系列受该山所在的水平地带的影响和制约，山地植被带谱从属于植被水平地带原则；另外，也受山体高度、山脉走向、坡向，山坡在山体中的位置、地形、基质和局部气候等的影响，所以每一个山体都具有它特有的植被垂直带谱。

在中温型草原带，大兴安岭是最主要的山地，其北段处于寒温带针叶林区，南段伸入草原区。大兴安岭地势和缓，平均海拔 1 700 m。其西侧为内蒙古高原，高原海拔 650～700 m，发育着典型草原；到海拔 700～800 m，在山前丘陵出现桦林草原；800 m 以上出现白桦纯林；再向上，至 900～950 m，出现发育良好的山地兴安落叶松林。大兴安岭东侧为松辽平原，海拔多在 300 m 以下，山前基带发育了山杏（*Prunus sibirica*）—大针茅（*Stipa grandis*）灌木草原；到海拔 350～400 m，出现贝加尔针茅（*Stipa baicalensis*）、线叶菊（*Filifolium sibiricum*）草甸草原及岛状蒙古栎林到海拔 450～900 m，以黑桦（*Betula davurica*）、蒙古栎（*Quercus mongolica*）林占优势；海拔升高到 900 m 以上，则被兴安落叶松林替代。

甘肃河西的南部山区、甘南地区和部分峡谷地区植被的垂直分布非常明显，从南到北，其垂直带谱结构愈趋简单。河西的南部山区，包括祁连山地和阿尔金山东段，长约 1 000 km，植被垂直分布在东、西方向上有所不同。祁连山东、中段的植被垂直带谱从山下到山上，一般为山地荒漠草原［短花针茅（*Stipa breviflora*）、米蒿（*Artemisia dalai-lamae*）为主］、山地草原［克氏针茅（*Stipa krylovii*）、短花针茅（*Stipa breviflora*）为主］、山地森林草原［青海云杉（*Picea crassifolia*）、祁连圆柏（*Juniperus przewalskii*）、克氏针茅、短花针茅为主］、高山灌丛［杜鹃（*Rhododendron simsii*）、腺柳（*Salix chaenomeloides*）为主］、高山草甸［（嵩草（*Carex myosuroides*）、杂类草为主］、高山寒漠［风毛菊（*Saussurea japonica*）、甘肃雪灵芝（*Eremogone kansuensis*）、红景天（*Rhodiola rosea*）为主］。祁连山地西段及阿尔金山东段（南坡）的植被垂直带谱从下到上为山地荒漠、山地荒漠草原、山地草原、高山寒漠。总之，同一植被带的分布高度越西越高，地带宽度越西越窄，而且种类组成各有不同。

甘南地区、峡谷地区，包括洮河和白龙江上游的广大地区及甘南藏族自治州大部分地区。该区东部高山峡谷为森林草甸，森林面积很大，为青藏高原东部高山峡谷区亚高山针叶林向北的伸延部分。其南部林区多以栎类为主，伴生有华山松（*Pinus armandi*）、油松（*Pinus tabuliformis*）、椴树（*Tilia tuan*）、鹅耳枥（*Carpinus turczaninovii*）、榆（*Ulmus pumila*）等的夏绿阔叶林；在高海拔山地有嵩草、杂类草组成的高山草甸。而北部林区主要为云杉（*Picea asperata*）、青杆（*Picea wilsonii*），局部有紫果云杉（*Picea purpurea*）、冷杉（*Abies fabri*），还有山杨（*Populus davidiana*）和桦林，和以克氏针茅、青海固沙草（*Orinus kokonorica*）为主的森林草原。西部山区地势高而起伏平缓，山体阴坡以多种杜鹃、高山柳（*Salix takasagoalpina*）或鬼箭锦鸡儿（*Caragana jubata*）为主的高山常绿革叶、落叶灌丛；低湿沮地为西藏嵩草（*Carex tibetikobresia*）、华扁穗草（*Blysmus sinocompressus*）高寒沼化草甸和大花嵩草（*Carex nudicarpa*）、海韭菜（*Triglochin maritima*）沼泽分布；其他广大地区均为嵩草属（*Kobresia*）的亚高山和高山草甸植被。不同垂直地带受降水量的影响，均有类型各异的旱生草本和灌木资源。

总之，引起草原植被地带性的主要因素是热量和水分。地球表面的热量主要受所在位置纬度影响，水分则随着距海洋距离、洋流特点和大气环流的变化而变化。水热结合导致植被一方面沿纬度方向带状更迭，另一方面从沿海到内陆依次变换。此外，随着海拔高度的增加，水热条件发生有规律的变化，也导致植被带状更迭。这样就形成了纬度地带性、经度地带性和垂直地带性三者的结合，决定着一个地区的气候、土壤、草原类型等自然地理的基本特征，构成了草原分布的地带性分布规律，即草原植被三向地带性规律。不同的地带类型中植被类型不同，而在相邻地带的植物种间存在部分交叉，但自然地理差异较大的地带其植被的差异也较大。

第二节 我国的旱生牧草资源

全世界约有 30 万种高等植物，在我国境内分布了 3 万余种，占世界的 1/10。我国幅员辽阔，生态环境复杂，牧草遗传多样性丰富，是世界上旱生牧草种质资源最为丰富的国家之一。据有关调查资料，我国草地饲用植物有 5 000 余种，其中禾本科牧草 1 150 种，豆科牧草 1 130 种。这既是天然草地的重要遗传基因资源，也是重要的经济资源。但由于我国北方生态环境的日益恶化，旱生牧草资源多样性受到严重威胁，许多珍稀的野生旱生草种尚未得到充分利用和保护，濒临灭绝。因此，加强对旱生牧草种质资源的保护与可持续利用，切实做好旱生牧草种质资源的搜集、保存和开发利用工作，对我国草地畜牧业持续发展和生态环境建设具有十分重要的意义。

1. 旱生牧草种质资源的概念

旱生牧草种质资源是一个广义的概念，一般是指在温带草原和荒漠、青藏高原的高寒草甸甚至亚热带和热带草山草坡的干旱、半干旱地区生长的对干旱环境适应性强的草本植物、灌木或部分乔木植物的总称。可以是用来放牧和饲喂家畜的牧草，也可以是各类生态草和耐旱的灌木、半灌木及具有饲用价值的小乔木。

我国的旱生牧草种质资源，广泛分布于广大的温带草原区和荒漠区，其次分布于青藏高原亚高山草甸区，少量甚至分布于亚热带和热带草山草坡。同时，分布区类型多样，而且每个自然地带都有适应当地自然条件的抗旱耐旱的草种资源。

2. 我国旱生牧草种质资源

旱生牧草资源在防风固沙、生态环境治理方面具有不可替代的作用。我国西北部因其地形复杂，气候类型较多，为不同的旱生牧草生长创造了有利条件。据调查，仅西北、华北北部和内蒙古就有种子植物3 500多种，占全国的10%左右。近年我国草原退化、碱化、沙化严重，面积达7 300万 hm^2，并以每年70万～140万 hm^2 的速度扩展，草地生态环境恶化破坏土壤生态，降低土壤肥力与含碳量，并且使生物多样性受到严重威胁，草地的群落结构发生了明显的变化，物种单一使环境抵抗力稳定减弱。旱生牧草遗传基因资源特别是广大北方地区的旱生牧草基因资源日益锐减。而旱生牧草作为北方防风固沙、生态环境治理的重要物质基础，是我国治理寒旱区生态系统退化与荒漠化治理中非常宝贵的自然资源。

（1）旱生牧草种质资源的种类分布。目前，我国旱生牧草资源中种类繁多的是菊科资源。菊科植物在种子植物中数量占据最大，具有特殊的进化适应形态结构，植物体内含有复杂的化学成分，在医学、农学等领域都发挥着重大价值。全世界菊科共有900属，2 500余种，中国约有164属，1 950种，在天然草原植被中占10%以上。从东部的草甸草原到西部的荒漠草原，其比重逐渐增大，饲用价值也有明显提高。

旱生牧草中具有非常明显的一类代表性资源为藜科植物。耐盐抗旱的藜科植物具有深度发达的根系，叶片缩小甚至退化等适应干旱的性状，在草原上，特别是荒漠地区具有重要生态价值，可以防风固沙，治理沙化，是非常典型的旱生、超旱生植物。全世界共有藜科植物102属，1 400种，中国有

48属，180种。主要分布在荒漠半荒漠草原地带，在内蒙古、新疆、青海和滨海的盐土以及柱状碱土上也都有分布。

耐盐碱的旱生牧草植物也是一类代表性资源。大多数情况下耐旱植物普遍耐盐性也较好，全世界已知的盐生植物已超过1 560种，中国的盐生植物大约有509种，归于71科、218属。耐盐的旱生牧草中种类最多的科有藜科（Chenopodiaceae）、禾本科（Gramineae）、菊科（Asteraceae）和豆科（Fabaceae），占中国盐生植物种类总数的46.8%，上述4个科中，一年生植物占有很高的比重，具有重要的生态价值和饲养价值。最重要的藜科植物大部分为草本或灌木植物，乔木极少。其特点是多数为肉质多汁的耐盐植物，因而灰分含量较高，而纤维素的含量则大大降低。藜科植物的营养丰富，在荒漠半荒漠草原地带其饲用价值显著提高。主要有木地肤（*Bassia prostrata*）、猪毛菜（*Salsola collina*）、刺藜（*Teloxys aristata*）、碱蓬（*Suaeda glauca*）、盐爪爪（*Kalidium foliatum*）、合头藜（*Sympegma regelii*）、驼绒蒿（*Eurotia arborcscens*）、沙蓬（*Agriophyllum pungens*）、梭梭（*Haloxylon ammodendron*）等。

（2）旱生牧草资源的地理分布。旱生牧草（或生态草）主要分布在除热带地区的其他地区。在北温带分布的旱生牧草植物，主要分布于欧洲、亚洲和北美洲地区。主要有冰草（*Agropyron cristatum*）、沙生冰草（*Agropyron desertorum*）、看麦娘（*Alopecurus aequalis*）、北葱（*Allium schoenoprasum*）等。

在温带广泛分布于欧亚中、高纬度温带和寒温带。主要有多枝赖草（*Leymus multicaulis*）、毛穗赖草（*L.paboanus*）、窄颖赖草（*L.angustum*）、糙隐子草（*Cleistogenes squarrosa*）、犬草（*Elymus caninus*）、狭颖鹅观草（*Elymus mutabilis*）等。温带亚洲分布的主要有灌木亚菊（*Ajania fruticulosa*）、线叶菊（*Filifolium sibiricum*）、多花米口袋（*Gueldenstaedtia verna*）、平卧轴藜（*Axyris prostrata*）、大针茅（*Stipa grandis*）、克氏针茅（*Stipa krylovii* Roshev.）、狼针草（贝加尔针茅）（*Stipa baicalensis*）、长芒草（*Stipa bungeana*）、戈壁针茅（*Stipa tianschanica*）、细柄茅（*Ptilagrostis mongholica*）、羊茅（*Festuca ovina*）等。

地中海、西亚至中亚分布的旱生牧草，主要分布于地中海周围，经小亚、西亚、伊朗、阿富汗至中亚和我国新疆、青藏高原至蒙古高原一带。主要有短叶假木贼（*Anabasis brevifolia*）、樟味藜（*Camphorosma monspeliaca*）、角果藜（*Ceratocarpus arenarius*）、盐节木（*Halocnemum strobilaceum*）、盐穗木（*Halostachys caspica*）、梭梭（*Haloxylon ammodendron*）、白梭梭（*Haloxylon persicum*）、盐爪爪（*Kalidium foliatum*）、里海盐爪爪（*Kalidium caspicum*）、小蓬（*Nanophyton erinaceum*）、花花柴（*Karelinia caspia*）、裸果木（*Gymnocarpos przewalskii*）、波斯骆驼刺（*Alhagi maurorum*）、盐豆木（铃铛刺）（*Halimodendron halodendron*）、红砂（*Reaumuria songarica*）、獐茅（*Aeluropus sinensis*）、小果白刺（西伯利亚白刺）（*Nitraria sibirica*）等，在荒漠类草地中起着重要作用。

中亚分布的旱生牧草，主要分布于亚洲内陆干旱地区（尤为山地）。主要有冬青叶兔唇花（*Lagochilus ilicifolius*）、大叶白麻（*Apocynum pictum*）、厚叶翅膜菊（*Alfredia nivea*）、星毛短舌菊（*Brachanthemum pulvinatum*）、喀什菊（*Kaschgaria komarovii*）、苦马豆（*Sphaerophysa salsula*）、长叶盐蓬（*Halimocnemis longifolia*）、戈壁藜（*Iljinia regelii*）、合头藜（*Sympegma regelii*）、沙蓬（*Agriophyllum squarrosum*）、沙芥（*Pugionium cornutum*）、新麦草（*Psathyrostachys juncea*）、冠毛草（*Stephanachne pappophorea*）、沙鞭（*Psammochloa villosa*）、固沙草（*Orinus thoroldii*）、三角草（*Trikeraia hookeri*）、银穗草（*Festuca sibirica*）、旱禾（*Poa diaphora* subsp. *oxyglumis*）等。

（3）中国特有的旱生牧草。我国幅员辽阔，自然条件复杂且历史悠久，没有受到第四纪冰川时期的破坏袭击，因此，特有旱生牧草植物种类很丰富。其中饲用价值大的特有种质主要如下。

藜科（Chenopodiaceae）有阿拉善单刺蓬（*Cornulaca alaschanica*）、华北驼绒藜（*Krascheninnikovia arborescens*）、苞藜（*Baolia bracteata*）、黄毛头盐爪爪（*Kalidium cuspidatum* var.*sinicum*）、星花碱蓬（*Suaeda stellatiflora*）、硬枝碱蓬（*S.rigida*）、烛台虫实（*Corispermum candelabrum*）、辽西虫实（*C.dilutum*）、宽翅虫实（*C.platypterum*）、软毛虫实（*C.puberulum*）、扭果虫实（*C.retortum*）、细苞虫实（*C.stenolepis*）、镰叶虫实（*C.falcatum*）、天山猪毛菜（*Salsola junatoui*）、红翅猪毛菜（*S.intramongolica*）等。

菊科（Asteraceae）有阿拉善女蒿（*Hippolytiaalashanica*）、内蒙古亚菊（*Ajania neimengguensis*）、新疆乳菀（*Galatella songorica*）、砂狗娃花（*Aster meyendorffii*）、博洛塔绢蒿（*Seriphidium borotalense*）、蒙古马兰（*Kalimeris mongolica*）、糜蒿（*A. blepharolepis*）、东北鸦葱（*Scorzonerama manshurica*）、西藏亚菊（*Ajania tibetica*）、束伞亚菊（*A.paruiflora*）、异苞

蒲公英（*Taraxacum heterolepis*）、日喀则蒿（*Artemisia xigazeensis*）、莳萝蒿（*A.anethoides*）、驴驴蒿（达赖蒿）（*A. dalailamae*）、南牡蒿（*A.eriopoda*）、矮蒿（*A.feddei*）、茭蒿（*A.giraldii*）、歧茎蒿（*A.igniaria*）、油蒿（*Artemisia ordosica*）、光沙蒿（*A.oxycephala*）、魁蒿（*A.princeps*）、牛尾蒿（*A.subditgiata*）、乌丹蒿（*A.wudanica*）、丽江风毛菊（*Saussurea likiangensis*）、羽叶风毛菊（*S.maximowiczii*）、篦苞风毛菊（*S.pectinata*）、松潘风毛菊（*S.sungpanensis*）、风毛菊（*S.tangutica*）、禾叶风毛菊（*S.graminea*）、紫苞风毛菊（*Saussurea purpurascens*）等。

禾本科（Poaceae）有阿拉善鹅观草（*Elymus alashanicus*）、糙毛鹅观草（*Kengyilia hirsute*）、青海鹅观草（*Kengyilia kokonorica*）、新疆鹅观草（*Elymus sinkiangensis*）、西藏鹅观草（*Elymus tibeticus*）、毛盘鹅观草（*Elymus barbicallus*）多秆鹅观草（*R.multiculmis*）、内蒙古鹅观草（*Elymus intramongolicus*）、密花早熟禾（*Poa pachyantha*）、蒙古早熟禾（*P.mongolica*）、多节早熟禾（*P. plurinodis*）、山西早熟禾（*Poa tangii*）、山地早熟禾（*Poa versicolor* subsp. *orinosa*）、中华羊茅（*Festucasinensis*）、高羊茅（*F.elata*）、昌都羊茅（*F.changduensis*）、异针茅（*Stipa aliena*）、甘青针茅（*S.przewalskyi*）、昆仑针茅（*S.roborowskyi*）、青海野青茅（*Deyeuxiakokonorica*）、房县野青茅（*D.henryi*）、喜马拉雅野青茅（*D.himalaica*）、西藏臭草（*Melica tibetica*）、多花碱茅（*Puccinelliamultiflora*）、华雀麦（*Bromus sinensis*）、假枝雀麦（*B.pseudoramosus*）、大雀麦（*B.magnus*）、短芒剪股颖（*Agrostis breviaristata*）、玉山剪股颖（*A.morrisonensis*）、细叶芨芨草（*Achnatherum chingii*）、异颖芨芨草（*A.inaequiglume*）、西藏三毛草（*Trisetum tibeticum*）、断穗狗尾草（*Setaria arenaria*）、东北拂子茅（*Calamagrostis kengii*）、枝花隐子草（*Cleistogenes ramiflora*）、包鞘隐子草（*C.foliosa*）、大穗落芒草（*Piptatherum grandispiculum*）、紫芒披碱草（*Elymus purpuraristatus*）、麦滨草（*E.tangutorum*）、沙芦草（*Agropyron mongolicum*）、青海固沙草（*Orinus kokonorica*）、小牛鞭草（*Hemarthria humilis*）、异序虎尾草（*Chloris anomala*）、华山新麦草（*Psathyrostachys huashanica*）、草地短柄草（*Brachypodium pratense*）等。

豆科（Fabaceae）有藏豆（*Hedysarum tibeticum*）、细叶扁蓿豆（*Melilotoides ruthenica* var.*oblongifolia*）、阴山扁蓿豆（*M.ruthenica* var.*inschanica*）、西藏扁蓿豆（*M.tibetica*）、陕甘葫芦巴（*Trigonella schischkinii*）、阿拉善苜蓿（*Medicago alashanica*）、亚东米口袋（*Gueldenstaedtia yadongensis*）长叶铁扫帚（*Lespeza* caraganae)、横断山胡枝子（*L.hengduanshanensis*）、黄河胡枝子（*L.davurica* subsp.*huangheensis*)、三河野豌豆（*Vicia amurensis* f. *sanheensis*）、大野豌豆（*V.gigantea*）、西藏野豌豆（*V.tibetica*）、吉隆锦鸡儿（*Caragana franchetiana* var. *gyirongensis*)、甘青锦鸡儿（*C.tangutica*）、五台锦鸡儿（*C.potanini*）、甘蒙锦鸡儿（*C.opulens*）、甘肃锦鸡儿（*C.kansuensis*）、短叶锦鸡儿（*C.brevifolia*）、西藏岩黄芪（*H.xizangensis*）、二花棘豆（*Oxytropis biflora*）、密叶棘豆（*O.densiflora*）、贺兰山棘豆（*O.holanshanensis*）、阴山棘豆（*O.inschanica*）、太白山黄芪（*Astragalus taipaischanensis*）、沙打旺（*Astragalus laxmannii*）、扎达黄芪（*A.tsataensis*）、包头黄芪（*A.baotouensis*）、格尔乌苏黄芪（*A.geerwusuensis*）、拉萨黄芪（*A.lasaensis*）、玉门黄芪（*A.yumenensis*）等。

莎草科（Cyperaceae）有纤细嵩草（*Carex yangii*）、膨囊嵩草（*Carex peichuniana*）、岷山嵩草（*Carex kokanica*）、细叶嵩草（*Kobresia filifolia*）、甘肃薹草（*Carex kansuensis*）、木里薹草（*C.muliensis*）等。

蓼科（Polygonaceae）有中华山蓼（*Oxyria sinensis*）、东北木蓼（*Atraphaxis manshurica*）、额河木蓼（*A.jrtyschensis*）、鸡爪大黄（*Rheum tanguticum*）、阿拉善沙拐枣（*Calligonum alaschanicum*）、喀什酸模（*Rumex kaschgaricus*）、准噶尔蓼（*Koenigia songarica*）等。

荨麻科（Urticaceae）的甘肃异株荨麻（*Urtica dioica* subsp.*gansuensis*）、异株荨麻（*Urtica dioica*）。

虎耳草科（Saxifragaceae）有甘青虎耳草（*Saxifraga tangutica*）。

蔷薇科（Rosaceae）有中华绣线梅（*Neillia sinensis*）、中华绣线菊（*Spiraea chinensis*）、西山委陵菜（*Potentilla sishanensis*）。

蒺藜科（Zygophyllaceae）有白刺（唐古特白刺）（*Nitraria tangutorum*）。

柽柳科（Tamaricaceae）有柽柳（*Tamarix chinensis*）、长叶红砂（*Reaumuria trigyn*a）。

伞形科（Apiaceae）有新疆阿魏（*Ferula sinkiangensis*）。

报春花科（Primulaceae）有阿拉善点地梅（*Androsace alashanica*）等。

（4）中国特有的濒危及珍稀旱生牧草。在《中国珍稀濒危保护植物名录》的389种植物中，我国草地饲用植物有29科、51种及3变种，占全部的13.88%。列入一级重点保护的植物有1种，二级重点保护的植物有17种，列入三级重点保护的植物有36种。濒危植物有4种、稀有植物有19种、渐危植物有 31 种。其中裸子植物有 5 科、15 种及 2 变种，常无饲用意义。被子植物有 20 科、32 种及 1 变种。

其中旱生牧草（生态草）主要有：石竹科（Caryophyllaceae）有裸果木（*Gymnocarpos przewalskii*），为稀有植物，二级重点保护种，分布于内蒙古、甘肃、青海及新疆，生于荒漠区的干河床及丘间低地。藜科（Chenopodiaceae）有梭梭（*Haloxylon ammodendron*），濒危植物，三级重点保护种，分布于内蒙古、甘肃、宁夏、青海及新疆，生于荒漠地带轻度盐渍化的地下水位不深的固定半固定沙丘、山前冲积扇、干河床及湖盆低地，形成疏丛林。白梭梭（*Haloxylom persicum*），濒危植物，三级重点保护种，分布于新疆准噶尔盆地，生于沙质荒漠草地。半日花科（Cistaceae）有半日花（*Helianthemum soongoricum*），稀有植物，二级重点保护种，分布于内蒙古（西鄂尔多斯）、甘肃（民乐）及新疆（伊宁、巩留及巩乃斯），生于海拔 1 100～1 700 m 的荒漠区的石质干山坡。菊科（Asteraceae）有革苞菊（*Tugarinovia mongolica*），稀有植物，二级重点保护种，分布于内蒙古，生于荒漠草原及荒漠砂砾质地。

豆科（Fabaceae）有沙冬青（*Ammopiptanthus mongolicus*），濒危植物，三级重点保护种，分布于内蒙古、甘肃（民勤及兰州）及宁夏（陶乐、吴忠及中卫）；矮沙冬青（新疆沙冬青）（*Ammopiptanthus nanus*），渐危植物，二级重点保护种，分布于新疆乌恰，生于荒漠区；膜荚黄芪（*Astragalus membranaceus*），濒危植物，三级重点保护种，分布于黑龙江、吉林、辽宁、内蒙古、河北、山东、山西、陕西、甘肃、宁夏、青海及新疆，生于森林草甸；蒙古黄芪（*A.membranaceus* var.*mongholicus*），濒危植物，三级重点保护种，分布于内蒙古、河北及山西，生于草甸草原、山地及林缘；野大豆（*Glycine soja*），濒危植物，三级重点保护种，分布于东北、华北、陕西、甘肃、宁夏、山东、湖北、湖南、青海、江苏、安徽、浙江、台湾、福建、江西、广东、广西及四川，生于沟边湿草地。

蔷薇科（Rosaceae）有绵刺（*Potaninia mongolica*），稀有植物，二级重点保护种，分布于内蒙古，生于砾质荒漠；蔷薇科还有蒙古扁桃（*Prunus mongolica*），稀有植物，三级重点保护种，分布于内蒙古、甘肃及宁夏，生于低山丘陵及干河床。

伞形科（Apiaceae）有新疆阿魏（*Ferula sinkiangensis*），濒危植物，三级

重点保护种，分布于新疆伊宁，生于河谷砾石地及石质山坡。

蒺藜科（Zygophyllaceae）有油柴（四合木）（*Tetraena mongolica*），稀有植物，二级重点保护种，分布于内蒙古东阿拉善，生于荒漠化草原。

除上述我国草地已被列入珍稀濒危植物名录的饲用植物51种及3变种之外，在我国草地现在已处于珍稀濒危之列的饲用植物还有麻黄科（Ephedraceae）的斑子麻黄（*Ephedra rhytidosperma*）；十字花科（Brassicaceae）的贺兰山南芥（*Arabis alaschanica*）；蓼科（Polygonaceae）的圆叶木蓼（*Atraphaxis tortusa*）及阿拉善沙拐枣（*Calligonum alaschanicum*）；藜科（Chenopodiaceae）的阿拉善单刺蓬（*Cornulaca alaschanica*）；豆科（Fabaceae）的阴山棘豆（*Oxytropis inschanica*）及阿拉善苜蓿（*Medicago alaschanica*）；唇形科（Lamiaceae）的微硬毛建草（*Dracocephalum rigidum*）；百合科（Liliaceae）的单花郁金香（*Tulipa uniflora*）；禾本科（Poaceae）的锥茅（*Phacelurus zea*）等。

3. 旱生牧草种质资源的主要价值

我国是世界上旱生牧草资源丰富的国家之一。旱生牧草基因资源的研究与利用向广度和深度发展是目前的一个技术难点，特别在产业化开发方面相对落后，如何把优质的旱生牧草基因资源开发利用，转化为产业化技术、开发出抗逆新产品，一直是草业科学研究者勇于创新和实践的动力。我国大量存在的耐盐抗旱的藜科旱生牧草基因资源、丰富的药用旱生牧草基因资源、富含蛋白质的豆科旱生牧草基因资源、种类繁多的菊科旱生牧草基因资源等，均蕴藏着巨大的开发利用价值，在沙漠化治理、盐碱地改良、辛香料高效利用、活性成分提取、天然日化产品研发和生物能源研究等方面具有独特的旱生基因资源优势，因此，对旱生牧草种质资源的深层开发将会产生重大的生态效益、经济效益和社会效益。

旱生牧草资源是我国长江和黄河发源地生态环境的主要生物屏障，保护旱生牧草资源是中下游环境治理的根本，也是中下游地区国民经济持续发展的保证。研究旱生牧草基因资源的分布、种类和进行优异旱生牧草基因资源的开发研究，是解决我国北方地区生物多样性保护中的重大问题，对于我国西北乃至整个北方地区的生态建设，黄河、长江中上游地区生态环境的综合治理，退化生态系统恢复等都将具有重要的现实意义和战略意义。

旱生牧草在干旱地区的生态修复中发挥了关键作用。研究表明，旱生牧草的深根系和抗旱能力有助于固定沙土、减少水土流失、恢复退化草原生态系统。而处于干旱荒漠地区及戈壁和荒漠的超旱生牧草资源，蕴藏着丰富的抗旱、耐瘠薄基因资源，如膜果麻黄（*Ephedra przewalskii*）、霸王（*Zygophyllum xanthoxylum*）、泡泡刺（*Nitraria sphaerocarpa*）、裸果木（*Gymnocarpos przewalskii*）、沙冬青（*Ammopiptanthus mongolicus*）等植物，在维持生态系统平衡中发挥着重要的作用。一些主要用于环境改良的旱生牧草资源，在防风固沙、水土保持、盐碱地改良、改土增肥以及抗污染等方面具有重要作用。如防风固沙的梭梭（*Haloxylon ammodendron*）、柽柳（*Tamarix chinensis*）、柠条锦鸡儿（*Caragana korshinskii*）、花棒（*Corethrodendron scoparium*）、沙打旺（*Astragalus laxmannii*）、沙拐枣（*Calligonum mongolicum*）等；改土增肥的紫花苜蓿（*Medicago sativa*）、紫云英（*Astragalus sinicus*）、沙打旺（*Astragalus laxmannii*）等。另外，碱蓬（*Suaeda glauca*）可监测环境中的汞含量。

　　旱生牧草资源是我国最重要的药用植物资源，无论在数量上还是在质量上都具有较大优势。据统计，我国草原上的野生药用植物约200种以上。这些旱生牧草基因资源，是一笔潜力巨大的社会财富。我国的旱生牧草药用基因资源主要集中于豆科（Fabaceae）、麻黄科（Ephedraceae）、龙胆科（Gentianaceae）、毛茛科（Ranunculaceae）、唇形科（Lamiaceae）、伞形科（Apiaceae）、远志科（Polygalaceae）、菊科（Asteraceae）、蝶形花科（Papilionaceae）和百合科（Liliaceae）等。这些著名的药用植物都是以其粗壮的地下部分为入药对象，如甘草（*Glycyrrhiza uralensis*）、蒙古黄芪（*Astragalus membranaceus* var. *mongholicus*）、黄芩（*Scutellaria baicalensis*）、防风（*Saposhnikovia divaricata*）、大叶柴胡（*Bupleurum longiradiatum*）等。

　　旱生牧草资源中富含蛋白质的豆科是具有重要开发利用价值的宝贵财富。全世界豆科共有600属，1 200余种，中国有139属，1 130种。豆科资源一般在草原植被中占5%~10%，最多不超过10%~25%，而在荒漠、半荒漠草原中生长较少。豆科牧草含有丰富的蛋白质、矿物质和维生素，它的营养价值和可消化蛋白质的平均数量也都高于禾本科和其他牧草。豆科旱生草类不仅具有很高的产量和蛋白质含量，而且还能改良土壤，提高土壤肥力，减轻土壤的盐碱化程度。因此，对豆科旱生牧草资源的开发利用具有重大的社会效益和经济效益。我国草原上饲用价值较高的豆科旱生牧草资源除紫花苜蓿

（*Medicago sativa*）外，还有黄花苜蓿（*Medicago falcata*）、草木樨（*Melilotus suaveolens*）、蒙古羊柴（*Corethrodendron fruticosum* var. *mongolicum*）、沙打旺（*Astragalus laxmannii*）、胡枝子（*Lespedeza bicolor*）、柠条锦鸡儿（*Caragana korshinskii*）等。

4. 旱生牧草种质资源的开发利用

旱生牧草基因资源可以提取与精制有效成分，制成多种剂型药物、化学纯品或开发成保健食品、化妆品等，如甘草提取甘草酸后的残渣可以再提取甘草黄酮类成分，作为化妆品添加剂和抗氧化剂等。我国已经发现和开发一批旱生牧草基因资源，如沙棘（*Hippophae rhamnoides*）、文冠果（*Xanthoceras sorbifolium*）、巴旦杏（*Prunus dulcis*）、山核桃（*Carya cathayensis*）等。旱生牧草资源是人类现用药物的重要基因资源。我国已发现的药用植物有 11 146 种，其中绝大多数为野生植物。国外一些学者认为"现在是从高等植物，也就是从自然资源中来发现新药的时代"。国外越来越多的人也把治疗疾病的希望寄托在天然植物药用资源。兽用药大多数来自旱生牧草资源，因此旱生牧草基因资源开发研究与应用对新兽药的开发具有很多意义。

旱生牧草基因资源中还有很多饮料及野果资源如沙棘（*Hippophae rhamnoides*）、野山楂（*Crataegus cuneata*）等；维生素植物资源在旱生牧草中也不少，如许多野菜、沙棘（*Hippophae rhamnoides*）等。有些植物的叶、花中含有大量的 B 族维生素类化合物。

另外，一些蛋白质植物资源，特别是豆科植物中叶蛋白引起了人们的极大兴趣。许多野生植物的叶子中含有大量的蛋白质，并已筛选出一些含量高、氨基酸全面的叶蛋白植物种类。目前尚未被充分利用，主要是提取方法和精制成本没有突破，多停留在研究阶段。但叶蛋白质资源量大，开发利用潜力非常大。此外，旱生牧草中一些能源植物资源也是极有开发潜力。

在未开发的旱生牧草基因资源中挖掘原材料新能源和在已知用途的野生、栽培植物中寻找新的用途，是当今世界许多植物学家的重要研究内容之一。如美国植物学家们制订了筛选药用植物的计划，分期分批地对资源进行筛选研究。国内许多单位在筛选抗虫、杀菌的野生植物资源中，初步发现具有杀虫活性物质的野生植物主要有苦参（*Sophora flavescens*）、黄芩（*Scutellaria baicalensis*）、酸模（*Rumex acetosa*）、黄花蒿（*Artemisia annua*）等。一些旱生牧草基因资源所特有的活性物质，可供研制植物农药的材料。从菊科

（Asteraceae）、松科（Pinaceae）等植物中提取挥发性油，也可直接用于病虫害防治。这些初步研究，为利用旱生牧草基因资源开发利用，研制长效、无公害的新一代农药打下基础，已引起国内外学者的极大关注。因此，开发优异特性的旱生牧草基因资源，不仅对促进经济繁荣能够起到良好的作用，同时对保障人民的健康也具有重要意义。

目前，我国旱生牧草资源的研究，主要是在资源调查的基础上有目的地向人工栽培和开发利用的方向发展。我国大部分旱生牧草基因资源至今没有被开发利用，特别是在开展有效成分分析、提取和产品深度加工方面，研究相对较少。因此，旱生牧草基因资源的开发利用潜力很大。通过开发利用优异的旱生牧草基因资源，可以形成许多优势的产品和新产业。在对旱生牧草基因资源开发利用中，加强对种质资源的研究，开展有效成分分析、提取和产品深度加工，选育高产优质多抗的品种类型，从而提高资源的利用价值是发展趋势。应该从单一利用向多功能综合利用发展，从单纯经济效益向生态效益、保健效益等多方位利用发展。由于环境建设特别是旱区及荒漠区生态恢复的需求及寒旱区畜牧业的迅速发展，对于旱生牧草需求日益增加，目前旱生牧草的种植面积和应用范围在不断扩大，种植种类和多样化的需求也在不断增多，迫切需求培育不同地域和生境的抗逆优质旱生牧草新品种。

第三节　旱生牧草的收集、保存、评价及利用现状

我国是世界上主要的干旱国家之一，干旱区主要分布在昆仑山—秦岭—淮河一线以北，西起西北国界，东达大兴安岭西麓，大约包括16个省区。我国干旱、半干旱区面积的83%集中分布于西北地区，因此，干旱是西北区最主要的气候特征和自然灾害。旱生牧草种质资源是一个广义的概念，一般是指在温带草原和荒漠、青藏高原的高寒草甸甚至亚热带和热带草山草坡的干旱半干旱地区生长的、对干旱环境适应性强的草本植物、灌木或部分乔木植物的总称。中国西部多为草地，在蒙宁甘草原区、新疆草原区、青藏高原草原区的干旱、半干旱地区及荒漠地区分布着大量优质的旱生牧草资源，历经时间的千锤百炼，这些旱生牧草形成了奇特的抗旱、抗寒、抗高温、抗风沙、

抗贫瘠、抗盐碱等适应极端环境的能力。旱生牧草种质资源是国家的战略资源、生产力的基础资源、遗传育种的基本材料、生物工程科技创新的核心材料。研究和开发旱生资源对我国北方旱区生态环境建设和现代草牧业可持续发展意义重大。

1. 我国旱生牧草种质资源的收集现状

旱生牧草种质资源的收集是指在特定的旱生环境条件下，对某一旱生牧草野生种或品种采集其代表种子、果实、植株等生殖器官或营养器官的过程。我国目前没有专门针对旱生牧草归类进行收集资源，但建有多个旱生牧草繁殖基地或试验站。我国旱生牧草资源的收集主要经历了以下三个阶段。

（1）开始阶段（1949—1980年）。我国旱生牧草的资源收集开始阶段是牧草资源家底清查阶段，此时政府部门成立了草原和牧草的专门管理机构，如草原工作站和饲草饲料工作站。在高等院校开设了草原学、牧草学、牧草育种学、牧草栽培学、牧草分类学等课程。在内蒙古、甘肃和新疆的农业院校成立了草原专业，开始培养草原和牧草专业技术人才，有计划地开展了饲用植物种质资源的调查、征集、引种栽培和筛选利用研究。在此阶段的牧草种质资源专业性收集中有在我国干旱、半干旱地区开展的"锡林郭勒草原饲用禾草资源考察"，搜集野生禾草种质70余份；"伊犁草原主要优良牧草资源考察"，搜集牧草种质88份；"西藏农作物种质资源考察"搜集野生牧草种质60余份等。

（2）起步阶段（1981—2000年）。我国是世界上牧草种质资源最丰富的国家之一，自1997年我国将牧草种质资源保护纳入农牧渔业种质资源保护项目以来，牧草种质资源收集、保存、鉴定评价、创新利用等方面取得了显著成效，保护利用工作驶入快车道。随着国家农作物种质长期保存库和牧草种质中期库的建成和使用，我国的牧草种质资源收集工作正式启动，1997—2012年已建立了包括1个中心库，2个备份库，17个资源圃，10个生态区域技术协作组，共保存草种质材料26 015份，分属82科478属1 420种。旱生牧草的专门收集主要集中在内蒙古、甘肃和新疆等地。20世纪80年代初内蒙古农牧业科学院温都苏、赵书元等老一辈的草原专家就做了大量旱生牧草收集的工作。到"九五"末的15年间，通过国家科技攻关、省部级重点等项目和课题的支持，在全国草地资源及牧草种质资源调查的基础上，全国各有关单位通过对国产野生牧草种质资源和栽培牧草种质资源的收集，其中在干旱半干旱地区收集牧草1 380余份,包括"黄土高原东部地区牧草种质资源考察"搜集牧草种质580余份;"贺兰山、河北坝上及内蒙古重点草原区考察"搜集牧草种质800余份等。

(3) 发展阶段 (2021年至今)。2001年至今,是我国牧草种质资源收集的快速发展时期。通过科技部国家科技基础专项、"973"计划项目、国家科技基础条件平台项目、全国牧草种质资源保种项目及省部级项目的多方支持,以牧草种质为主要收集对象,全国各有关单位共收集到野生牧草种质资源1.5万~2.0万份。

2001—2003年,依据"中国重点牧草资源搜集保存及数据库信息网络"(国家科技基础专项项目)的搜集计划与目标,按照制订的技术路线与实施方案,组成4个考察搜集队,分别在8月底至10月底,历时6个多月,行程约4.3万km,完成了我国东北草原、呼伦贝尔草原、科尔沁草原、锡林郭勒草原、大青山、蛮汗山、五台山、围场、承德、北京、山东、甘肃、青海、内蒙古中西部地区(伊克昭盟、巴盟、阿拉善盟)、宁夏(六盘山、贺兰山)、甘肃(祁连山、酒泉、甘南)、新疆(天山伊犁、阿勒泰、塔城)、云南(西北和西南)等广大地区的野外考察和搜集工作,共搜集到各类野生优良牧草种质资源2 542份,绝大部分为禾本科和豆科的优良牧草种质同时也有部分杂类科的优良牧草种质。

2001—2004年,甘肃省草原总站对全省的野生和栽培牧草种质资源进行了整理和收集,收集各类牧草种质500多份、300余种,向农业部草种质保存中心库提交了牧草种质100份。2005年,在国家科技基础条件平台项目支持下开展甘肃省旱生牧草种质资源整理整合及利用研究项目,对甘肃省12个市、州,59个县、区的旱生牧草种质资源的调查。共搜集甘肃省旱生牧草种质资源1808份,其中野生种质资源324份,属32科96属292种。

2005—2008年,按照国家科技基础条件平台项目制定的牧草珍稀、濒危、特有及特异种质资源抢救性收集的原则和要求,通过全国10多家草业科学研究单位100余人的协作,完成了内蒙古、新疆、甘肃、宁夏、青海、湖北、云南、广西、海南等省(自治区)珍稀、濒危、特有及特异牧草种质资源的抢救性收集,共搜集到半日花(*Helianthemum songaricum*)、梭梭(*Haloxylon ammodendron*)、白梭梭(*Haloxylon Persicum*)、沙拐枣(*Calligonum mongolicum*)、阿拉善沙拐枣(*Calligonum alaschanicum*)、四合木（*Tetraena mongolica*）、华北驼绒藜（*Ceratoides arborescens*）、乌拉尔甘草（*Glycyrrhiza uralensis*）、沙冬青（*Ammopiptanthus mongolicus*）、蒙古黄芪（*Astragalus memdranaceus* var.*mongholicus*）、野大豆（*Glycine soja*）、白三叶（*Trifolium repens*）、红三叶（*Trifolium pratense*）、百脉根（*Lotus corniculatus*）、黄花苜蓿（*Medicago falcata*）、鸭茅（*Dactylis glomerata*）等珍稀、濒危、特有及特异牧草种质资源2 629份。

2000年至今，新疆草原总站与新疆农业大学草业工程系合作承担了农业农村部"新疆牧草及饲料作物野生资源收集、保存和研究利用"课题研究，共收集到牧草及饲料作物野生种质资源近3 000份，累计向国家牧草种质资源库上缴近600份，已在新疆农业大学建有4 000份牧草种质的1个短期库和野生牧草繁殖鉴定圃。

目前，国内全面、系统收集保存牧草种质资源5.2万份，保存资源质量也大幅提升。主要栽培牧草及其野生类型、野生近缘植物保存数量由1996年的2科31属164种2 325份增加到7科57属248种28 793份，份数增加11.4倍；保存特有种75种609份，较1996年的17种59份，份数增加9.3倍。经查明，全国有67种406份特有种质填补了世界收集保存空白，有9种58份珍稀濒危草种。截至2021年全国共收集保存饲草种质资源404份，累计保存总量达6.3万份，这对保护生态系统多样性具有重要的意义。其中，中国农业科学院草原研究所、全国畜牧总站和热带牧草种质库已分别收集草类植物种质资源1.83万、5.58万和1.53万份，这使我国保存的草类植物种质资源数量位居全世界第二，仅次于新西兰。但是，现收集的种质资源仅涵盖了107科692属2 105种，还不到已知总数的一半，有待于进一步加强收集力度。近年来，全国各个涉及草学、草业科学、草原学研究的单位、治沙研究所等均分别进行了各自单位的旱生牧草种质资源的采集和资源圃的建设，根据各自单位需求和项目任务，有些单位建立了旱生牧草繁种基地及种子加工生产线。

2. 我国旱生牧草种质资源的保存现状

妥善保存是进一步开发研究旱生牧草基因资源，提升品质，改良品种的重要环节。我国已经立足构建长效机制，建立种质资源收集保存体系。农业部门注重构建草种质资源保存利用长效机制，建立了收集管理、技术研发、保存利用三位一体的国家草种质资源收集保存体系。主要包括以全国畜牧总站为核心、10个生态区域技术协作组为主体、56个协作单位参加的全国草种质资源收集管理体系；以收集、保存、评价、利用、技术创新为主要内容的技术研发体系；由1个中心库、2个备份库、1个离体库、17个资源圃及国家草种质资源保护管理系统组成的保存利用体系。旱生牧草遗传资源的保存，无论是原生境保存还是非原生境保存，近年来在我国均取得了非常快的发展和很好的效果。

（1）原生境保存现状。原生境保存方面主要是建立自然保护区或天然公园等途径来保护野生及近缘牧草植物物种，草地自然保护区是牧草生物多样性就地保护的主要途径。自然生态系统类和野生生物类自然保护区的保护效果和安全水平，直接关系到我国牧草生物多样性保护事业的命运。因此，对于保护区系统的建立与完善和保护区功能合理利用对牧草种质资源的保存具有重要意义，如华山新麦草、野大豆、黄花苜蓿自然保护区等。草地自然保护区的建设工作始于20世纪80年代，到1994年我国已建立草地类自然保护区11处，总面积约207万hm^2，约占全国草地总面积的0.5%。建立自然保护区是野生植物原生地最有效的保护，美国、英国、日本等国家自然保护区面积都占国土总面积的10%以上，我国在这方面与发达国家比还有一定差距。保护区的设立对不易引种到其他地区的野生种和近缘野生种的保存具有非原生境保存无法比拟的优点，是天然的牧草基因库。近年来我们在原生境保护方面发展迅速，2020年，我国首次设立39处草原自然公园试点，总面积达14.7万hm^2，涉及11个省（自治区）、新疆生产建设兵团，及黑龙江省农垦总局，涵盖温性草原、草甸草原、高寒草原等类型，区域生态地位重要。通过开展草原自然公园建设试点，加强旱生牧草资源保护，促进草原科学利用，对进一步筑牢我国生态安全屏障，践行"绿水青山就是金山银山"理念具有重要意义。

（2）非原生境保存。非原生境保存是指牧草种质保存于该植物原生态生长地以外的地方，如建立低温种质库进行种子保存、田间种质库（种质圃、植物园）进行植株保存、试管苗种质库进行组织培养物保存（习惯上种质库也称为基因库）以及用超低温保存种子、花粉、营养体和细胞等。非原生境保存主要是将牧草基因材料的种子、块茎块根、无性繁殖材料等保存于基因库或资源圃。

建立低温种质库：大多数植物种子在低温条件下能长期而稳定地保存，

因而低温种质库成为主要的非原生境保存方式。近年来各国对种质资源的储藏保存极为重视，国家种质牧草中期库于1989年建成，位于中国农业科学院草原研究所。总建筑面积634 m²，使用面积为444 m²。主要职责是负责牧草种质资源的中期保存，种质的繁殖、分发和交换利用。截至2011年底，保存牧草种质材料13 520份，隶属于39科261属825种（包括变种），保存的牧草种质资源包括国内外优良野生种或栽培种及其近缘种，濒危、珍稀和特有牧草种，以及有特殊利用价值的草本。1997年世界银行中国农业支持项目资助建立了全国畜牧兽医总站畜禽牧草种质资源保存利用中心，该牧草种质资源保存利用中心是全国牧草保种体系的中心库，现已保存牧草种质材料1.5万份，隶属于75科455属1 177种（变种），其中有古老的第三纪孑遗植物沙冬青，有国家重点保护植物蒙古扁桃、黄芪、梭梭、刚果甘草、胀果甘草（*Glycyrrhiza inflata*）、甘草、沙芦草、短芒披碱草（*Elymus breviaristatus*）、无芒披碱草（*Elymus sinosubmuticus*）、野大豆、还有大量的中国饲用植物特有种黑紫披碱草（*Elymus atratus*）、圆柱披碱草（*Elymus dahuricus* var. *cylindricus*）、中华羊茅、冷地早熟禾（*Poa araratica*）、丝颖针茅（*Stipa capillacea*）、海刀豆（*Canavalia rosea*）、塔落岩黄芪（*Hedysarum laeve*）、牛枝子（*Lespedeza potaninii*）、博洛塔绢蒿等。

建立田间种质库：在我国，作为育种用的资源材料主要由负责种质资源工作的单位或育种单位进行种植保存。来自自然条件悬殊地区的种质资源，都在同一地区种植保存，不一定都能适应。因此，宜采取集中与分散保存的原则，把某些种质资源材料分别在不同生态地点种植保存。自20世纪90年代以来，各科研院所分别在新疆、内蒙古和甘肃建立了旱生牧草种质资源圃，为旱生牧草的育种工作打下坚实基础。

1994年新疆畜牧科学院草原研究所最早建立了新疆优良旱生牧草原种繁育中心，以小区试验选育筛选牧草品种为重要手段，并结合生物技术实验室的快速繁育及种子萌发生理生态等高新技术研究，加速旱生牧草种子批量生产。2001年农业部批复"新疆旱生牧草原种基地"，新疆畜牧科学院草原研究所在确保驼绒藜原种田长期保存的基础上，立足于开展旱生牧草的研究与示范生产驼绒藜、木地肤、新麦草、冰草等旱生牧草种子55 t，保存牧草种质资源1 000余份。

2006年，中国科学院植物研究草业中心与内蒙古自治区农牧业科学院合作，在内蒙古农牧科学院综合试验示范中心四子王基地建设了50亩旱生牧草资源圃，旨在旱生牧草的种质资源收集保存、栽培驯化、筛选利用以及研究展示方面建设一个良好的平台。通过观测、培育建立了种质更新、繁殖与种子材料累积的方法和田间资源圃，为发展旱生牧草研究与生产利用，打下了良好的基础。目前，从这些引种的材料中，已经筛选出30种适宜在内蒙古干旱、半干旱地区栽培种植和推广的优良旱生材料。

2009年，中国农业科学院张掖牧草及生态农业野外科学观测试验站成立，位于院属张掖旱生牧草引进、驯化、繁育基地，地处甘肃省张掖市甘州区党寨镇。试验站以我国西部旱生超旱生牧草种质资源的收集、整理、保存及开发利用为主，培育具有自主知识产权的抗寒、抗旱、抗盐碱、抗风沙牧草新品种。建立了旱生牧草种质资源圃；建成了我国沙拐枣、梭梭等旱生超旱生牧草种质资源研究利用基地，建立了旱生超旱生牧草种质资源数据库。近年我国草原退化、碱化、沙化严重，草地生态环境恶化破坏土壤生态，降低土壤肥力与含碳量，并且使生物多样性受到严重威胁，草地的群落结构发生了明显的变化，物种单一使环境抵抗力稳定减弱。牧草遗传基因资源特别是广大北方地区的旱生牧草基因资源日益锐减。因此，进行旱生牧草资源圃建设是保护我国珍贵的旱生牧草基因资源和治理旱区与沙漠生态环境的重要研究内容之一。

3. 我国旱生牧草种质资源的评价现状

1974年前，我国从国外（主要是苏联及东欧国家）大量引进牧草、饲料作物品种资源，在广大的牧区栽培和应用，而后立足于本国饲用植物资源，从当地野生饲用植物中选择优良草种进行引种栽培、评价和筛选。从地方品种筛选、评价和培育出如新疆和田苜蓿、肇东苜蓿等野生牧草；栽培驯化野生牧草如羊草（*Leymus chinensis*）、老芒麦（*Elymus sibiricus*）、无芒雀麦（*Bromus inermis*）、黄花苜蓿（*Medicago falcata*）、沙打旺（*Astragalus adsurgens*）等，为中国天然草地改良和人工饲草饲料地建立提供了优良草种。

从20世纪80年代开始，我国在温带的呼和浩特、乌鲁木齐、北京，亚热带的昆明、武汉和南宁的试验基地，以植物学特征、农艺性状和适应性为主，开展了田间鉴定和评价。以田间试验与室内实验相结合，对部分种质资源开展了抗寒性、抗旱性、抗盐碱性和耐热性鉴定方法的研究，并进行了鉴定和评价。同时，开展了抗病虫性鉴定和评价，细胞染色体鉴定和研究。

20世纪90年代以后，我国在牧草种质资源评价方面普遍开展采用以田间试验为主，与实验室分析测试相结合，以植物学特征和农艺性状为主的方式。完成了4 543份材料鉴定，对其中1 376份材料进行了适应性和抗逆性（抗寒性、抗旱性、耐盐碱性、耐热性及抗病虫性）鉴定和研究，评选出有突出优良性状的育种材料213份。对综合性状良好的材料开展了品种对比试验和区域性试验，筛选出可直接用于生产的优良饲用植物品种65个，如'阿勒泰苜蓿''鄂西多花木蓝''林肯无芒雀麦''锡盟无芒雀麦''华北驼绒藜'等。

我国在牧草植物种质资源标准化整理、整合及共享试点项目的支持下，评价鉴定工作取得重大进展，完成了110套主要牧草经济类群和重要牧草代表种的描述规范、数据标准及数据质量控制规范研究的制定及其验证完善。建立了牧草种质资源共性描述指标和个性描述指标体系，按照统一的标准规范及技术方案，完成了全国30多个单位10 000余份牧草种质资源的标准化整理、整合及数字化表达。建立了牧草种质资源共性数据库和特性数据库，开发了具有数据编辑、查询、统计、筛选、图表制作等功能的数据库管理系统。建立和完善了中国牧草种质资源信息共享网络系统及专业网站，实现了与国家科技基础条件平台门户网站及"e-平台"的联网，累计向"e-平台"和国家科技基础条件平台门户网站提交了10 000余份牧草种质资源的共性描述数据及17 585幅图像，实现了10 000余份牧草种质资源的信息共享。完成了5 406份重点牧草种质资源的繁殖更新、标志性数据信息的补充采集及5 000余份种质的实物共享。完成了2 629份珍稀、濒危及特异牧草种质资源的抢救性收集、整理及其异地保护。

由中国农业科学院草原研究所和全国畜牧兽医总站分别牵头，由几十个科研教学和生产管理部门参加，在全国范围内开展了以农艺性状和生物生态学特性为主的鉴定和评价工作。对其中部分遗传材料进行了抗逆性（包括抗旱、耐寒、耐盐碱等）的鉴定和评价。据统计，到2009年为止，已完成18 783份种质材料的农艺性状和生物生态等特性鉴定；完成4 872份材料抗逆性鉴定和评价。通过鉴定、评价下和研究筛选出优良性状突出，有栽培和育种价值的材料400余份；可直接在生产利用的草种和种质有40~50份。已登记的新品种453个。

通过国家科技基础条件平台"牧草种质资源标准化整理、整合及共享试点"项目的实施，建立和完善了中国牧草种质资源数据库、共享信息服务系统及专业门户网站，录入了 800 余种 10 000 余份牧草种质的特性数据及图像信息，实现了图像属性的 GIS 查询和数据检索的模糊查询及性状组合查询，具有数据生成、维护、查询、打印、分类统计、数据连接交换等功能。系统达到了国内领先的水平，为提高信息共享奠定了坚实的基础。

我国已累计评价了 1.6 万余份种质资源的抗旱性、耐盐性、抗寒性、耐热性、抗病性、抗虫性和粗蛋白含量等重要农艺性状，筛选出高蛋白苜蓿等优异种质资源 157 份、抗白粉病红三叶和抗褐斑病紫花苜蓿等优异种质 396 份。总体而言，虽然我国草种质资源保护工作在保护体系构建、收集保存、鉴定评价、种质创新、共享利用等方面已取得了显著成效，但还存在种质资源收集不够全面、种质评价和利用不够充分、评价创新严重滞后等问题。

4. 我国旱生牧草种质资源利用现状

以往的研究中，国内育种专家在冰草属、赖草属、披碱草属等植物中，通过远缘杂交育种，取得卓越成绩。但是，针对大多的旱生牧草种质资源，广大育种家们仍旧选择传统的引种驯化栽培选育手段。随着科学技术的进步，有学者开发了航天搭载牧草 RAPD、ISSR、SSR 分子标记平台，丰富了我国牧草育种技术与手段；创制出抗寒旱、耐盐碱、耐瘠薄牧草新品种 8 个，解决了品种资源匮乏与制种难的技术瓶颈。随着对牧草抗旱性研究的深入，育种工作者已成功克隆到多种与干旱胁迫相关的基因，研究人员从自主选育的超旱生牧草新品种"腾格里无芒隐子草"（*Cleistogenes songorica*）中分离获得了 *CsLEA2* 和 *CsALDH12A1* 基因，并分别转入紫花苜蓿，2 份转基因新材料的耐旱能力得到显著提高。研究者通过紫花苜蓿耐旱转录组等方法筛选获得了 *MsNTF2* 基因并成功转入紫花苜蓿，*MsNTF2* 基因通过调控叶表皮气孔密度、蜡质等增强了转基因材料的耐旱能力；王锁民/包爱科课题组利用霸王表皮角质层蜡质转运相关基因 *ZxABCG11* 对紫花苜蓿进行遗传转化，揭示了 *ZxABCG11* 正向调控紫花苜蓿抗旱和耐热性的作用机制。从骆驼刺（*Alhagi camelorum*）和苦马豆（*Sphaerophysa salsula*）中克隆了 3 个耐盐基因，并成功在烟草（*Nicotiana tabacum*）和拟南芥（*Arabidopsis thaliana*）中进行了基因功能的验证。

几年来，我国在羊草（*Leymus chinensis*）基因组测序、鸭茅（*Dactylis glomerata*）和美洲狼尾草（*Pennisetum glaucum*）等分子标记和遗传转化等

方面取得了前沿领域的成果。在箭筈豌豆（*Vicia sativa*）和老芒麦（*Elymus sibiricus*）裂荚、落粒等性状的生物学基础方面取得较好的研究成果。在蒺藜苜蓿（*Medicago truncatula*）、高粱（*Sorghum bicolor*）耐盐碱抗性改良、紫花苜蓿（*Medicago sativa*）耐寒和抗病、白花草木樨（*Melilotus albus*）香豆素和象草（*Pennisetum purpureum*）花青素等合成的分子基础取得重大突破。

随着大规模国土绿化和草牧业转型发展的推进，我国草种需求量逐年增大，自1987年第一届全国牧草品种审定委员会成立以来，全国牧草品种审定委员会共审定登记草品种692个，国家林草局草品种审定委员会审定登记草品种59个。其中，审定通过的旱生野生栽培种或野生驯化种有陇中黄花补血草［*Limonium aureum*（L.）Hill 'Longzhong'］、阿勒泰补血草（*Medicago varia* Martin.cv.Aletai）、赤峰山竹岩黄芪（*Hedysarum fruticosum* Pall.cv.Chifeng）、土默特山竹岩黄芪（*Melilotoides ruthenica* cv.Tumote）、林西达乌里胡枝子［*Lespedeza davurica*（Laxm.）Schindl. 'Linxi'］、科尔沁尖叶胡枝子（*Lespedeza hedysaroides* cv.Keerqin）、乌拉特肋脉野豌豆（*Vicia costata* Ledeb.cv.Wulate）、内蒙古小叶锦鸡儿（*Caragana microphylla* Lam.cv.Neimenggu）、晋北小叶锦鸡儿（*Caragana microphylle* Lam.cv.Jinbei）、鄂尔多斯柠条锦鸡儿（*Caragana korshinskii* cv.eerduosi）、沱沱河梭罗草、内蒙沙芦草（蒙古冰草）（*Agropyron mongolicum* Keng.cv.Neimeng）、察北披碱草（*Elymus dahuricus* Turcz.cv.Chabei）、腾格里无芒隐子草［*Cleistogenes songorica*（Roshev.）Ohwi 'Tengeli'］、林西直穗鹅观草［*Roegneria turczaninovii*（Drob）Nevski. cv.Linxi］、乌拉特毛穗赖草［*Leymus paboanus*（Claus.）Piges cv.Wulate］、新疆伊犁蒿（*Artemisia transilensis* Poljak.cv.Xinjiang）、巩乃斯木地肤［*Kochia prostrata*（L.）Schrad.cv.Gongnaisi］、伊犁心叶驼绒藜［*Ceratoides ewersmanniana*（Stschegl.ex Losinsk.）Botsch.et Ikonn.cv.Yili］、乌拉泊驼绒藜［*Ceratoides latens*（J.F.Gmel）Reveal et Holmgren cv.Wulabo］、乌兰察布型华北驼绒藜［*Ceratodes arborescens*（Losinsk.）Tsien et.C.G.Ma 'wulanchabuxing'］、腾格里沙拐枣（*Calligonum mongolicum* Turcz.cv. Tenggeli）、乌拉特柄扁桃［*Prunus pedunculata*（Pall）Maxim.cv.Wulate］、伊敏河地榆（*Sanguisorba officinalis* L. 'Yi Minhe'）、'科尔沁沙地'扁蓿豆（*Medicago ruthenica* 'keerqinshadi'）、'西乌珠穆沁'羊草（*Leymus chinensis* 'Xiwuzhumuqin'）、'康南'垂穗披碱草（*Elymus nutans* 'Kangnan'）、'忻州'偏穗鹅观草（*Roegneria komarovii*

'Xinzhou')'盐池'沙芦草（*Agropyron mongolicum* 'Yanchi'）、'阿勒泰戈宝'白麻（*Poacynum pictum* 'Altay Gaubau'）、'阿勒泰戈宝'罗布麻（*Apocynum venetum* 'Altay Gaubau'）等一大批优异的旱生新品种，这为我国旱区、荒漠区生态修复和沙漠治理提供了物质基础，为打赢"三北"工程攻坚战、不断提高干旱、半干旱区生态质量和生产力水平等提供了坚实的用种保障。

第二章　旱生牧草生态环境及其生理生态适应性

干旱几乎无所不在，始终是个全球范围的问题，也是一个世界性的问题。世界大陆干旱和半干旱区的总面积约为4 800万 km^2，占大陆面积的1/3，遍及世界各大洲50多个国家和地区。干旱时刻威胁着农牧业生产的正常进行和影响生态环境的建设。我国是世界上主要的干旱国家之一，干旱区的面积约为280万 km^2，半干旱和半湿润易旱区的面积约为213万 km^2，主要分布在昆仑山—秦岭—淮河一线以北，西起西北国界，东达大兴安岭西麓，大约包括16个省、自治区、直辖市的965个县。西北地区是我国干旱面积最广的地区，干旱是西北区最主要的气候特征和自然灾害。干旱的不利因素会造成生态环境恶化、土地荒漠化加剧、农业大幅度减产等一系列问题。根据估算，全世界每年由于干旱缺水对农牧业潜在产量所造成的损失比其他不利因素造成损失的总和还要多。因此，对干旱区生长的旱生、超旱生牧草进行研究具有重大战略意义。

通常将年降水量小于200（或250）mm的地区划为干旱区，年降水量大于200 mm（或250）小于500 mm的地区划为半干旱区。处在干旱、半干旱区域的旱生牧草植物，从发芽、生长到种子收获，其整个生长发育的过程均遭受到了自然环境中干旱这一胁迫因子的影响和干预。干旱区的旱生植物，在一定的范围内水分对旱生牧草的生长发育起促进作用，但超过一定范围，则对旱生牧草的生长起着抑制的作用，因而，这些旱生牧草本身特征特性是具有较强的抗旱性，旱逆境中的生存竞争能力较强，适当干旱对提高种质生存能力可能是有利的。干旱区大部分自然降水不足300 mm，但在这一地区却繁衍生息着众多的旱生牧草种质资源。由于干旱程度的差异，在这些牧草中形成了对缺水的种种适应。我国的旱生、超旱生牧草的开发利用潜力是相当巨大的，如何挖掘这一部分潜力是今后草业科学家和育种学家面临的一个艰巨任务。

第一节　世界的干旱类型及分布

1. 世界干旱气候的类型

根据形成干旱气候的原因和纬度，国际上一般将干旱地区分为四大类型，即热带季节干旱类型、热带半干旱类型、亚热带半干旱类型与中纬度半干旱类型。

（1）热带季节干旱类型。热带季节干旱类型，属于热带沙漠气候，气候特征是炎热和干燥，年平均气温较高，昼夜温差较大，降水稀少，常年降水一般在 200 mm 以下，变率极大，有时甚至连续多年无雨，且多以暴雨形式降下。旱季经常在半年以上，植被稀疏，常有大面积无植被的沙漠地区。植物多是旱生灌木，另有一些雨后的短命旱生草本植物。

（2）热带半干旱类型。热带半干旱类型，属于热带草原气候，全年高温，无明显低温干扰，气候特点是有明显的旱季和雨季的交替，雨季草木茂盛，旱季一片枯黄。年降水量在 500~750 mm，植被为热带稀树草原景观，主要植物为旱生灌木和耐旱性极强的乔木树种。这类地区多分布在热带气候的边缘，大致在南北纬 10° 至南北回归线之间。

（3）亚热带半干旱类型。亚热带半干旱类型，属于地中海式气候，又称地中海类型。这类地区主要位于北纬 30°~40° 欧美大陆的西岸，澳大利亚的东南部及非洲大陆的西南角，其中以地中海沿岸最为典型。气候高温干旱；冬季受西风控制，多气旋活动，从而温湿多雨，属冬雨型区域。该类型地区的农业生产主要依赖冬季的丰雨季。

（4）中纬度干旱半干旱类型。中纬度干旱半干旱类型，属于温带大陆型气候。这类地区分布在欧亚大陆和北美大陆的内陆地区，南北纬 40°~60° 的北美，南美东岸包括北美大平原、加拿大大草原诸省的半干旱区、阿根廷中部无树大草原区以及广阔的欧亚干旱、半干旱区，均属这一类型。因该类型地处大陆内部，终年受大陆气团控制，干旱少雨，越向内陆，降水越少。冬季严寒，夏季炎热，冷暖季节分明。这一类型地区的外围，多为温带草原地带，中心则为温带沙漠地带。植被类型前者属温带草原，后者属温带荒漠类型。

2. 世界干旱、半干旱地区的地理分布

干旱、半干旱地区遍及世界各大洲，涉及 50 多个国家和地区，占全球陆地面积（不包括南极洲）的 34.9%，共约 4570×10^4 km²，其中干旱区占全球陆地面积的 24%，半干旱区占全球陆地面积的 10.9%。

（1）欧亚大陆干旱半干旱地区。欧亚大陆干旱半干旱地区面积最大，约为 2010×10^4 km²，占两洲总面积的 39.6%。热带、亚热带干旱半干旱类型分布在阿拉伯半岛、中东内陆盆地、伊朗的中部和南部、印度和巴基斯坦的一部分地区；中纬度干旱和半干旱类型主要分布在中国、中亚各国、蒙古国等，欧洲的干旱半干旱地区面积很小，主要分布在东欧。

阿拉伯半岛基本上属于热带和亚热带干旱地区，夏季炎热，冬季有少量降水，中部为沙漠地区，极端干旱。阿拉伯半岛南部沿红海的高原地区，其东南部濒临阿曼湾，为夏季降水的温暖半干旱地区。

印度和巴基斯坦的西北部属于亚热带干旱地区，总面积约为 75×10^4 km²。一年中 6 月最热，热浪冲击下温度高达 50℃ 以上。相对湿度早晨为 35%～60%，午间下降到 10%～30%。9 月进入季风性雨季，降水从东向西逐渐减少。由于降水的 90% 集中在炎热的季风期，因而降水利用效率很低。印度次大陆自北纬 32° 以南，介于东经 70°～80°，直至北纬 8° 左右，贯穿着一条宽窄不等的半干旱地带，面积约 95×10^4 km²。年降水量自北部克什米尔 241 mm 开始，向南逐步增加到 600～700 mm。蒸发量是降水量的一倍以上，水分亏缺 437 mm，多则达 1 049 mm。年均温度 5～18℃，北部最低温度在 0℃ 以下，最高温度在 30～42℃。

欧亚大陆中部和东北部的中纬度干旱半干旱地区深入内陆，介于北纬 35°～50°，西起黑海，东至中国的东北地区，总面积约有 1600×10^4 km²。其中包括中东沙漠、黑海低地荒漠、塔克拉玛干沙漠。围绕广阔的沙漠边缘是宽广的干旱、半干旱区，包括黑海地区、伏尔加地区、阿塞拜疆、土库曼斯坦、乌兹别克斯坦、哈萨克斯坦，以及我国新疆、陕甘宁、内蒙古，一直延伸到东北的半干旱地区。

（2）非洲干旱半干旱地区。非洲干旱半干旱地区占非洲陆地总面积的 43.7%，约有 1320×10^4 km²，大部分在赤道以北，几乎超过北非陆地面积的 3/4，核心为撒哈拉大沙漠，约 900×10^4 km²。西北边缘有一狭长的半干旱地带，包括摩洛哥和阿尔及利亚的北部，有明显的由沙漠过渡到地中海型气候的特征。南部边缘的半干旱地带，横贯大陆，是分隔沙漠和热带雨林的过渡地区，夏季有短暂的雨季。包括塞内加尔、马里南部、上沃尔特、尼日利亚、中非和肯尼亚等国的大部分。另在南非有部分半干旱地区。非洲的干旱半干旱地区的可耕地有 1.8×10^6 km²。

（3）澳大利亚的干旱半干旱地区。澳大利亚干旱半干旱地区约占国土面积的 70%，占该国的整个中部和西部，共 500×10^4 km²。中部为干旱地区周围为半干旱地区，半干旱地区草原植被繁茂。干旱半干旱地区的可耕地占 17%，其中亚热带有 0.57×10^6 km²，热带有 0.28×10^6 km²。

（4）北美洲干旱半干旱地区。北美洲的干旱半干旱地区约有 400×10^4 km²，占北美洲总面积的 16.6%，其中干旱、半干旱地区各占一半，半干旱地区略多于干旱地区。北美洲的干旱半干旱地区，主要分布在西北、西南太平洋海岸地区。

（5）南美洲干旱半干旱地区。南美洲的干旱半干旱地区面积最小，约 340×10^4 km²，占该洲面积的 18.9%，其中干旱、半干旱地区面积各占一半，干旱地区略多于半干旱地区。主要分布在西海岸，自赤道向南延伸至最南端。

第二节　中国的干旱半干旱地区

1. 干旱气候的划分指标

（1）年降水量指标。根据年平均降水量多少来区分干旱的程度是最简便的方法。国际上一般把年平均降水量在 250 mm 以下的地区称为干旱区，认为在干旱区内不能从事雨养农业，无灌溉就无农业。年平均降水量在 250～500 mm 的地区称为半干旱区，可以从事雨养农业，500～750 mm 的地区称为半湿润区。年平均降水量 800 mm 以上的地区称为湿润区。由于各国所处的地理位置、地貌特征的差异，划分界线也不尽一致。如印度的一些地区因属热带季风气候，干湿季节分明，虽然湿季降水 1 000 mm 以上，但旱季却干燥异常，因此，也被称为半干旱区，实际上半干旱和半湿润之间的界限很难用年降水量来截然分开。所以，有些国家把半干旱和半湿润两者合称为一种地区。我国的干旱半干旱地区，采用年降水量来划分，标准大体与国际上通行的降水量相当。由于我国的干旱半干旱地区地处中纬度，亦认为年降水量 250 mm 以下的地区为干旱区，250～550 mm 为半干旱区，也有人把 250～600 mm 降水量范围内的地区划分为半干旱区。降水量 600～800 mm 的地区为半湿润区。800 mm 以上的地区称为湿润区。

（2）降水和气温比指数。降水虽然是影响一个地区干旱程度的基本要素，但在不同温度条件下，同样的降水量也可以表现出不同的干旱程度。如在比较凉爽的黑龙江，400 mm 降水可使小麦正常生长，而在比较温暖的河北则会出现干旱现象。因此，不少学者曾用降水温度比值的指数作为干旱的分级指标。我国学者根据秦岭—淮河一线降水与蒸发接近平衡，干燥度 $K=1$，依据国情，以系数 0.16 校正了大于 10℃ 的积温与同期降水量（mm）的温湿比率，定为干燥度。K 的计算公式：

$$K = \frac{0.16\sum T \geqslant 10℃}{\sum P}$$

式中，$\sum T \geqslant 10℃$ 为大于等于 10℃ 的积温；$\sum P$ 为同期的降水量（mm）。并规定不同干燥度的指标如下：$\leqslant 0.49$ 为过湿；$0.50\sim 0.99$ 为湿润；$1.0\sim 1.49$ 为半湿润；$1.50\sim 3.99$ 为半干旱；$\geqslant 4.00$ 为干旱。

（3）降水和蒸散比（干燥指数）。干燥指数是年降水量与蒸发力之比（P/E）。用 E/P 或 P/E 的比值作为湿润指数或干燥指数，作为干湿的分级指标。P 为年降水量（mm），可以实测或从气象台站获得；E 为潜在蒸发量（mm），后改为潜在蒸散量。一般来说，对 E 的估算难度较大。目前应用较多的是联合国粮农组织修订的 Penman 潜在蒸散量（PET）计算法。Penman 在计算 PET 时，考虑的因子包括温度、湿度、风、辐射、日照等，所得结果比较准确，公式如下：

$$PET = \frac{W \cdot H_T \cdot A_T}{W+1}$$

式中，W 值可根据各地海拔高度和相应的温度查出。H_T 为净辐射、A_T 为风力因素。

我国以前对我国气象大区的干燥度做了相应的规定：

大区或气候区	干燥度
A：湿润	<1.00
B：亚湿润	1.00～1.49

C：亚干旱　　　　　　　　1.50～3.49

D：干旱　　　　　　　　　≥3.50

（4）用水平衡指标。根据水分平衡的原理，计算一个地区水分的盈亏，是评价该地区水分状况的一种有效方法，有直接的应用价值。水分平衡一般表达式的基本原理是，水分的进入量和流出失散量的关系，用这种公式去评价一个地区水分亏缺和干旱程度简便易行。

2. 中国干旱半干旱地区的基本气候特征

我国干旱、半干旱区面积的 83% 分布于西北地区，西北地区是我国干旱面积最广的地区。中国的西北干旱区、东部季风区和青藏高原区是并列的、分异明显、各具特色的三大自然区域。这是按照地理位置、大气特征和地势轮廓等最重要的地域分异因素划分的。

我国的干旱区位于欧亚大陆干旱半干旱区的中心，年降水量小于 200 mm。大致在北纬 35°～50°，东起大兴安岭，西至国境线，连绵 400 多 km，横跨 50 个经度，总面积相当于英国的 12 倍。干燥度大于 3.50 的西北干旱区有 280×10^4 km^2，地处中纬度西风带，属于温带气候。广大的西北干旱区，由于大部分地区的年降水量都在 200 mm 以下，处在水贵如油的局面。西北干旱区是一块富饶的土地，这个地区有世界上独特的地貌特征，即高寒山地与走廊盆地相间并存。如分布在区内的祁连山、阿尔金山、昆仑山、天山、阿尔泰山等这些著名的高寒山地，与河西走廊、柴达木盆地、准噶尔盆地等十分巧妙地镶嵌在一个大自然区之中。源于高寒山地的内陆河流，像有名的石羊河、黑河、疏勒河、党河、塔里木河、乌鲁木齐河等，水量稳定，水质良好，灌溉和滋润着武威、张掖、酒泉、敦煌、哈密、吐鲁番、善鄯等一块块离散分布的绿洲。由于这些绿洲的冷岛效应，创造了植物生长的良好生态环境。

我国的半干旱地区年降水量的下限，有的人认为从 200 mm 降水开始，有的人认为从 250 mm 开始，依据都是可以发展雨养农业的极限降水量，其差异原因是水热条件的组合，或者说温度条件的制约。在温度较低地区，蒸发量小，水分利用效率高；在温度较高的地区，蒸发量相对较高，水分利用效率相对较低，因此 200 mm 和 250 mm 的降水量在不同温度条件地区，初级生产力的能力是类同的。同理，半干旱地区的上限降水量有 500 mm 的规定，更多的是 550 mm，也有根据我国降水等值线所表征的特点，主张 600 mm 降水量作为半干旱地区的上限量。从我国的实际情况出发，我们也同意后者的意见。不管对半干旱地区上、下降水阈值的差异如何不同，但以 400 mm 降水量等值线作为中界是一致的。

在我国西北干旱区和东部季风湿润气候区之间存在着一个半干旱区地带，这个地带大约从东北通辽开始，经河北张北、山西雁北、宁夏固原和甘肃陇中的定西，直至西藏拉萨的 400 mm 降水等值线两侧，年降水量从 250 mm 到 550 mm，有的人甚至主张扩展到 600 mm 降水量范围内的广大地区。我国的干旱与半干旱地区主要分布在我国北方的 13 个省（区）200 多个县（市、旗）。关于总面积，由于对天然降水量上下阈值认识的差异，这面积实际上是个变量，位于 $(175～220) \times 10^4$ km^2，因此，我国的干旱半干旱地区占国土总面积的 47%～52.5%。这些差异有学术思想的争议，但不管怎样，我国有一半是缺水的干旱半干旱地区，这一点已经成为大家的共识。

中国半干旱地区总面积 200×10^4 km^2 以上，由于其经纬度、地貌、海拔高度的差异，所表现出的气候特征并不均一。我国干旱半干旱区主要农业气候要素如下。

（1）降水资源。在干旱半干旱地区概念的规定中，半干旱地区年降水量在 250～550 mm。

（2）光资源。半干旱地区的光资源特点是日照时数多，辐射强度大，光合有效辐射充足。我国的半干旱地区日照时数一般较多，年平均在 2 500～3 000 h，日照百分率为 55%～70%。由于日照时数多，使该区的总辐射强度大，光合有效辐射充分。与全国各地比较，半干旱地区的总辐射量在（500～627）kJ/（cm^2·a），比南京的 497.7 kJ/（cm^2·a）、广州的 485.3 kJ/（cm^2·a）、成都的 370.3 kJ/（cm^2·a）都高。而低于全国最高值的青藏高原，比如拉萨是 846.0 kJ/（cm^2·a）。光合有效辐射平均在（230～293）kJ/（cm^2·a）。日照时数、总辐射、光合有效辐射在区内随着海拔、地势、纬度的变化而有差异，但就牧草生长季节中的总辐射量和光合有效辐射量而言，都是绰绰有余的长线因子。

（3）热量资源。我国的半干旱地区由于受到纬度偏高、海拔偏高的影响，属于热量资源较差的地区。大部分地区年平均温度都在 10℃ 以下，无霜期少于 170 d，≥10℃ 积温在 3 000～4 000℃，农作物一年一熟，南部和东南部的部分地区可以达到两年三熟或一年两熟。一般情况下，我国半干旱地区的热量资源，都能满足经过长期自然进化和人工选择而有较强地区适应性的旱生牧草品种生长发育的需要。但该区范围内经常发生如干热风、低温、霜冻等超越旱生牧草对温度适应范围的灾害性天气。

（4）土地土壤资源。旱生牧草虽然对土壤要求不严格，但土地质量的评价是一个非常重要且复杂的问题。它涉及海拔高度、地面坡度、土壤侵蚀、有效土层、土壤质地、土壤肥力、盐渍化程度等诸多要素。由于干旱少雨，中国半干旱区的土地大部分是干旱坡地或者沙地。我国半干旱地区的土壤资源，在水平方向上分布着介于湿润与干旱两个地带谱之间的过渡性土壤，自黄土高原向东北直到大兴安岭西麓分布着褐土、黑垆土、栗钙土、灰褐土、灰黑与黑土带。地域性土壤分布较广的有风沙土、盐土等。这些土壤肥力普遍偏低，有机质含量低。我国半干旱地区的土地与土壤资源，就质量而言并不很高，但就数量而言并不算少，对于耐瘠薄抗旱的旱生牧草来说，该区域种植旱生牧草或生产种子的潜力还是非常巨大。

总之，决定旱生牧草生产力水平的是光、热、水、肥四大生态因子。在我国的半干旱地区，由于光量充足，是长线因子；地处中纬度，对一季旱生牧草而言，温度适中；土地质量虽然不高，土壤有机质含量较低，但对旱生牧草来说肥力可控。唯降水量少，因此，水分胁迫成为制约旱生牧草生产力的主要限制因子。这点在我国新疆地区和甘肃河西走廊地区体现得非常突出。

第三节　旱生牧草的生理生态适应性

适应是生活有机体与其环境之间的关系特征。每一种旱生牧草植物都有其复杂的生存机制，以确保其能够在特定的环境中生存和发展。在进化过程中，干旱区的牧草发展出了各种各样的适应机制来克服这一区域的不适宜环境条件：多年生牧草具有各种各样的结构和生理适应，而对于短命牧草来说，它们能在相对短的适宜条件下完成其生命周期，并且发育出了能够确保植物生存的特殊的种子传播和萌发机制。

1. 旱生植物的概念及类型

生长在降水稀少、高温、土壤有机质含量少并伴有盐渍化的地区，在长期或间歇干旱环境中仍能维持水分平衡和正常生长发育的植物称为旱生植物。而旱生牧草是旱生植物中具有饲用价值或兼具生态价值的草本植物。过去对旱生植物有各种定义。典型的旱生植物是一类能生长在最干旱的土壤上,并被暴露在很强光照和很干燥空气中的植物。有学者认为旱生植物不能局限于纯粹的植物地理或解剖的、生理的概念,而应是在正常的生命活动中需要很少水分的植物,它是适应极度干旱的结果。有人定义旱生植物为在水分缺乏状态下能将蒸发减少到最低程度的干旱环境中的植物。这个定义不是对所有生长在干旱环境中的植物都适用,并不是所有生活在干旱区域的植物都需要适应干旱。例如,短命植物就是如此,它们在雨季的几周内完成了萌发、发育、开花和种子成熟的整个生活周期而逃避了长期干旱的影响,并没有表现出也不拥有适应干旱环境的生理和解剖特征。相似的情况也发生在多年生植物中,它们利用很深的根来供给水分而不具有旱生的生理和解剖特征。而具有鳞茎的荒漠植物,其中性结构叶片往往在干旱季节来临之前就枯萎了。

生命起源于水。但植物在迁移到陆地后,在长期进化的过程中,逐渐形成了对缺水的种种适应。由于不同地区、时期的缺水程度、时间长短和方式不同,因而使旱生牧草适应能力的大小和方式出现很大的差异。旱生牧草抗旱性的种间和品种间差异相当明显而巨大,由接近完全脱水到只能浸没于水中,由很短时间到延续百年以上(种子)。由此才可能引种、选择和培育抗旱品种来减轻和抵御干旱的危害。旱生牧草适应干旱的方式是多种多样的,其间无严格的界限,许多旱生牧草在通常情况下都是由好几种抗旱方式结合在一起而抵御干旱。归纳起来旱生牧草抗旱方式基本有三个主要类型:避旱、御旱和耐旱。

(1)避旱。避旱植物亦称逃旱植物,指借缩短生育期避开干旱,在较短的时间内迅速完成整个生活史的植物。具有避旱性的牧草抵御干旱有两个重要的特点:迅速物候期发育;发育的可逆性。

对于一年生旱生牧草而言,它常常在酷旱来临之前早开花早结实以避开干旱的危害。此外,这类旱生牧草仅用相当少的营养物质就可完成开花结实的过程,且消耗水分也极为有限。由于生长季节较短,虽然想获得较高的生产潜力但又想逃避干旱,结果只能是得失各半。对于这类旱生牧草要想提高其生产力,必须早开始其生活史,这将意味着它必须具有低的萌发温度或忍受早春的低温。事实上,短生植物依其生长特性可分为两个类型冬季型和夏季型。冬季型旱生牧草其结构表现为丛生型 C_3 光合途径及解剖结构。这种丛生型可使叶温达到最高限度,置于低温下能维持较高的生长温度和萌发温度,能尽早地萌发和生长，表现出较长的生长过程，其生产力较夏季更高。夏季型旱生牧草其结构是直立型，C_4光合途径，这类牧草借助C_4途径能增强生长，提高逆境中的水分利用效率。避旱适应的旱生牧草一般认为并非真正的抗旱，但在生长过程中遭到水分胁迫，也可能与具有其他机理的植物一样会加速同化物的运输量，以进一步加速成熟阶段。但避旱牧草在严重水胁迫或稍久的胁迫下与耐旱和御旱植物相比，很少有机会表现，这暗示其耐旱和御旱机能很脆弱，但不是没有这种机理，只是以逃旱为主。

对于多年生牧草而言，逃避干旱的机理通常是夏季休眠。一般在酷旱来临之前发育地上部分，当干旱来临后，地上部分相继死亡。因此，充分地维持地下组织茂盛生机对提高这类牧草的抗旱性极为有利。

多年生牧草的休眠有两种类型：真正休眠和夏季休眠。真正休眠具有专一性的特点。除非外界环境有专门的改变来诱导，否则不能继续生长。即使恢复供水也不能打破休眠。夏季休眠含有生长的可塑性特点，在酷旱来临之际，禾草短暂地停止生长在酷旱过去之后，一旦遇合适的水分条件，无须诱导就可恢复生长。夏季休眠的旱生牧草具有许多假生长现象。在酷旱季节，多年生避旱牧草能否逃过干旱一般视地下贮藏器官发育好坏而定。发育越是良好的地下器官越容易抵制干旱危害。对畜牧业而言，真正休眠所起的作用不如夏季休眠作用大，当然对旱生牧草本身而言，都是对干旱的不同适应。

一般认为，短生牧草抗旱属逃旱性质。但经过对一些短生牧草的多年研究发现，它的渗透势也相当的低，显然这类牧草在一定的时间和水分亏缺强度下，同样具有忍受低水势的能力。另外，还发现这类旱生牧草在形态、生态以及生理上有各种对水分亏缺适应的迹象。

（2）御旱。旱生牧草的御旱性适应亦称高水势适应。指避免和水分胁迫达到热力学平衡，即环境中水分不足时，在旱生牧草体内仍能保持一部分水分因而不受伤害，以至能进行正常活动的能力。具有这类特性的旱生牧草御旱的机理可分为两个方面：即持续吸水和阻止多余水分继续散失。持续吸水在旱生牧草方面表现为深根系，高密度根系，根系水平式分布及液相传导性。阻止散失水分主要包括关闭气孔，叶片运动以减少能量负荷，增加蜡质和角质层，降低叶面积以减少强烈辐射。

持续吸水。持续吸水是指这类牧草发展了一套极为有效的形态学御旱组织。这类组织以在干旱下继续吸水为其主要特征。典型的形态学御水组织主要在于根的立体结构。根的立体结构常常表现在它的深根系、根广度、密度如表面状况、表面积、根毛密度、轴向阻力和径向阻力等。干旱地区选育优良的多年生旱生牧草新品种的育种方案，主要考虑迅速扎根和发达的根系。因为根系入土深与植物从深层土壤中吸水有密切关系。一个发达的根系自然会增加吸水效率，从而表现抗旱。根系与植物抗旱能力呈直线相关。一些旱生牧草如大赖草、苜蓿、沙打旺、百脉根、草木樨等抗旱性强，主要原因就在于其具深且发达的根系。

根深。根深指根在土层中的入土深度。根深在豆科牧草中主要指直接入土深度。对禾草则指侧根链的入土深度，由于二者根系不同，在进行抗旱比较时应分开比较。根入土深度除与旱生牧草属性有关外，与环境变化的影响也有重要关系。同一种牧草生长在不同水分条件下，其入土深度显然不同。根系入土深度除受土壤水分影响外，土壤紧实度也是影响根向纵深发展的一个主要原因。因此，干旱地区打破犁底层的措施，对促进根系下扎具有重要的抗旱作用。

根密度。根密度指一定土壤容积中根的总长度，以根长的 cm/cm^3 土壤表示。一般如果其他条件相同，根的吸水速率和根的密度成正比，根密度大时，可延缓水胁迫的发生。根密度种间差异十分显著，在一定的土层中随时间而增加，直到种子发育形成一个光合产物的库，植株停止营养生长时才开始减少，通常单子叶植物的根密度大于双子叶植物。另外，在植株发育期间小根还存在着新陈代谢的问题。小根随生育期不断的死亡和长出，这当然会影响它的密度。小根的寿命随植物种类和环境条件而不同，有的仅有1~2周，有的则可能在整个生长期成活，甚至更长时间，不过通常都是短命的。此外，当水分供给良好时，形成广而多的浅根系以及一些不定根，以加强吸水面积。这些不定根虽然在深根系旱生牧草上表现不十分显著，但在干旱季节偶尔遇雨却表现十分明显。这种现象在肉质植物上表现最为明显和典型。一年生豆科牧草土壤湿度和经常灌水并不影响其根深度。大田生长条件下的多年生豆科牧草其根系与经常灌水的豆草相比，灌水者反而为75%，减少根深25%。不灌水禾草草地在土壤深层根系较密和较长。另外盆栽试验表明多年生黑麦草在土壤保持湿润时会导致根轴周围产生大量的粗根毛，如果使土壤层逐渐变干，仅有25%的植株具粗节根，土壤重新灌水后很快长出许多新的节根，灌水后新节根的多少，出现的快慢与品种和遗传性有关。下雨后土壤表层产生新根的能力也许可以增加牧草的抗旱性，因为新根能迅速吸收和获取土壤积累的水分。

根广度。根的广度指向水平方向发展所占有的空间。根的广度往往以重量/层表示。根广度亦称根围面积。根在土壤中的分布状态，一方面取决于旱生牧草根系的特性，另一方面也受外界环境的影响。一般来说，豆科牧草属于直根系，它可以利用自己入土深的根系从地下吸取水分来延缓干旱胁迫。而须根系的禾草主要通过增加根向水平方向的面积来抵御干旱。但深根和浅根是相对的，往往受环境因素影响很大。同一种牧草生长在缺水的干旱地区，其根系较深；反之，生长在供水良好的地区其根系向地表发展。另外，生长于干旱地区的牧草还往往具深根和浅根兼备的特点。总之，根围面积大，就可以及时地多吸收水分，这样在同等干旱下其抗旱性也就相对大一些，反之则小一些。

根系水传导。水向旱生牧草地上部分运输，主要通过木质部进行。其中动力主要为蒸腾流。另外一小部分归结于根压。水分向上运输主要受到两种阻力，一种是轴向阻力，另一种是径向阻力。在蒸腾和蒸发强烈地区，为维持水分平衡，旱生牧草必须不断地加强根系吸水，其中还要克服根、茎、叶之间的轴向阻力。另外，根毛向土壤吸水时，当水分进入根皮层时还要克服径向阻力。克服或降低这两种阻力，植物往往以增加木质部导管直径或数目来实现。但增加程度常因旱生牧草用水方式而异。一般常常可分为两类：御旱耗水型和御旱节水型，前者常要求较高的导水率，以适时地供应地上强烈蒸腾的要求。这类旱生牧草其导管的数量及面积常较节水型的大而多，对于节水型旱生牧草则以低导水率根系为宜，其导管数目、导水面积明显减少。节水型旱生牧草不仅用水效率高，且在生育旺盛期，土壤中常存有大量水分，因而受水胁迫少。另外，根的表面和叶面一样存在着失水问题。根的根冠外层及外皮层开始形成区域性的细胞栓化现象。可进一步防止土壤干燥时再度失水。当然另一方面也限制了根的吸水，即具双重效应。总之，根在旱生牧草抗旱中的作用有促进吸水作用，通过发展庞而深的根系或多而广的根系尽量吸收可利用水，根系的根皮加厚、硬化、栓化的特性防止了水分向干土流失。

减少水分散失。减少水分散失是御旱牧草的另一种抗旱特点。减少水分散失，牧草是通过气孔关闭，叶面积减少，叶表面堆积角质及蜡质层以及叶片下垂和卷曲等方式实现的。其中气孔生理控制起着十分重要的作用。特别是肉质植物利用气孔保水可谓典型。这类植物气孔对水分亏缺十分敏感，由于白天辐射强烈，蒸腾旺盛，以致白天气孔关闭，晚上由于蒸腾降低，气孔开放，形成有别于一般植物气孔的启闭方式。因此，水分丢失仅仅是最小部分，即所谓的 CAM 代谢途径。现已确定，CAM 途径与抗旱性关系密切。CAM 途径具有显著的抵抗不良环境的能力。所谓 CAM 途径是指含叶绿体的细胞在黑暗中能显著地固定 CO_2，合成游离的苹果酸存于液泡中，在随后的光期中脱羧放出 CO_2 被光合作用再度固定。CAM 旱生牧草具有以下特点：夜间气孔开放，吸收和固定空气中的 CO_2，由 PEP 羧化酶催化固定在一个 C_3 受体上，生成苹果酸；日间气孔关闭，停止吸收 CO_2，由苹果酸脱羧放出 CO_2，用于光合作用，日间淀粉含量增加、夜间则减少。CAM 植物具有比 C_4 植物更强的抗旱能力，表现在蒸腾率很低，用水率特高。CAM 旱生牧草在极低的土壤水势下，能维持较高的组织水势，叶和茎很少表现出低于 -15 巴的水势，极端的可达到 -22 巴，甚至土壤保持干燥（约 -80 巴）达数月之久，这可能是由于形态的原因，如低的气孔频率，极高的角质层阻力等。另外，此植物对降水反应极快，在一次较大的降水后，气孔夜间张开可立即开始，重建正常的 CAM 型气体交换。可见 CAM 途径解决了干燥地区气孔蒸腾和 CO_2 吸收的矛盾。其主要优点是在长期干旱中保持正的碳素平衡，或至少阻止负的碳平衡，即在可保证最小的失水下得到最大的碳收入。但这类旱生牧草生长很慢，产量很低。

近来发现多数的 C_3 植物受盐渍或水分胁迫时，可诱导产生 CAM。缺水如何诱导植物由 C_3 植物转变为 CAM 植物，这一问题目前尚未解决，可能是由不同途径引发的一系列反应的结果。假设苹果酸的产生是盐渍或水胁迫诱导的无机磷增加的直接结果，那无机磷就可补偿苹果酸对 PEP 酶的反馈抑制。旱生牧草对水分胁迫的反应通常包括激素的作用，特别是通过细胞分裂素和 ABA 之间的平衡来调节 PEP 羧化酶和 RuBp 羧化酶活力水平，从而引起代谢途径的改变。

在御旱植物中，气孔调节仍然是维持水势稳定的一个重要因素。然而，由于水分亏缺都有一个敏感性的问题，故种间或品种间差别十分明显。虽然气孔调节在旱生牧草保水方面的重要性不可否认，但还须注意气孔调节的有效性。有效性指气孔关闭要彻底。例如处于同一干旱胁迫下生长的玉米和高粱，不仅气孔关闭的临界值不同，而且，玉米气孔关闭不彻底，其结果在气孔方面相比其抗旱性低于高粱。目前，通过气孔反应检查植物抗旱与否已成为育种学家和生理学家关注的一个重要焦点。以气孔为指标评价抗旱性，应注意光合产量、植物类型等。

此外，旱生牧草叶片角质层和蜡质层的厚度多少与抗旱性有密切关系，是御旱植物减少水分散失的另外一特点。因为较厚的角质层可以减少水分丢失。在干旱、半干旱生长的旱生牧草，其叶面都具一层蜡质和角质层，但不同种之间仍存在厚薄之别。有人研究了处于同一干旱生境下的几种牧草，发现具有较厚、较多的蜡质和角质层的植物，其体内水势稳定，下降幅度小。反之，较少的蜡质和角质层的植物水势稳定性差，变化较大。显然植物气孔在同一关闭度下，蜡质及角质层的厚薄与保水性呈正相关，因为角质层蒸腾在总蒸腾中占10%～15%。从长远看，在干旱条件下具有厚的蜡质层及角质层的植物，维持正常生长的时间或延存的寿命要更长。

除蜡质和角质层外，减少蒸腾面积长期以来被认为是降低蒸腾的重要途径。在干旱条件下，由于膨压下降而影响了叶子的延伸生长，以致叶片面积显著减少，在营养生长期间，转而影响植株的生长，减少接受辐射能。旱生牧草在叶面指数低于3的时候，水分散失显著降低。这样就减少了消耗水分的速度，延迟严重胁迫的到来。

一旦叶子发育完全，植物还可以通过叶子皱缩、卷曲及下垂等减少蒸腾面积。特别对于禾草，叶子的皱缩和卷曲是最常见的一种干旱适应现象。这种反应至少减少蒸腾50%～70%和增加用水效率。叶子的卷缩是由上表皮的泡状细胞失水所致，可用卷缩指数来表示。卷缩指数指叶子的投影宽度与它的最大宽度的比值。

除上述叶子反应外，叶子在水胁迫下还随光照强度的变化而改变角度或位置。可分为两种情况，一种是被动的萎蔫反应，大部分旱生牧草有此反应，它们的叶子失水时萎蔫下垂，可以有效地减少光照面积。另一种是主动反应。这种反应是在水分胁迫下主动地改变叶片位置与光照的方向平行，又称避日性运动。许多旱生牧草的叶子始终保持直立状态，也可避免中午的强烈辐射。

叶子排列也与保水有关。密集呈金字塔的品种，较松散型品种保水能力要更强，同时叶表面状况也将直接影响水汽的进出。禾草是两面具有气孔的叶，但许多其他植物的叶子只在背面有气孔。关于气孔密度与蒸腾关系，现有研究结果指出，气孔密度低的高粱品种，蒸腾强度也较低，但也有相反的报道。其原因关键在于，气孔关闭运动以及气孔的大小。低密度、孔径小、气孔阻力大以及反应灵敏，四者共同结合起来才能抑制蒸腾。另外，单位叶面积气孔数目虽然较多，但如果气孔对水势反应灵敏，同样也会保持较多的水分，抑制强烈蒸腾。通常气孔数目增多，蒸腾必然增大，这是气孔边缘效应作用的结果。干旱草地上层叶子，由于水分条件比较困难，导致对缺水的适应，发现单位叶面积上气孔数目增多，但体积减小，这样可增加蒸腾，满足耗水型御旱的要求。

叶子上茸毛的有无也与旱生牧草保水有一定的关系。生长于干旱生境上的植物，叶子表面常具较多的茸毛，可以说，叶子的茸毛是适应干旱环境、防止水分散失的一个特征。

（3）耐旱。耐旱性指旱生牧草内部结构可与水分胁迫达到热力学平衡（真正脱水）但不受伤害或能阻止，减少或修复胁迫引起的损害。其中可分为耐亏缺和耐干化。耐亏缺指忍耐一般干旱仍能保持一定代谢活动的能力。耐干化指忍耐极端干燥，在低温中达到气干状态，其代谢活动极其微弱接近停顿，一旦有水即可恢复生长的特性。耐亏缺的机理主要指渗透调节和原生质弹性。通过渗透调节维持旱生牧草的压力势，进行一定的代谢活动，维持组织的继续生长。通过原生质弹性可防止细胞吸水和失水的机械撒裂现象发生。在外界条件如水分适合时可恢复生长。这种特点类似于短生植物夏季休眠的情形。但二者有实质性的差别。

维持膨压是旱生牧草维持生长，进行抗旱的一种重要的生理方式。它主要是通过渗透调节方式来实现的。许多旱生牧草，特别是盐生植物及栽培牧草都通过这一途径来抵御水分亏缺发展，维持其生命活动。膨压的存在或恒定性对牧草生长有极重要的作用，例如茎的挺立，叶伸展过程，细胞生长及气孔保卫细胞，另外许多酶反应包括膜结合及分离的酶反应都需靠膨压来完成其反应过程。在干旱条件下，随着水势的下降，如何通过一系列调整维持一个恒定的膨压以维持旱生牧草持续稳定生长就成为耐旱高低的一个重要标志。

研究表明渗透调节在维持膨压中起着相当重要的作用。所谓渗透调节是指细胞内渗透势的调节。在细胞溶液中，加入或去除溶质，从而达到细胞内渗透势与其外界环境的势能平衡。它既包括细胞内渗透势的下降，也包括细胞内渗透势的增加。由于干旱或盐渍，细胞内溶质浓度增加而引起的细胞渗透势的下降。

膨压是维持旱生牧草正常生长的前提，当膨压下降或消失时，旱生牧草就会出现萎蔫至枯死，水分亏缺常常是其不稳定的主要原因。那么，在水分胁迫时，旱生牧草有没有可能通过细胞内渗透势的调节来维持一定范围内的膨压势保持不变呢？众多的实验证明多种植物或植物的不同部位在水势变化的一定范围内具有此种能力。旱生牧草发生水分亏缺时，要使细胞压力势不变，渗透势下降是最关键的，而渗透势的下降又以细胞内溶物质的增加为其主要原因。现有的研究表明，如果植物在水分胁迫下发生渗透调节物质的积累，且起到了一定的渗透调节作用，这说明植物确实具有渗透调节能力。

现在已经证明，无论是完全展开的叶子还是正在伸展的叶子均可以进行渗透调节。具有渗透调节作用的旱生牧草可在水胁迫下阻止或延缓水胁迫到来。其好处是不言而喻的，且是多方面的，除保持细胞继续生长外，对光合器官也有一定的保护作用。并不是所有的植物都具渗透调节能力，而且即使有渗透调节能力的植物，因环境的影响也可能发生改变，如在干旱土壤中进行灌水，会影响以后遇旱时的渗透调节，可能会因灌水而消失或减少。这表现了渗透调节的暂时性。渗透调节并不能完全维持生理过程，即使在能进行渗透调节的水势变化范围内，干旱的影响仍然存在，如气孔扩散阻力增加、生长速率下降等，这说明渗透调节的幅度是有限的。旱生牧草渗透调节能力的大小受内外因素的相互作用而发生变化。内因主要包括旱生牧草本身的特性、渗透调节物质性质等。外因主要是水分亏缺发展的速度。

在旱生牧草抵御干旱的过程中，原生质弹性和黏性的作用非常显著。原生质弹性和黏性具很大的缓冲性，可防止或减少组织缺水发生皱褶或再度吸水时过度膨胀而引起的原生质撕裂现象。原生质的弹性与黏性主要表现在束缚水的含量上。凡束缚水含量高，自由水含量少，原生质层黏性就大。黏性大的其保水能力强，遇旱时失水少，能保持一定水分，原生质层不致凝聚变性，能忍受干旱和高温胁迫。原生质弹性大，脱水时细胞壁破坏小，且恢复原状的能力强。原生质弹性大的植物常见其细胞体积小，故倾向于维持膨压和较高的水势。

此外，耐干化是旱生牧草耐旱的又一主要特征。耐干化主要指忍受脱水。不过旱生牧草忍受脱水的能力，相互间差别特别明显，有些植物的原生质能忍受几乎完全的脱水。然而，多数陆生植物都是恒水植物，在其发育过程中，特别是在与水分敏感期有关的生育阶段，恒水植物的原生质不能忍受较低的水势，更不用说达到完全脱水化程度了。旱生牧草在其生长的某个阶段，如种子、地下根茎或无叶茎，都能忍受脱水。虽然对这一御旱途径进行了大量的研究，但至今对原生质忍受脱水的机理仍不清楚。有人认为脱水是通过水分丢失及再度吸水时的物理撕裂使原生质发生不可逆伤害而引起，即所谓的机械撕伤原理。近年来研究结果表明在干旱胁迫或高温下，耐干化植物的细胞质蛋白质比较稳定，且酶不易被干旱逆境所钝化。

另外，旱生植物可分为6个生活类型：具鳞茎或根状茎的地下芽植物；常绿的硬叶植物；在干旱季节中脱叶或叶被更小的、更旱生的叶子所代替的木化植物；无叶的、非多浆的细枝状灌木；具有肉质的叶、茎或根的植物；在接近脱水状态下能生存的植物，又称为复活植物。根据植物体含体液的多少又可将旱生植物划分为多浆植物和少浆植物。以形态结构为主要特征，可将世界各种地带性植物划分为如下5类（表2）。

表2 以形态和结构为特征划分的地带性旱生植物类型

旱生植物类型	定义	形态结构特征	代表植物
常态肉茎植物	茎肉质多浆，而叶不肉质。在肉质茎中，有的保持正常茎的形态，而有的则变态	角质膜厚；气孔器下陷；具栅栏状的同化组织；具含晶细胞或黏液细胞；贮水组织发达；具生活的纤维细胞；皮层在茎中占比例大	沙拐枣属（*Calligonum*） 梭梭属（*Haloxylon*） 麻黄属（*Ephedra*）等
变态肉茎植物	茎不同于一般形态，有的如球形，有的扁平如带，有的呈纺锤状等	茎肥厚多浆；有球形茎的形态；茎具同化作用；气孔器下陷；贮水组织发达；维管组织和机械组织不发达；叶退化或早落；多为浅根系	仙人掌科（Cactaceae）的仙人球（*Echinopsis tubiflora*）及纺锤树（*Cavanillesia umbellata*）等。
多浆植物	整个植物的茎和叶均肉质多浆	茎和叶的表面与体积比有减少的趋势，叶多圆柱状；栅栏组织发达；贮水组织发达；输导组织和机械组织不发达；常含丰富的单宁、胶状物质	白刺属（*Nitraria*） 芦荟属（*Aloe*） 松叶菊属（*Lampranthus*）等

续表

旱生植物类型	定义	形态结构特征	代表植物
薄叶植物	叶片薄，含水相对少，耐寒能力强，即使丧失50%水分植物仍能存活	根系发达；植株生长矮小；叶面积缩小；角质膜厚；叶脉发达；叶表皮细胞厚；叶表面多有覆盖物；气孔器数量多，且多下陷；栅栏组织发达而海绵组织退化；机械组织增强；常含树胶或异细胞	豆科（Fabaceae）菊科（Asteraceae）藜科（Chenopodiaceae）的一些植物
卷叶植物	生长在干旱环境中抗旱能力较强的旱生禾草，它们在水分供不应求时，叶能较快地卷曲呈筒状，防止水分大量蒸腾	叶表面的细胞含栓质、角质、硅质等次生壁加厚；叶上表皮有泡状细胞，失水可使叶卷成筒状；气孔数量多；无栅栏组织和海绵组织之分的等面叶；机械组织发达；部分植物具有根套	针茅属（Stipa）羊茅属（Festuca）赖草属（Leymus）等
硬叶植物	以坚硬、革质的叶片来抵御干旱	根系发达；茎周皮发达；叶角质膜及叶表皮细胞厚，叶片坚硬具光泽；气孔器多下陷；多具复表皮，栅栏组织发达；叶脉发达	松科（Pinaceae）夹竹桃科（Apocynaceae）等

注：引自蒋高明2004。

2. 旱生牧草营养器官对干旱环境的适应

（1）根的适应变化。根的外部形态适应特征：第一，少浆液植物的根系发达，具有很高的根/茎比，从而使根的吸收面积增大而维持水分平衡。第二，根系生长速度快，此特点有利于其迅速扎根吸水。第三，一些沙生植物的根外往往形成保护结构——沙套。沙套是由根部分泌的黏液吸附住沙粒而形成的，它可使根系免受沙粒灼伤、减少蒸腾和防止反渗透失水。第四，有些植物经风蚀暴露的老根上能长出不定根、不定芽，进行营养繁殖，从而加强植物的生存能力。

根的解剖结构的适应特征有：第一，根系有不同程度的肉质化，主要是其根内薄壁组织细胞的增加，从而形成地下贮水器官。有的植物具有很厚的皮层，具有类似根套的作用；但生长在极端沙漠中的植物根皮层的层数反而减少，这种特性被认为是缩短了土壤与中柱的距离，更有利于水分的吸收。第二，具有发育良好的木质部，以利于水分迅速输导，证明了水分在水平根中的有效流动，从而对迅速失水的沙土上层吸水具有重要作用。第三，一些旱生植物的根往往形成异常结构，如骆驼蓬（*Peganum harmala*）、驼绒藜（*Krascheninnikovia ceratoides*）、沙蓬（*Agriophyllum pungens*）。异常维管组织的生态学意义是：干旱造成外部组织死亡后，内侧的韧皮部仍能进行正常的养料运输；发达的异常维管束木质部，使旱生牧草不至于失水萎蔫而死亡。因此，异常维管束的形成是旱生牧草适应恶劣环境的一种措施。此外，荒漠灌木的一些种类往往形成木间木栓的异常保护组织，可把水分的向上运输限制在小的木质部区域内，对维持水分平衡极为重要。

（2）茎的适应变化。茎的外部形态发生变化：在水分亏缺与日照强烈地区生长的植物，往往表现出粗壮矮化的外部特征，植株多呈灌木状、丛生、基部多分枝。在条件严酷的沙漠地区，流动沙丘会把植株的枝条全部埋起来，但是，这些枝条向下能发出不定根，向上发出新的枝条，从而自然形成多个灌木丛包。有些植物在特别干旱的季节呈假死状态，等雨水来临又恢复生长，如沙冬青（*Ammopiptanthus mongolicus*）；一些植物叶片在干旱时脱落，由叶轴营光合功能，如花棒（*Corethrodendron scoparium*）；还有一些沙生植物的叶子退化或消失或呈鳞片状，而由幼枝进行光合功能，称为同化枝，如梭梭（*Haloxylon ammodendron*）。

茎的解剖结构发生变化：第一，皮层与中柱的比率较大。旱生植物的皮层要比中生植物的宽，可能与保护维管组织免受干旱有关。例如在骆驼蓬（*Peganum harmala*）茎中不具有发达的皮层，而具有发达的髓，并认为上述结论只适用于具同化枝的种类中。第二，沙漠植物的形成层活动和雨季持续的时间相一致。如霸王（*Zygophyllum xanthoxylum*），这是沙漠植物的一种适应特征。第三，形成了同化枝。同化枝具有较厚的皮层和极发达的贮水功能。第四，皮层内有韧皮纤维组成的纤维柱。此种组织对防止吹折与沙割有一定作用。同时，一些植物的木质部分子的细胞壁都强烈木质化，以增强其支持力。第五，导管平均直径小。第六，保持着生活的木纤维。此种活的木纤维在所观察的 70% 的种中存在，如凹叶白刺（*Nitraria retusa*）。第七，形成异常的次生结构。

（3）叶的适应变化。作为同化和蒸腾器官的叶子，除了适应强烈的光照与氮素缺乏外，一些环境因子使旱生植物叶的旱性结构表现得尤为突出。与中生叶相比，旱生叶具有小的表面积/体积比和大的栅栏组织/海绵组织比两个共同特征。前者属于减少蒸腾的适应，如许多旱生叶叶形变小，叶片变厚，并且多裂，这样可以使叶子能更有效地散热。有些旱生叶退化成鳞片叶或刺而由同化枝执行光合功能；有的旱生叶变为肉质，呈圆柱状、棍棒状等类型，甚至变为球形，具有最小的面积与体积比，可以最大程度减少水分丧失，后者是强光照射与干旱影响的必然结果。发达的栅栏组织分布于叶的背腹两面，与中生叶的异形叶形成鲜明对比。柽柳属（*Tamarix*）植物的叶片与营养枝愈合形成了抱茎叶，它除了具有小的表面积/体积的特点外，其栅栏组织位于远轴面，而海绵组织则位于近轴面，与具有背腹性结构的中生叶及其他旱生叶不同，是高效的光合器官。在适应环境的方式上，不同植物的叶片是有差别的，根据叶肉结构的差别将荒漠化草原常见植物的叶片分为正常型、退化型、环栅型、全栅型、不规则型、禾草型等六类，其中，全栅型较接近中生，环栅型更接近旱生。

叶片表皮及其附属物发生变化：第一，旱生叶的表皮细胞形小，排列紧密。但是在一些旱生植物如沙冬青叶中，表皮细胞特别肥大，这些肥大的表皮细胞可能有贮水作用。另外，在一些单子叶植物叶表皮中存在有泡状细胞。第二，一般叶片表皮外壁是由上表皮蜡层、角质层、角化层、果胶层和纤维层组成，而对旱生叶表皮外壁结构解剖发现，旱生叶的角化层又分为内外两层，外层不具有纤维素，而内层则具有纤维素及果胶质的微通道。一方面能防止水分散发，另一方面可吸收和粘住水分而膨胀，有很大的保水力，植物只有在蒸发的拉力大于黏着力时才释放水分。同时，果胶质的微通道起着将水分由表面运送到内部的作用。在许多旱生植物中，具有很厚的表皮外壁，如沙冬青、红砂（*Reaumuria songarica*）、珍珠猪毛菜（*Caroxylon passerinum*）。第三，发达的毛状体是一些旱生植物的（少浆液类）另一特征，这些毛状体一般呈白色或灰色，可以反射阳光的强烈照射，起着保护叶肉免受热灼的作用。第四，气孔呈典型的旱生状态。在炎热的夏季，可以看到保卫细胞的壁明显增厚。有些植物气孔深陷在表皮之下，形成气孔窝，气孔窝内还附有浓密的表皮毛。少浆液的种类每单位面积的气孔要比多浆液的种多得多。而多浆液种类的气孔长度要比少浆液的种长得多。因此，笼统地认为旱生植物具有小而多的气孔是片面的。对于少浆液植物来说，高密度的气孔能允许 CO_2 更迅速被捕获，从而得到更迅速的生长。

输导组织发生变化：少浆液植物具有发达的网状叶脉，这种发达的叶脉是与其强烈的蒸腾相关的。对于多浆液植物来说，输导组织不甚发达，可能是因为这类植物有了发达的贮水组织而不必依靠强大的输导系统来迅速补充水分散失。

具有发达的贮水组织：这是多浆植物的特征。它们往往形成肉质的叶子，贮水组织由大型的细胞组成，含有大液泡，渗透压高，或者还具有黏液，能适应极端干旱的环境，如猪毛菜的叶片。

普遍含结晶或黏液细胞：新疆多种沙生植物存在有黏液细胞、异细胞或结晶。有些植物如花棒、白梭梭（*Halonxylon persicum*）、骆驼刺（*Alhagi camelorum*）含有胶体物质。这些黏液物质为树胶。树胶的存在与大气干燥和高温有着密切关系，树胶物质通过提高渗透压提高植物的保水性与吸水力。结晶物质的存在，可以维持细胞内高浓度的细胞液，提高植物的抗旱与抗寒性。

机械组织加强：土壤中缺少含氮化合物和缺少水分，可引起厚壁组织出现。这些厚壁组织往往分布在维管束外围而形成维管束帽。

3. 种子传播和萌发对干旱的适应

旱生牧草能在沙漠环境中生存，与其种子特殊的传播和萌发机制密切相关。特殊的传播与萌发机制的有机结合，确保植物种子的萌发与幼苗的生长发育。在植物的生活周期中，种子对极端环境具有最大的忍耐力，例如高温、高盐、高度干旱，而萌发的幼苗对环境的忍耐程度则最小。沙漠植物具有特殊的传播与萌发机制，能够度过植物对外界的敏感期，因而对于植物的生存具有重要的意义。

（1）防止被大量采食的种子传播机制。逃避型传播机制：有些旱生植物产生大量的灰尘状种子，并在成熟后迅速传播。如齿稃草（*Schismus arabicus*）可产生重量 0.07 mg 的种子，牛漆姑草（*Spergularia marina*）可以产生重量 0.018 mg 的种子。这些灰尘状的种子在成熟后被迅速传播到土壤裂缝间，并被土壤颗粒埋起来，通过此方式避免被动物大量采食。

保护型传播机制：第一，植物产生地上、地下两种果实，并被干枯的母体所保护。其中，地下果实在原地萌发，而地上果实则被风或雨水传播后萌发。靠雨水传播的种子，在干燥时被死的母体所保护。第二，具有黏液的种子，种子表面遇水产生黏液性的物质，如白沙蒿（*Artemisia stelleriana*）、黑沙蒿（*Artemisia ordosica*）。黏液种子或果实的产生可能是对沙漠环境的进化适应的一个特征。首先，它有助于种子黏附在地面，防止蚂蚁的采食；其次，黏液物质将沙粒黏附于种子周围而使种子大粒化，大粒化的种子防止风将其移位而进一步传播；第三，大粒化的种子能够下沉到土壤的一定深度，有利于种子的萌发。第四，连种性是另一种重要的种子传播机制，其特点是许多种子聚积在一起组成传播单位，或者整个花序为一个传播单位。并且这些种子具有不同的萌发能力，在每一季节中，每一个传播单位中只有一或者两株苗萌发从而避免了竞争的发生。

（2）确保种子在合适的时间与季节萌发的遗传性机制。沙漠中一些种子具有很厚的种皮，靠发洪水时的石砾碾碎种皮而萌发，从而也确保了种子萌发时能得到大量水分。根据种子的萌发时间，可将沙漠植物分为5大类群，即夏季萌发的一年生植物、夏季萌发但在翌年春天开花的植物、冬季萌发的一年生植物、一年中任何时候都能萌发的植物以及木质多年生植物。

某些植物具有季节性萌发的特征。藜（*Chenopodium album*）等的夏季生态型植物在较高温度（27~32℃）、较长日长（12.5~14 h，3—9月）下萌发和生长。相比之下，冬季生态型在较低温度（11~20℃）、较短日长（10.5~11.5 h，11月至翌年4月）下萌发。夏季型植物是二倍体（$2n=18$），冬季型植物是六倍体（$2n=54$）。因而，温度不仅能调节不同种植物种子的萌发，而且能调节一个种间不同生态型种子的萌发。

许多植物的种子具有部分休眠及部分萌发的特性，从而可使种子在种子库中保存许多年。玄参科（Scrophulariaceae）植物毛瓣毛蕊花（*Verbascum blattaria*）的种子贮藏90年后仍具有生命力，萌发后能产生正常的植株。

（3）母体表型影响部分成熟种子的萌发。一些种子的萌发力受种子在果实或花序中位置的影响。果实在植株上的位置也影响种子的萌发力，如舌叶花（*Glottiphyllum linguiforme*）和盐角草（*Salicornia europaea*）。花序在植株上不同位置影响种子萌发力，如石竹科（Caryophyllaceae）植物翅甲草（*Pteranthus dichotomus*）、禾本科（Poaceae）植物膝曲山羊草（*Aegilops geniculata*)、菊科植物异头菊（*Gymnarrhena micrantha*）等。种子与位置相关的异型性（heteromorphism）也影响其萌发力，如短命植物葶苈（*Draba nemorosa*）的种子就有此现象。

母株的年龄影响种子的萌发力：二蕊牛漆姑（*Spergularia diandra*）中，黑色种子是最先成熟的种子，而黄色种子是在生长季节末尾当大多数叶子凋谢时最后成熟的种子。黑色种子萌发率最高而黄色最低，褐色种子则居中间水平。地车轴草（*Trifolium subterraneum*）和反枝苋（*Amaranthus retroflexus*）也有同样的现象。

（4）环境和内在因素影响已成熟种子的萌发。按照种子在不同小环境中的位置，环境因素影响萌发的差异很大。从成熟到萌发期间的位于地表的种子，每天都被露水打湿，白天被重新干燥。种子在通过雨水而反复的吸涨和干燥能够促使种子大量地、整齐地萌发。另外，种子萌发的速率和均匀性还受地面盐分的影响。一些植物种子靠黏液层黏附于地面上，白沙蒿和黑沙蒿的黏液层有利于种子与土壤的更好接触，从而迅速吸收水分；另外黏液物质中还存在着一些能够促进种子萌发和幼苗发育的生长调节物质。一些靠水传播的种子在传播前被母体所保护，种子成熟后滞留在干燥的花序或木化的蒴果中，以后逐渐被雨水所传播。当种子被埋在土表下不同的深度时，种子被埋越深，受日/夜光照及温度的波动影响越小，而且受露水影响越小。

贮藏期间各种环境因素可以通过种皮的改变来影响种子萌发力。坚硬种子的种皮透性以及种脐的开放、珠孔或合点等都随着贮藏而发生变化。

日夜波动的季节性温差对种子萌发也有影响。在沙漠地面上或接近地面的种子，除了被露水湿润外，同样也暴露在日/夜波动的季节性温差中。其地面温度在夜间低于0℃，而在白天可能高于55℃。一些植物种子成熟后，需要外界高温的贮藏来减少种子的休眠，提高萌发率，如野燕麦（*Avena fatua*）。

对于一些经短期贮存就萌发的种子，其受环境影响小。如海榄雌（*Avicennia marina*）和东方槲寄生（*Viscum cruciatum*），种子在无水情况下也能迅速萌发。

（5）影响种子萌发的因素。种子的萌发力不但依赖于基因遗传的影响，也依赖于外界环境和其他因素的影响。例如，触动萌发的雨水量、温度与温周期范围、使种子萌发的浸润时间、光和暗的要求、光周期、作为萌发抑制者的化学障碍、物理障碍、胚休眠、休眠的年周期、温周期与暗休眠、种子传播在时间和空间上的调节以及植物间相互抑制现象等都调节着种子的萌发。

第一，雨水的影响。沙漠植物种子的萌发所依赖的最重要的环境因素是雨的分布和雨量。生长在沙漠的植物具有"机会主义"的种子萌发机制。齿稃草（*Schismus arabicus*）的种子能在冬天少于 10 mm 雨水情况下萌发；而在高温低湿的夏天，种子只有在得到大于 90 mm 的人工灌溉下才能萌发；当雨量增加到 200 mm 以上，并且分配适当，发芽率大幅度提高。一些种子的萌发不但依赖于雨量，而且依赖于雨水的次数，如黄细心（*Boerhavia diffusa*）的种子在第一场雨后并不萌发，萌发出现在第二场雨后。积累雨水的低洼地的小生境也影响种子的萌发和苗的发育。

第二，抑制剂的影响。一些植物的种子或果实中具有萌发抑制剂，因此为了获得高萌发率，需要进行淋溶（leaching）。如 *Emex spinosa* 的气生繁殖体，为了得到较高的萌发率，需要进行 48 h 淋溶。胡芦巴属（*Trigonella*）的一种植物 *Trigonella arabica* 在其未开放的荚果中包含有香豆素和酚类物质，霸王属（*Sarcozygium*）的一种植物 *Zygohyllum dumosum* 和滨藜属（*Atriplex*）的一种植物 *Atriplex halimus* 的果翅中包含有萌发抑制剂，猪毛菜属（*Salsola*）的一个种 *Salsola inermis* 的种子通过将"翅"中的抑制剂洗去而迅速萌发。

第三，温度的影响。一些植物传播单位中，不同部位的种子萌发温度不同，如翅甲草（*Pteranthus dichotomus*）。当一些植物种子在吸涨的第一阶段暴露在高温中时，种子会进入热抑制阶段，即使随后将它们再转移至适宜温度中，也会出现胚根的延迟现象。但是，起初的高温可促进翠峰花（*Bergeranthus scapiger*）、野莴苣（*Lactuca serriola*）种子的萌发。

第四，时间的影响。根据种子的萌发所需的浸润时间，可将沙漠植物种子分为迅速萌发的种子和慢速萌发的种子。迅速萌发的种子在浸润后几小时，甚至几分钟内就能萌发，如马齿苋（*Portulaca oleracea*）的种子，在 40 ℃下经过长期干贮后，3 h 后就能萌发。乌头荠（*Euclidium syriacum*）的种子在被雨水传播后，经过 6 h 的吸涨就能萌发。齿稃草（*Schismus arabicus*）的颖果具有"机会主义"的萌发机制，其萌发受到光照和温度的控制。另外一些植物的种子属于慢速萌发的种子，如阿拉伯苜蓿（*Medicago arabica*）的种子要通过 10 多天的吸胀才能萌发。因此，在许多年中才会出现一次种子的大量萌发的机会。

值得注意的是，一些沙漠植物刚萌发的幼苗对干旱具有较强的忍耐能力。即使幼苗被晒干，仍旧具有生命力，雨水来临时仍能够存活。但是，当幼苗超过这个"极限点"，就会失去这种特性。

第五，光照的影响。种子被埋越深，到达种子的光波越长，光强越弱。依赖于土壤的结构和颜色，可见光的波长随着土壤深度而增加，从而抑制光敏感种子的萌发。有些植物的种子如沙拐枣（*Calligonum mongolicum*）、霸王（*Zygophyllum xanthoxylum*），光强从 200 μmol/（m²·s）降到 0 μmol/（m²·s）后，萌发率从 13% 提高到 96%。在 15~30℃ 内，对萌发中的种子进行 10~15 min 的暗间断，并不能改变在暗中的萌发率。但是，在 35~50℃ 内，无论在光下还是在暗中，都无种子萌发。而黑沙蒿和白沙蒿的种子被埋太深时，会因缺光而不能萌发；如果种子太靠近地面，萌发出的幼苗会因得不到充分的土壤水分而迅速变干枯死，其适宜的萌发深度为 0.5~1.0 cm。

除此之外，多年生灌木与一年生植物之间的关系，建群种与其他植物之间的关系也可能影响到种子的萌发。旱生牧草同农作物一样是一个开放或半开放体系，不断地与外界环境进行着物质、能量等信息的交流。这种交流表现出双向效应：一方面旱生牧草不断从外界获取物质、能量和信息；另一方面也同时受到外界环境的制约。然而系统的双向系统却具有一定的保守性和局限性，也就是说在一定范围之内交流才能发生，获取的信息度才能达最大值，否则在一定范围之外的太过或不及均影响索取，有时候获取不仅为零且系统受到破坏，甚至枯死。按照生态学原理，各种旱生牧草都有它生长发育的最佳生态位或生态场，由此才形成了众多的旱生牧草种质资源类型以及与之相适应的环境。例如沙漠植物在干燥高温的环境生长正常，而其他植物则难以存活或生存较差。如果忽视这些，盲目引进与环境不适应的牧草，结果会导致大部分牧草的死亡，当然，一部分旱生牧草通过长期适应，会生存下来，但大多数情况是其牧草的本质、特征和特性也发生了变化。

第三章 旱生牧草种质资源的收集与保存

我国地域辽阔，自然地理条件复杂，天然草地分布广，类型多，在广袤的温带草原和荒漠，青藏高原高寒草甸和草原，甚至在亚热带和热带的草山草坡，均分布有抗旱、耐旱、耐热的旱生牧草种质资源。

第一节 旱生牧草资源的收集

牧草种质资源收集是草业学科的一项长期性、基础性的首要工作，是牧草种质资源妥善保护和发掘利用的基本前提，也是草类植物新品种选育和创制的首要研究工作。牧草种质资源收集指考察人员在野外或田间对某一牧草野生品种或栽培品种、群体或野生居群进行调查和取样的过程。取样是指采用一定的技术和方法，从总体中抽取部分个体的过程。旱生牧草种质资源的收集是牧草种质资源收集中非常重要的部分，是不断丰富我国牧草种质资源物种及其遗传多样性的重要工作内容。通过广泛和长期地不断收集旱生牧草种质资源，才能真正实现对我国干旱区优异抗逆野生牧草资源和生态草资源的妥善保护，并逐步增强对草类植物资源的战略储备，进而更好地促进牧草种质资源或者生态草种质资源的保存、鉴定、评价、利用、种质创新和新品种培育。旱生牧草种质资源的收集主要包括考察收集、国内征集和国外引种3种方式。

我国牧草种质资源收集工作发展历程可大致分为开始、起步和发展3个阶段。

从新中国成立到"六五"末为开始阶段。该阶段以摸清我国牧草种质资源家底为宗旨，主要研究工作为采集牧草标本、查清牧草种类、地理分布及饲用价值等，野生牧草和栽培牧草种子或果实收集数量较少，全国有记录的牧草种质资源专业性收集的种质材料3 000余份，开展了全国牧草种质资源的征集、补充征集及《全国牧草、饲料作物品种资源名录》研编，征集到牧草、饲料作物品种资源共计4 490余个编号和1 500份种子材料。

"七五"到"九五"为起步阶段。该阶段随着国家农作物种质长期库和国家牧草种质中期库的建成和使用，以牧草种子为主要对象的收集和保存工作得到了较快的发展。到"九五"末的15年间，收集到各类牧草种质材料5 000余份。

"十五"至今为快速发展阶段。通过科技部科技基础专项、"973"项目、国家科技基础条件平台项目、全国牧草种质资源保种项目及省部级项目的多方支持，目前已收集到牧草种质资源6.5万～7.5万份。其中，征集种质材料约0.5万份，考察收集种质材料4.5万～5.5万份，国外引种种质材料约1.5万份。

我国是世界上牧草种质资源最为丰富的国家之一，同时也是旱生牧草草类植物资源最丰富最全的国家之一，拥有各类野生饲用植物6 704种，各类草种质资源8 900余种。从目前收集和保存的种类与数量可以看出，我国旱生牧草种质资源的收集仍然比较滞后，缺乏系统的归类、评价，标准化规范化的任务仍然十分艰巨。存在着诸多需要尽快解决和完善的问题，如旱生牧草或生态草的收集数量少，尤其一些荒漠区旱生资源的基因多样性丧失严重，一些珍稀濒危牧草等级划分和收集方法还没有解决，收集的旱生牧草资源主要是各个单位、个人根据项目需求、研究方向零星进行收集及繁种，重点不够突出，范围不够广泛，优先收集的地区和重点收集保护对象不明确，旱生牧草尤其是野生种质资源采集的方法尚未形成统一的标准，一些濒危、保护区退化严重的物种尚未得到有效的繁殖和保护，全国性的征集工作尚未形成正规的制度，国外引种没有形成统一的规范归口管理，新物种或新资源的引进缺乏生物安全性评估等一系列的问题尚还存在。一些规程、规范和文件的执行没有形成共识，旱生牧草资源的繁殖更新、共性描述规范仍然需要参考农作物或者其他植物的标准规范，汇集国内有关牧草种质资源收集方面的材料和规范对旱生牧草种质资源的收集有着重要的参考价值。

我国的旱生牧草种质资源不但具有饲用价值、药用价值、生态价值，主要是为改良、选育饲用作物和农作物提供丰富的遗传材料，为人类的生存和发展、荒漠区生态环境治理提供良好的种质资源。我国收集的牧草资源，大部分为旱生牧草种质资源，对我国现代草牧业的发展、美丽乡村建设与环境治理具有重要意义。

旱生牧草资源的收集的主要内容是考察与搜集、征集、引进与交换。

1. 考察与搜集

考察是认识和了解旱生牧草物种资源，查明其利用的可能性和保护的必要性。搜集是获得旱生牧草物种资源的遗传材料，进一步研究和认识旱生牧草物种及其遗传多样性。考察是搜集的基础工作。虽然，二者在目的及内容上有所不同，各有侧重，但是，二者工作的对象都是旱生牧草物种及其遗传资源，都是以保护和利用为目的。特别是在野外工作中，考察也有搜集或采集的任务，采集旱生牧草样本和遗传材料；搜集也有考察任务，对旱生牧草物种资源及其遗传多样性进行研究和了解。旱生牧草遗传资源的考察与搜集是紧密联系的和难以分开的。无论是考察或是搜集都要采集样本，获得种子、营养体、基因等遗传材料。

（1）考察与搜集的目的。考察是搜集的基础工作。搜集是旱生牧草遗传资源研究的任务和环节之一。因此，考察与搜集都是旱生牧草遗传资源研究的最基础工作。其目的都是为了有效的保护和充分的利用旱生牧草遗传资源。

考察和搜集的具体目的：第一，是查明某一地区旱生牧草物种资源的本底，了解旱生牧草遗传资源的利用和保护价值；第二，是采集或搜集旱生牧草标本，分析样品、种子等样本，为进一步研究、利用和异地保护提供遗传材料；第三，是搜集引进资料或获得有栽培和育种价值的优良草种、品种及遗传资源。这不仅对我国旱生牧草或生态草种子产业、草产业和现代畜牧业发展有现实意义，而且对生物多样性保护，生态环境治理及丰富我国牧草基因库，以及保持我国的旱生草类遗传资源优势具有非常重要的战略意义。

（2）考察与搜集的基本要求。

第一，获得有价值的观察、访问及调查资料和数据。

第二，采集到有价值的和符合分类鉴定要求的旱生牧草标本。

第三，采集到有价值的和符合分析化验要求的分析样品。

第四，采集或搜集到成熟的和有生命力的种子、枝条等遗传材料。

第五，标本、分析样品和遗传材料都有相应的野外采集记录或有关记载档案。

（3）考察与搜集的方法。旱生牧草考察与搜集根据目的、任务和规模的大小，大致可分为四类：一是全国性大型的考察与搜集；二是几个省（区）或某一地理单元的中型考察和搜集；三是一个省或一个地理单元的考察和搜集；四是一个小的地理单元、区域或者项目区的考察与搜集。无论是哪一类型的考察与搜集，其程序和方法一般都包括前期准备工作、野外考察与搜集工作、室内整理、研究及总结工作。

第一，前期准备工作。首先要明确工作任务，明确考察与搜集的地区及范围，重点采集的种类，以及目的和要求，拟出调查采集计划，并组织队伍；其次需要了解考察与搜集地区的情况，包括研究调查采集区的自然地理、植物名录等文献资料，掌握草种类、分布、生境、物候等基本信息；还要进行物资和器具准备，除交通工具及考察人员生活用品外，主要准备 GPS、照相机（最好带微距）、标本夹、吸水纸、小锹、大小不一的布口袋、剪子、秤、标签、信封、自封袋、刀子等。需要提前打印野外记载表格，主要是野外采集旱生草种子和标本用的"旱生牧草种子采集记载表"和"旱生牧草标本采集记录表"，以及记载采集样本生境条件的"草样本采集点生境记载表"等。最后需要组织人员、选择地区及路线、时间等。如果是全国、全省或全县考察采集一定要做好组织工作。一定要有植物分类、生态等专业知识和野外识别草类植物实践经验的人员参加，既分工又协作。积极争取获得当地有关部门的相关人员的支持以及参加与。要根据考察采集地区的自然地理条件和植物种类丰富情况，首先确定重点考察与采集地区，选择最佳路线，点与线结合，在沿途布点考察与采集。要充分考虑考察和搜集区生态地理及气候条件，确定最佳的调查与采集时期。一般应选择牧草种子成熟较集中的时期，一般应在 7 月下旬至 10 月初开展野外工作。最后，远距离考察和搜集尽量带 SUV 类底盘高的车，沙漠地区要带四驱的车，调查时间长，样品多的情况下考虑多带一辆货车拉搜集的样品或装小型车载冰箱保存需要冷藏的样品。

第二，野外考察与搜集方法。首先要开展采集样点的布局。在一个考察地段可以根据海拔高度、地形和小生境的不同，进行采集样点的布局，作为旱生牧草种子、样本采集和生境记载的单元。接着开展生境观察和记载，要对采集点的生态环境条件进行实地观察与记载。按"旱生牧草样本采集点生境记录表"相关项目进行填写和记载。目的是为旱生牧草种子和标本采集提供较详细的生境材料。其次是进行旱生牧草种子采集，这是野外考察与搜集中最重要的工作。要在采集点上认真观察和识别不同种类的旱生牧草，特别要注意观察植株的生态变异情况，分别采集成熟的种子。如果在搜集点上有成片分布生长的草种，可用镰刀割其果穗或果枝；如果是零星分布的种或变异植株，可用手捋其果实或种子。分别装入布袋中，挂上号签，一份种子填写一张"旱生牧草种子采集原始记载表"。对优良和珍稀草种，若没有成熟的种子，可挖取植株或剪取枝条，单独装袋和记载。另外切记要进行旱生牧草标本采集，这是为采集的旱生牧草种子提供原始的植株样本。在可能条件下，最好每份种子采集1份相应的植株标本。采集标本时应选择典型的、有花或有果的植株。尽量采集整个旱生牧草植株（包括根），去掉泥土，写好标签，压在标本夹内，每份标本填写一张"旱生牧草标本采集记录表"。另外一项重要工作是进行旱生牧草分析样品采集。旱生牧草所含营养成分是评定饲用价值的重要依据之一。因而，对优良和有分析价值的种类，要采集一定数量（250~500 g）的分析样品与相应的标本，并填写"旱生牧草分析样品采集登记表"。最后要开展观察与访问。在野外工作时，若条件允许，应实地对旱生牧草的适口性、生物特性等内容进行观察、测定和访问，特别是拿上标本访问农牧民，并做好记录。适口性按不同家畜和不同季节对草的①嗜食，②喜食，③乐食，④采食，⑤少食这五个等级填写。考察与搜集时还要注意在野外工作期内，安排一定的时间（如每天晚上）清理采集的样本和核对填写的表格。对采集的牧草标本要经常换草纸，对采集的牧草种子要翻晒；对记载的表格要检查和补充，特别要注意检查样本号与记载表格号一致。每到一地尽量与当地干部和群众座谈，并收集当地的有关文献、资料及种子。

第三，室内工作。野外考察搜集工作结束后，应立即开展室内工作。对野外各考察点采集的样本和记录材料进行清理。工作步骤如下：首先，要鉴定旱生牧草标本。利用《中国植物志》（电子版有彩图）、地方植物志及有关分类文献，对采集的标本进行形态分类鉴定和定名（学名和中文名），不好鉴定的标本要送专业分类的专家进行鉴别定名。鉴定好后将标本压制固定在台纸上，制作蜡叶标本，以备后用。其次，要清选旱生牧草种子。在野外不同考察点和生境条件下采集的同一种草种，一般应分别脱粒、清选和装袋，不要混合，以备试种繁殖。然后要对采集的样品进行分析。分析旱生牧草资源的营养成分及化学成分，分析含量时要注意，同一个种不同生长发育时期的营养价值也不一样，这是评价牧草饲用价值的重要依据。将分析样品送到化验室或专门分析部门，采用统一的化学成分分析方法测定。最后要完善记录、编写牧草名录和考察与搜集报告。整理和补充野外记录使记载材料准确完整，成为每份样品和种子的原始档案材料。记录好每份旱生牧草资源的中文名、别名（当地俗名）、学名（拉丁名称）、常用异名、采集时间、分布、产地、生境、用途等。完成考察与搜集报告的编写工作，报告内容要包括前言（主要任务、目的、意义）、生态地理条件、方法及路线、考察与搜集结果，问题与建议等。

2. 征集

征集是旱生牧草种质资源收集的另外一种方式。一般是通过行政或业务关系发文而进行的收集，也可以是育种家之间的资源的交流。旱生牧草种质资源的征集是将分散在国内各有关部门（单位、企业、公司、育种家等）或生长在某一地区有保护价值或有利用前景的种质资源，通过拟发征集通知或征集函将牧草种质资源收集起来和统一保存。征集既可是全国性征集，也可地区征集，或个别单位与育种家的征集。

（1）征集内容。旱生牧草种质资源征集，是征集种质资源样本及其相关数据和信息的工作。其征集工作的内容主要包括：由本项目主持单位制订征集工作计划；拟发征集通知（征集函）；由接受任务部门（单位、企业、公司、育种家等）清理或采集牧草种质资源样本，并填写数据采集表；整理、包装种质资源样本和数据采集表，送至发函单位；由发函单位统一试种繁殖、鉴定、编目和入库保存。

（2）征集程序。包括制订征集计划，拟发征集通知（征集函），清理或采集样本和数据，整理、包装和发送样本和数据，试种、鉴定和繁殖，编目和保存等。其中，制订计划是根据全国牧草种质资源的发展现状和需要，由国家、农业部或省县设立征集计划或项目。根据需求制订旱生牧草种质资源的征集计划。征集计划主要包括：征集的目的及意义；征集的牧草种质资源类型或牧草种类；征集的地区、部门（单位、企业、公司、育种家等）；征集的相关要求等。

（3）发征集函。牧草种质资源的征集通知是由上级部门拟定，而征集函是由主管部门组织协调单位拟定。征集通知或征集函的主要内容基本相同，包括征集的目的、征集的种类、具体任务及要求等，并附相关的数据信息采集表（包括填写说明）。征集函发至与旱生牧草种质资源有关的科研和育种单位以及种子公司等。

（4）清理和采集。收到资源征集通知的函的有关科研、育种、种子公司等业务单位，都应对本部门或单位已有的种质资源进行清理，或在本地区进行采集。清理或采集样本（主要是种子）的方法及具体要求，依照旱生牧草种质资源考察收集相关程序执行。同时，填写牧草种质资源征集数据采集表。

（5）整理和发送。对清理出来和采集到的样本（种子）要进一步翻晒、脱粒和清选。同时，进一步检查、完善数据采集表及编号。对符合征集通知或征集函要求的样本装袋和包装。对相应的数据采集表装订成册，发送至旱生牧草种质资源征集函指定单位。

（6）试种和繁殖。对征集到的样本（种子或其他繁殖体）和数据采集表，应及时集中进行清理和整理，并尽快组织试种，开展一般农艺性状初步鉴定。按不同种质资源繁殖的要求，进行种子繁殖及保存。

3. 引进与交换

引进与交换是牧草种质资源收集的方式之一，是指将国外的资源、品种或者品系通过不同途径引入（或者不同资源交换）国内的一种资源收集方式。引进资源必须要明确牧草遗传资源的主权与获取现状。

（1）资源引进。发达国家一贯认为：生物多样性是人类的共同遗产，因此奉行遗传资源自由获取原则。但发展中国家认为：生物多样性（生物资源）是国家自然资源的一部分，既然国家对其领土上的自然资源有主权，当然对生物多样性也有主权。因此，国家有权控制植物遗传资源的获取。《生物多样性公约》序言中"重申各国对它自己的生物资源拥有主权权利"，在第15条遗传资源获取中写有"确认各国对其自然资源拥有主权权利，因而可否取得遗传资源的决定权属于国家政府，并依照国家法律行使"。同时也指出"每一缔约国应致力于创造条件，便利其他缔约国取得遗传资源用于无害环境的用途，不对这种取得施加违背本公约目标的限制。在公约中"所指的缔约国提供的遗传资源仅限于这种资源原产国的缔约国或按照本约取得该资源的缔约国所提供的遗传资源"。

在资源引进与交换方面，我国为了有效保护和持久利用我国的牧草遗传资源，行使对我国遗传资源的主权。我们加强优良、珍稀和特有牧草遗传资源研究，特别是原产我国种类的深入研究，了解其现实的和潜在的利用价值，编制出较准确的对外交换的三类名录。坚持有来有往、互利互惠原则，积极进行对外交换，引进和获取国外的牧草遗传资源。加强管理，完善和制订全国统一的植物遗传资源保护、引进和交换的法规。

我国既是从国外引进牧草遗传资源历史最悠久的国家，也是从中受益较大的国家。今后，仍然要加强国际合作与交流，鼓励单位或个人通过不同渠道，按国内外有关条约及规定，积极获取和引进优良牧草遗传资源。引种前要从自己的需要出发，了解和研究国外有关单位和组织所拥有的遗传资源或新品种信息。若为科研之用，需获取少量种子，可提出引进名录；若为生产之用，需引进种子量较大，可提出引种计划。引进时需要将名录或引种计划上报中国农业科学院作物品种资源研究所国外引种办公室或各省（区）农业有关管理部门统一办理，也可以直接向国外有关单位或组织联系和获取。单位或个人直接从国外引进牧草遗传资源后，按规定上报中国农业科学院品种资源研究所国外引种办公室统一登记译名和编目。此外，引进的牧草遗传资源都要通过植物检疫部门检疫。

（2）资源交换。当今世界无论是发达国家还是发展中国家，没有一个国家拥有的遗传资源是充足的，能满足自己发展的需要，都需要互通有无，相互引种。1949年以来，我国牧草遗传资源的对外交换，总的来说，是引进多，受益大，输出少，对我国有利。因此，随着我国经济和社会发展，国际合作与交流加强，牧草遗传资源对外交换十分重要，同时也是必然趋势。也是交换的基本原则，是在保护我国资源基础上，坚持有来有往，互通有无，互惠互利原则，积极开展对外交换。

为了保护我国宝贵遗传资源，防止随意外流，适应对外交换的需要，农业农村部编制了对国外交换三类名录（包括牧草）。即《我国现阶段可以对外交换的作物种质资源名录》《我国现阶段有条件对国外交换的作物种质资源名录》和《我国现阶段不对国外交换的作物种质资源名录》。

牧草遗传资源是国家宝贵财富。在一段时期内，有些遗传资源必须有条件或不能对外交换。因此，任何单位或个人向国外提供牧草遗传资源时，都要按农业部有关管理办法和规定，办理报批手续。

（3）重点搜集和保护的资源。旱生牧草遗传资源，无论是国内的或是国外的，也无论是野生的或是栽培的，其种类都是丰富的，组成是复杂的，饲用价值及用途也是不一样的。生长的生态地理环境是复杂的，分布是广泛的，分布类型也是多样的。因此，考察应有优先地区，搜集应该有重点。在全国性考察和一般性搜集基础上，应从当前我国牧草育种和草地建设的需要出发，从牧草遗传资源长远发展战略出发，首先确定重点搜集和保护的牧草遗传资源，然后选择优先考察的地区。

对我国牧草特有种及珍稀濒危种，要重点搜集保护。所谓特有种是指仅产于我国境内，而其他国家或地区没有自然分布的牧草种类，也包括只产于我国某一省（区）或地区的地方特有种。牧草珍稀种是在栽培利用和育种上有特殊价值，或在科学上有重要意义，或分布数量很少的物种。濒危种是生存受到严重威胁、面临灭绝的牧草种。从自然分布看，全国各省（区）都有，主要在云贵高原、青藏高原横断山脉，其次在新疆、内蒙古、海南等省（区）。根据不同类型和目的，选择优先考察地区。

对我国审定登记的优良旱生牧草品种，也必须重点搜集和保护。这类遗传资源是人工筛选、培育、驯化栽培和改良的，并通过审定登记，可在生产上推广应用的优良旱生牧草新品种。除国外引进品种外，其原产地都在我国，在一定阶段内，是不能对外交换或必须有条件对外交换的。

对我国新发现和人工创造的牧草遗传资源，也是我国最珍贵的种质资源，也是不能或必须有条件对外交换的遗传资源。这类遗传资源是我国从野生的或栽培的试验材料中发现的新变异类型；或是用育种方法或技术，人工创造出来的有特殊性状的新种质，如四倍体扁蓿豆等。虽然不能在生产上直接推广应用，但是，一般都为我国所特有，具有现实的和潜在的利用价值，是不能或必须有条件对外交换的遗传资源。

对主要栽培牧草在我国的野生种及野生近缘种，要重点搜集和保存。这类遗传资源的野生种是指主要栽培牧草在我国有自然分布的同一种野生牧草，野生近缘种是指与栽培种在亲缘关系上较近的其他野生种。一般存在于同一属植物之中，同一属植物都有共同的起源、共同的特征，种间的亲缘关系较近。与栽培种比较，在不良环境胁迫下，更具有抵抗能力和忍受能力，适应性更强，或具有其他优良性状，是牧草育种或其他作物育种最有实际价值或潜在价值的遗传资源。因此，国内外都非常重视。可以重点搜集和保存，可作为育种的亲本材料，或开发为新的栽培草种。

对于鉴定和筛选出来的优异牧草遗传资源，是不能或有条件对外交换的。这类遗传资源是采用田间试验与实验室测定相结合，以植物学特性和农艺性状为主，通过抗逆性等性状的鉴定和评价，筛选出具有某一优良性状的牧草遗传资源，可作为牧草育种亲本材料，也为编制对国外交换三类名录提供了依据。原产于我国的优异遗传资源是不能或有条件对外交换的。

第二节 旱生牧草资源的保存

牧草种质资源的保护和保存是牧草遗传资源工作的中心环节，是研究和利用的基础。既有基础性工作，也有基础性研究。随着人类活动对环境影响增强，对草地掠夺式放牧和开垦，环境变化等，草地生态系统遭到严重破坏，尤其是旱寒区、荒漠区生态环境恶化、退化加剧，旱生牧草资源的生存受到严重威胁，一些优良、珍稀旱生牧草资源及种群的分布区范围不断缩小，处于濒危状态，有灭绝的危险。

1. 保存的目的及意义

随着现代草牧业的快速发展及新的牧草优良品种的推广应用，许多地方品种、育成品种及优异旱生牧草资源等被新推广品种代替，如果保存不善，资源就会丧失。随着牧草育种技术的发展和应用，拥有草类遗传资源的丰富程度和研究深度，将成为优良新品种选育、草种业和草产业在国际竞争中占有有利地位的关键因素。因此，世界各地都十分重视牧草遗传资源的保存，其目的就是要有效保护草类植物遗传资源的多样性、完整性，使草遗传资源不致丢失。我国作为世界上旱生牧草资源最丰富的国家之一，保存旱生牧草资源不仅对当前草类植物育种有着重要意义，而且，从长远发展战略出发，对保持和增强当地牧草资源或者生态草资源的优势地位也有重要意义。

2. 保存的途径及类型

旱生牧草遗传资源，无论是野生的或是栽培的，都是生物多样性的组成部分。因此，与其他生物一样，其保护和保存的途径和方式有两类。

一类是原生境保护或就地保存，是把旱生牧草物种及其遗传资源保存在它们原地的生态环境中。这类方式主要是通过建立自然保护区来实现。该方式主要用于保护野生优良的、珍稀的和濒危的旱生牧草遗传资源物种，保护栽培旱生牧草的野生种和野生近缘种。

另一类是异地保存或异生境保护，是把旱生牧草物种及其遗传资源保存在它们的原地生态环境以外的地方。这类方式主要是通过建立基因库（种子贮存库）、资源圃等设施来实现。保存已搜集到的、以栽培牧草为主的旱生牧草遗传资源。旱生牧草植物遗传资源的保存方式与其他植物有所不同，大部分是以基因库进行保存。

根据旱生牧草遗传资源保存的任务和对保存条件的要求不同,基因库保存又可分为三级。

一级是长期库,如国家作物种质库(北京),采用低温低湿技术,将库内温度控制在-18℃,相对湿度在50%±7%,种子保存年限在50年以上。贮存的种子不分发利用,仅供更新之用,并建有复份库。

二级是中期库,包括各类作物专业库,如牧草基因库(呼和浩特),采用只控制温度,不控制湿度技术,库内温度控制在0~5℃。种子保存期在15年左右。贮存的种子要分发利用、交换和更新,因此要组织繁种入库和更新。

三级是短期库或工作库,是研究工作者对自己研究所需要的材料而设的保存库。基因库一般都是保存常规型种子。此外,还建立多年生牧草资源圃(或田间基因库),保存无性繁殖材料、繁殖种子有困难的材料等。我国目前对草类植物遗传资源的保存,是以牧草基因库为主,与国家作物基因库和多年生牧草资源圃相结合,初步形成了保种、供种和繁种体系。在没有基因库的地方,建立资源圃并定期繁殖更新是最直接最有效的办法。

3. 保存的技术和方法

(1) 试种和繁种。无论是从国内采集到的旱生牧草野生种子还是搜集到的栽培草种子,或者从国外引进的品种或遗传资源,都要在进入牧草基因库保存前先在田间试种,观察和繁殖种子,这是草类植物遗传资源在入库保存前的基础工作。

试种和繁殖的目的,一是为采集和搜集到的草类遗传资源作进一步的分类鉴定和定名;二是对一般农艺性状如生育期等进行初步观察、鉴定和记载,补充和完善基础档案资料,这是入库保存所必需的资料;三是为繁殖和收获更多的种子,为进一步入库保存和开展科学研究提供遗传材料。

试种及繁殖技术比较简单,若采集和搜集的旱生牧草种子量较多,可采用在田间直接播种方法。若种子量特别少且珍贵,必须采用单株育苗和移栽技术。旱生牧草单株育苗繁殖的步骤和方法是:清选好种子,根据资源的植株的高矮选择培养钵或者桶,选择肥力高的表层土过筛和装土,在田间、温室或塑料棚有序排列,用喷壶洒水浇透;每桶(钵)播种3~5粒种子,用细土薄层覆盖,精心管理。待幼苗生长到10~15 cm高时,移栽到田间小区,每穴移栽一桶(钵),覆土压紧,并立即浇水,进行田间管理。

旱生牧草保存的田间管理及观察要细心细致。幼苗移栽初期要精心管理，适度地浇水、施肥和锄草。按统一的田间观察项目和标准，对不同生长发育期等项目进行观察记载。随时收获成熟的种子，特别是开花期、结实期和成熟期很长的材料要拍照留存，种子成熟后就应立即收获，并脱粒和清选以备入库或研究之用。

（2）种子入库前的处理技术。

第一，是种子登记。对送交入库的旱生牧草种子，首先要检查种子的数量、质量、纯度、基本资料等是否齐备与符合要求，并对种子的名称、原产地、编号等进行登记，建立档案。

第二，是旱生牧草种子再清选。若送交种子的纯度与净度不够，需要再次清除破碎的、低劣的、混杂的其他种子与杂质。

第三，是旱生牧草种子生活力测定。生活力是指种子在适当环境条件所具有的发芽能力。进行发芽试验测定其发芽率，对休眠种子及豆科硬实种子要采取措施，促其发芽，硬实种子应计算在发芽种子中。

第四，是旱生牧草种子干燥。旱生牧草种子含水量对贮存寿命的影响最大。收获的种子一般含水量较高，为降低种子含水量，必须对种子进行干燥处理。干燥处理时，干燥速度与空气的温度及湿度有直接关系。种子含水量与空气中水分含量之间处于动态平衡。空气中相对湿度低，有利于种子干燥，反之，空气湿度高，已干燥的种子可从空气中吸收水分，增加种子水分含量。同时，干燥速度也与种子化学成分、大小、形状和种皮结构等有关。干燥方法可因地制宜，在温带干旱或半干旱地区，可以采用自然风干或晒干方法，若有条件也可以用烘干方法，在干燥间或干燥箱烘干，也可以用除湿干燥剂和硅胶干燥种子。在干燥过程中计算种子含水量，其公式是：

$$种子含水量（\%） = (M_2 - M_3) / (M_2 - M_1) \times 100$$

公式中的 M_1 是容器（连盖）质量，M_2 是容器质量加干燥前种子质量，M_3 是干燥后容器和种子质量。

第五，是旱生牧草的种子包装。经干燥处理的种子必须及时包装，避免种子重新从周围环境中吸收水分。将称重或数粒的干燥种子，装入准备好的容器、种子盒、瓶子、铝箔袋等，特别注意密封。贴上标签和制备档案，档案上的编号必须保证与档案一致。

第六，是旱生牧草种子入库保存。通过对旱生牧草种子登记与清选，种子发芽率测定与干燥（含水量测定），种子密封包装后，按科、属、种有序地排列存放于基因库保存。对入库旱生牧草种子的基本要求如下。

种子数量：超小粒种子（千粒重在 5 g 以下）2.0 万粒以上；小粒种子（千粒重为 5~20 g）1.5 万粒以上；中粒种子（千粒重为 20~100 g）0.8 万粒以上；大粒种子（千粒重 100~400 g）0.3 万粒以上。

种子发芽率：豆科栽培种 80% 以上，野生种 50% 以上；禾本科栽培种 60%~80%，野生种 50% 以上；杂类科均在 50% 以上（热带牧草 30%~60%）。

种子含水量：7%~12%。

4. 国内外牧草遗传资源收集和保存现状

旱生牧草种质资源是选育新品种的物质基础。牧草遗传资源的丰富程度，将成为牧草新品种选育的关键因素。因此，世界各国都非常重视牧草遗传资源的搜集和保存，丰富本国的牧草基因库。自 20 世纪 70 年代以来，美国、澳大利亚、新西兰等畜牧业发达国家，都从牧草种子业和草产业长远的发展战略出发，不仅采用原地保存方式，建立自然保护区，有效保护本国的牧草遗传多样性，而且，采用异地保存方式，建立基因库保存牧草遗传资源。这些国家通过有关国际组织，如国际植物遗传资源委员会（IBPGR）、热带国际农业研究中心（CIAT）等，到非洲、南美洲、东南亚、地中海沿岸国家进行搜集。开展牧草种子保存技术研究，采用低温低湿技术建立基因库，保存已搜集到的牧草遗传资源。澳大利亚入库保存的牧草遗传资源已达 33 600 份，新西兰达 24 700 份，美国达 21 700 份，巴西达 17 900 份。这些国家在牧草遗传资源的丰富程度上占有优势地位。我国拥有丰富的牧草种质资源，仅饲用植物就有 5 门 246 科 1 545 属 6 704 种，包括 1 231 种豆科植物和 1 127 种禾本科植物。目前，中国农业科学院草原研究所、全国畜牧总站和热带牧草种质库已分别收集草类植物种质资源 1.83 万份、5.58 万份和 1.53 万份，这使我国保存的草类植物种质资源数量位居全世界第二，仅次于新西兰。但是，现收集的种质资源仅涵盖了 107 科 692 属 2 105 种，还不到已知总数的一半，有待于进一步加强收集和保存力度。而我国作为牧草资源大国，牧草种质资源收集与保存尚不足的同时，评价工作也相对滞后。

第四章　旱生牧草种质资源的评价

搜集与保存只是旱生牧草遗传资源工作的基础和环节之一。若不进行评价和试验研究，搜集与保存的牧草遗传资源也只能视为贮藏品，不能实现其价值和发挥其作用。所以，对旱生牧草从田间转入实验室，以实验室测试为主，与温室和田间试验相结合，应用现代生物科学技术对旱生牧草遗传资源进行性状鉴定和评价是对遗传性状认识和开发利用最基本的工作。只有对资源认识和了解得越深刻和越清楚，才能科学地制定旱生牧草的利用的目标、方式和途径；也才能充分发挥其作用，实现其价值。我国对牧草资源的评价工作相对滞后，截至2018年，在全国畜牧总站收集的5.58万份牧草种质资源中，完成农艺性状评价的种质共计16 681份，约占已收集总数的20%；进行抗旱性、耐盐性、抗寒性、耐热性、抗病性及抗虫性评价的种质数量仅有8 758份，约占收集总数的10%。评价的资源大部分为栽培品种，对于占大半部分野生资源为主的旱生牧草种质资源来说，有许多鉴定和评价工作尚待开展。

第一节　旱生牧草资源鉴定及评价内容

鉴定与评价是开展旱生牧草种质资源研究的首要基础工作，是旱生牧草遗传资源研究的重要手段。鉴定与评价是针对旱生牧草的特征和特性而言，是了解和认识旱生牧草形态、生理、生化、生物等性状，进而开发、利用有价值的性状的必要环节。鉴定是在田间或实验室对旱生牧草形态特征、农艺性状进行观察和测试，对生理、生化、生物学特性进行测定和检测。在此基础上，对一些性状进行分级评价。因此，鉴定是评价的基础，二者是紧密联系的。鉴定是指对旱生牧草某一基因型特性的描述，这些特性是不变的，属于质量性状，不随环境而变化，如花的颜色、种子形状、酶带型等有明显的显隐性之分，是多基因控制的。评价是指在所描述的环境或特殊条件下对旱生牧草特性的评估,这些特性对环境条件敏感,属于数量性状,就只能用数和量表示。每个基因的作用较小,没有明显的显隐性之分。

在生产中,旱生牧草植物资源的鉴定评价是一件十分重要的工作。其目的是准确掌握各种旱生牧草资源的特征特性、饲用价值和未来的发展前景。旱生牧草资源的饲用品质取决于其对家畜的适口性和营养价值。旱生牧草饲用品质的优劣决定了它在饲草生产中的应用前景。在生产实践中只要用心观察就不难发现,自然界中各种植物饲用品质或饲用价值之间存在着明显的差异。例如披碱草和冰草,无论在生长季节放牧利用,或者刈割后调制成干草,各种家畜都特别愿意采食;而且,家畜采食后生长发育、繁殖和生产性能等方面均表现良好。另一类植物家畜采食时间较短,而且受季节限制,例如,蒿属的某些种、马蔺(*Iris lactea*)和益母草(*Leonurus japonicus*),青鲜状态时家畜一般不愿采食,但是,秋季晒干或经霜后,有的家畜采食一部分;而大赖草(*Leymus racemosus*)和芨芨草(*Neotrinia splendens*)等青鲜状态时绵羊和山羊采食其幼嫩枝叶,开花后期茎秆变得粗硬,家畜就不愿采食。还有一类植物各种家畜都不采食,如苦豆子(*Sophora alopecuroides*)、小花棘豆(*Oxytropis glabra*)、苦马豆(*Sphaerophysa salsula*)、狼毒(*Stellera chamaejasme*)和骆驼蓬(*Peganum harmala*)等,尽管上述植物体内也含有各种营养物质,但是,家畜不采食,有的家畜偶尔误食常引起中毒反应,严重者可导致死亡。其原因是上述植物体内含有生物碱、有机酸、毒蛋白、植物皂素、配糖体、氢氰酸或挥发油等有毒成分。从饲用角度来讲,这类植物都是毒害草,没有饲用价值。

旱生牧草生长条件复杂,地域辽阔,在不同生态区域,牧草的性质、数量、组合特征和生产性能上都有很大的差别;同时季节的交替对草地牧草质量、数量的影响也十分明显;同一种旱生牧草生长在不同的生境地段,其所含化学营养成分、数量及其结构比例亦有所差别;发育时期不同营养成分变化也较大;利用方式不同,在利用价值上反应也不同。因此,客观而准确地对旱生牧草植物给予评价,是一项十分困难而又有实际生产意义的工作。

旱生牧草资源的鉴定和评价工作需要从定性和定量两个方面分别进行。这是一个由表及里、由浅入深、由直观到微观的综合评价过程。旱生牧草评价依据主要是如下四个方面。

一是旱生牧草资源在不同生态环境下的适应性评价。

二是旱生牧草植物资源的营养成分及其消化率。

三是旱生牧草植物资源为畜禽所能提供的有效利用产量。

四是家畜对旱生牧草植物资源的饲用特性的反应（适口性）。

在这四个因素中，旱生牧草植物资源的生态适应性评价是将来环境治理、栽培与繁育、推广应用的依据。旱生牧草资源营养价值是决定其饲用品质的基本因素，畜禽对旱生牧草植物饲用特性的反应，是旱生牧草植物饲用品质优劣的综合反映，旱生牧草植物的质与量应该是评价其价值的基本依据。根据这一原则，对旱生牧草从生态适应性、营养成分、牧草产量、家畜的适口性四方面进行综合评价。

此外，旱生牧草植物的评价应当包括相关物理学评价、化学评价和生物学评价三方面的内容。因为通过上述综合评价方法得出的结论，比采用任何单一方法得出的结论可以更全面、更准确地反映出某种旱生牧草的生态适应性、饲用价值及生产情况，这在生产实践中更加具有现实意义。

我国旱生牧草植物遗传资源种类繁多，组成复杂，不同的种或类型、性状鉴定与评价的方法及标准也不完全一样。一般性鉴定与研究，可按照禾本科、豆科及其他杂类草田间观察项目、方法与性状进行观察和记载，根据相关标准、规范的参照标准进行。重点对生态环境治理中的抗逆性、饲草生产、种子生产及栽培活动等有关的植物学特征及生物学特征等农艺性状进行鉴定与评价。

1. 观察和记载植物学特征

旱生牧草的植物学特征是在自然和人工选择下形成的性状，具有分类和农艺价值。应在野外调查和田间试种栽培过程中，仔细和准确地对植株幼苗、根、茎、叶、花、果实和种子等器官形态特征进行观察和描述，同时，也应对生活型、株型、叶片着生部位、生活年限等进行观察和记载。尤其是旱生牧草适应干旱区环境的一些形态器官改变的描述要准确、详细，对于一些难以辨识的旱生牧草种质资源，需要专业权威的植物分类专家进行鉴定。

2. 记录和评价生物学特性

（1）生长发育特性。这是与开展旱生牧草植物生产和栽培活动有直接关系的农艺性状，也是初步鉴定的基本内容。记载旱生牧草种子形态、发芽情况、从出苗到枯黄各生长发育期所需的时间，对生态环境条件如温度、水分、光照等的要求，最适宜的生长发育条件及栽培技术等。

（2）抗逆性。不同的旱生牧草对不良环境（抗旱、耐盐碱、耐瘠薄等逆境）或胁迫的反应是不同的，具有不同的抵抗能力和忍耐能力。在旱生牧草生长发育过程中，一般是苗期对水分、温度、土壤盐分的胁迫或其他生物侵蚀比较敏感。因此，需要在田间观察、鉴定旱生牧草的抗旱、抗寒、抗盐碱、耐热、抗病虫等性状。在此基础上结合实验室的模拟逆境中做生理和生化的辅助鉴定研究。抗逆性特征是旱生牧草非常重要的评价内容。

（3）繁殖特性。这对旱生牧草植物遗传资源的种子繁育、贮存和管理、育种及生产应用都有重要价值。在观察和描述花的结构基础上，在田间观察开花习性、开花与授粉方式及类型、结实与种子发育特性、种子活力、种子发芽率、种子休眠特性以及对环境条件的需求等。

3. 测定草产量及品质特性

旱生牧草植物的产草量和饲用品质特性是评价旱生牧草遗传资源非常重要的项目及指标。在初步鉴定和一般性研究的基础上，从个体到群体，从田间到实验室进行多年观察和测定，主要包括旱生牧草的生长年限和利用年限（最佳利用年限），单位面积干草（或鲜草）和种子产量以及适口性、化学成分、消化率的测定。

4. 总结和形成栽培技术

相当一部分数量的旱生牧草野生性状非常明显，种子发芽率低、硬实及休眠严重，栽培和繁殖困难，许多方面的野生性状非常显著。如果栽培技术不成功，将会对以后种子扩繁、开发利用形成绝对的限制作用。因此要总结和形成旱生牧草的种植、管理、收获、种子或营养体繁殖方法和技术。

5. 其他方面的评价及研究

为有效地利用旱生牧草植物资源，发挥其在寒旱区、荒漠区的生态作用、生产及育种中的作用，实现更好开发利用价值，在初步鉴定、评价和一般性研究基础上，必须从一般到重点，从田间到实验室（或温室）开展系统评价和深入评价和研究。这既包括旱生牧草基础研究，也包括一些基础理论和应用研究。

（1）遗传与变异特性测试。遗传与变异是旱生牧草遗传资源研究的最基本特性。遗传与变异是形成各种性状的本质和基础。在鉴定基础上，对评选出来具有优异性状的旱生牧草种质资源，对其优异性状的显隐性、可遗传或不能遗传，质量性状或数量性状，遗传传递力、遗传结构、基因定位等开展深入测试和研究。分析旱生牧草与环境条件的协同关系，认识其规律性。了解优异旱生牧草种质的利用价值。

（2）遗传多样性评价。通过鉴定和评价，对一些优良的、珍贵的、稀有的以及濒危旱生牧草遗传多样性进行评价和研究，对同一属不同种，同一种不同生态变异类型，进一步开展形态学、生理学、生物化学、分子遗传学方面的测试和研究。在形态、细胞、生化、基因组、DNA 水平上各有侧重，分别鉴定、检测和确定其遗传标记。深刻认识旱生牧草遗传变异的多态性、遗传结构特点及遗传信息，分析其亲缘关系，更有效地保护和利用其遗传资源。

（3）分类学方面的确定。旱生牧草遗传资源种类繁多，组成复杂。要有效地利用，无论是野生的还是栽培的牧草，首先要认识和区分旱生牧草物种，以"种"为基本分类单位建立分类系统，分门别类地管理旱生牧草遗传资源。因此，从分类学方面确定旱生牧草，既是有效保护旱生牧草遗传资源的基础工作，也是永续利用旱生牧草资源的基础工作。通过野外、田间和标本室对牧草植株形态特征的观察、鉴定和描述，通过植物分类学及有关文献的研究和考证，一是科学的确定资源的种名和种的归属，分类地位以及种名的来源与变化。二是研究和发现该资源新的分类群，发现新的种、亚种、变种及变型，以及分类群的新分布。三是研究旱生牧草与相关栽培品种的亲缘关系及分类系统。为科学地保护、利用和管理旱生牧草遗传资源提供分类学方面的科学依据和归类的判断和确认。

（4）起源与演化的研究。为了发展畜牧业和开展环境治理，人类将自然界分布的旱生野生牧草，经过长期引种栽培，驯化选种，变为产草量更高、品质更优良、易于栽培的栽培牧草。这是人类文明的产物。随着科学技术发展，人类为了不断地培育出新的优良栽培品种，就必须寻找和扩大其基因源。因此，通过实地考察、收集古籍记载和考古证据，从历史、植物、地理学角度出发，了解古老栽培牧草，最初的栽培驯化和起源地区，起源中心以及物种的分布中心；认识从野生旱生牧草到栽培牧草的演变历史和过程；明确这些旱生牧草种与种、类型与类型之间的系统发育关系。通过种（属）间杂交的亲和性判断遗传关系远近，通过形态学、细胞学和分子生物学的研究，认识种与种间的亲缘关系，为寻找现代栽培的旱生牧草的原始类型和野生近缘植物，寻找新的有栽培利用价值的旱生牧草提供科学依据，这部分工作在旱生牧草开发利用和杂交育种方面具有重要意义。

（5）生态型研究。优异的旱生牧草遗传资源是在长期的历史演化过程中，由于突变、基因交流、隔离和生态遗传分化，经过自然选择和人工选择而形成的蕴藏着丰富多彩的遗传变异类型。一些分布较广泛的旱生牧草物种，在不同的生态条件或地理区域，对某一特定生境发生基因型反应，而产生不同生态适应类型。无论是野生的或是栽培的旱生牧草，都存在丰富的生态型。对搜集和保存的同一种来源于不同生境和地区的旱生牧草种质材料，采用不同材料在同一环境下或同一材料在不同环境条件下的栽培试验和观察。鉴定这些材料对温度、水分、光照等生态因子的适应性，以及生长发育期的差异。研究和发现新的旱生牧草生态型，可为新草种的选育和新品种的培育提供优异种质材料。

（6）旱生牧草遗传资源的创制。在旱生牧草遗传资源系统鉴定与评价和深入研究基础上，一方面评选出单一性状优异的或综合性状优良的旱生牧草种质资源，提供给牧草育种者作为亲本材料利用，培育出新的抗逆性强的优良品种。另一方面发现和创造出可被育种者利用的优良旱生牧草种质资源。一些旱生牧草种质资源虽然具有优异性状和育种利用价值，由于有远缘杂交障碍、不亲和性等原因，一时不能被育种者利用或利用有困难，需要做进一步的试验和研究，开展种质的创制和不良基因的敲除。这种创制新种质的工作，虽然可以采用育种手段和方法，但目标不是为了培育可以在生产上应用的优良草类植物品种，而是创造可被育种利用的优异种质材料（或改良过的半成品材料）。例如分布在我国干草原地带的扁蓿豆（*Melilotoides rathenica*）具有抗旱性强的性状，染色体是二倍体（$2n=2x=16$），古老的栽培牧草紫花苜蓿（*Medicago Sativa*）是四倍体（$2n=4x=32$），若直接杂交有障碍，采用秋水仙诱导技术，使染色体加倍创造出四倍体扁蓿豆（$2n=4x=32$），再与紫花苜蓿杂交，能克服远缘杂交不亲和性，使杂交种结实率提高到30%。同时，也可以采用育种手段来强化某一优良性状或将某些优良性状进行综合，有目的地扩大遗传基础，创造出育种者易于利用的新种质资源。

总之，通过杂交、辐射、诱导、杂交、基因编辑等手段，创造出新的种质资源提供育种利用。同时，也可以采用育种手段来强化某一优良性状或将某些优良性状进行综合，有目的地扩大旱生牧草遗传基础，创造出育种者易于利用的新的旱生牧草种质资源。

第二节 旱生牧草利用价值的评价

旱生牧草利用价值的评价主要有适口性评价、营养价值评价、产量评价、干草和青贮草的评定、生物学评价及利用性能的评价等。

1. 适口性评价

旱生牧草品质优劣，还要根据家畜对其实际采食程度进行评定。有些旱生牧草，如十字花科（Brassicaceae）、玄参科（Scrophulariaceae）、唇形科（Lamiaceae）、伞形科（Apiaceae）及菊科（Asteraceae）中的一些牧草，虽然含蛋白质高，含纤维素低，化学营养价值较高，但由于含有芥子油、有机酸或一些挥发性的芳香物质，家畜并不喜欢采食，致使饲用价值降低。而营养成分含量低、但适口性好的旱生牧草，牲畜采食多，获得的营养成分总量多，即旱生牧草的适口性能掩盖其营养成分含量的高低。可见，旱生牧草对于家畜的适口性，更能说明牧草的饲用价值。现代大量研究表明，各种饲用植物的物理特性、化学特性、生物学特征以及草群结构都与牲畜的选择采食反应有联系。为了全面、正确地评定牧草的饲用价值，必须将牧草的适口性和营养含量二者结合起来，并以牧草适口性好坏为主，划分各种牧草的优劣。

（1）影响旱生牧草适口性的因素。旱生牧草的适口性通常指某种旱生牧草为各种家畜喜食的程度。这是评价旱生牧草饲用品质中常用的方法之一。在实际中旱生牧草适口性的好坏，并非是一成不变的，它们受许多因素影响。

一是受旱生牧草生长发育阶段的影响。一般而论，植物的适口性从植物出苗（返青）到结实，在整个生育期内随着物候期的变化而逐渐降低，植物体内的化学成分中，粗蛋白质含量下降，粗纤维含量增加，植物的消化率随之降低。对各种家畜而言，植物的适口性最佳时期是在禾本科植物的分蘖盛期和豆科植物的分枝期。此时植物幼嫩的茎叶基本上可以被家畜全部采食利用，而且，此时植物的再生力最强。禾本科植物的抽穗期和豆科植物现蕾期，未被家畜采食的残草超过20%，结实期未被家畜采食的残草大约占50%。如生长于草原和草甸地带的禾本科植物，在抽穗至开花之前的营养阶段，体内纤维含量少，蛋白质含量较高，牧草柔嫩，家畜喜欢采食，适口性也较高；开花和结实后，粗纤维逐渐增加，草的质地变得粗硬，家畜便不太愿意采食，适口性也就相应下降。又如广泛分布于荒漠地带的蒿属（*Artemisia*）植物，在晚春和夏秋季节因枝叶中含有较多的芳香物质和蒿臭味，家畜不愿采食，但在早春和秋冬季节适口性提高，成为家畜的抓膘牧草。另外还有一些荒漠盐生和耐盐植物，如假木贼、盐爪爪、盐穗木、盐节木等植物，只有在秋季经霜冻以后，盐分含量减少时，才能表现出一定的适口性。旱生牧草的适口性除了随发育阶段的增长而相对下降外，由于其种类的不同，在不同的生育期适口性反应也是有差别的。

二是受生境条件的影响。同一物种生长在不同生境条件下适口性是有差别的。同一物种在荒漠地区的适口性要比同一时期生长在生境条件相对较好的典型草原要差。如生长在高寒盐化草甸中的青藏薹草（*Carex moorcroftii*），草质柔软，适口性好，而生长于高寒草原和高寒荒漠草原草地的青藏薹草则很粗硬，适口性差。

三是与当地旱生牧草种类组成的丰富度有关。旱生牧草种类多，优良牧草丰富，饲料的丰富度也相对较高，家畜有选择采食的余地，一些适口性稍次的种类，在有适口性更好的牧草时，降低了家畜对其的采食量，从而更加降低了其适口性，反之则可提高其适口性和牧草的饲用价值。例如在天然饲料较为贫乏的南疆地区，芦苇（*Phragmites australis*）用来刈草和放牧，被当地牧民认为是适口性较好的一种牧草，而在北疆地区，则认为是一种品质较低的草类，利用极少，家畜也极少采食。

四是与牲畜种类有关。不同畜种所喜食的牧草是不同的，生长于草原地带的一些旱生丛生禾草，对小畜表现出良好的适口性，而对牛或骆驼则反应较差。生长于荒漠地带的一些盐柴类半灌木、灌木，骆驼对它们具有较好的适口性，而其他畜种均较差。又如一些旱生饲用灌木，如白刺花（*Sophora davidii*）、锦鸡儿（*Caragana sinica*）等，山羊喜食，绵羊次之，牦牛则很少采食；大赖草（*Leymus racemosus*）这些质地粗糙的禾本科植物，羊不喜食，骆驼采食物较多。

五是与利用方式有关。如生长于平原盐化低地草甸中的一些粗茎豆科草如骆驼刺（*Alhagi camelorum*）、甘草（*Glycyrrhiza uralensis*）和苦豆子（*Sophora alopecuroides*），在青鲜时家畜一般不食或很少采食，但在秋季开花、结实期刈割调制成干草或者制成干草粉，家畜很愿采食。

此外，牧草的适口性还与家畜的营养状况、饲料的丰欠和家畜的饥饿程度等都有一定关系。饥饿程度对牧草的适口性有很大影响，饥不择食，处于饥饿状态的家畜，会对正常状态下不喜食的牧草，表现出喜食。因此，利用适口性来评价一种牧草的品质，也要从分析影响牧草适口性的各种因素出发，因时、因地、因不同对象去综合评价。

（2）旱生牧草适口性评价。在旱区草地或荒漠区，豆科植物的适口性最好，往往被家畜优先采食，而且表现出贪食；禾本科植物次之。肉眼观察家畜对植物的适口性，评价旱生牧草的饲用品质，不仅方法简单易行，而且可以比较准确地判断植物的营养价值。例如，如果家畜对某种植物的喜食性保持较长时间，而且家畜采食后生长发育正常，就可以初步认定这种旱生牧草饲用品质好，营养价值比较高。

旱生牧草品质优劣，适口性的评价非常重要。为了全面、正确地评定牧草的饲用价值，必须将旱生牧草的适口性作为首要评价指标。

因家畜种类不同，喜食的植物种类也不同，对旱生牧草适口性的要求有较大差异。牛、羊、马、骆驼对各种旱生牧草采食习性不同。牛喜欢采食植株比较高大、茎叶柔软而多汁的草本植物，不愿采食质地粗硬、木质化程度高的灌木类植物。采食后留茬高度3~5 cm。绵羊喜欢采食营养价值高、比较干燥的细小禾草、蒿属（*Artemisia*）、亚菊属（*Ajania*）和葱属（*Allium*）植物，还愿采食一些灌木类当年新生的幼嫩枝叶、花序和果实，不愿采食株丛比较高大的禾草和薹草。采食后留茬高度1~2 cm。山羊喜欢采食的植物与绵羊相似，但是，山羊比绵羊更耐粗放，采食的植物种类更广。通常绵羊不太愿意采食营养价值低、茎秆粗硬、粗纤维含量高的草本植物和木质化程度高的灌木类植物，但是，山羊却能很好地利用这些植物。采食后，留茬高度为1~2 cm。马喜欢采食淡味的、干燥的、粗硬的和带有芳香气味的植物。通常对禾本科和豆科植物比较喜食，对杂类草和灌木类植物喜食程度比较差。采食后留茬高度1~2 cm。骆驼采食习性与其他家畜完全不同。骆驼喜欢采食干燥的、粗糙的、具辛辣气味的和多盐的草本植物、灌木和半灌木类植物。采食后留茬高度3~5 cm。在其他家畜难以生存的恶劣环境下，骆驼可以生活和繁衍后代。

旱生牧草适口性评价可采用直接观察与访问调查方法。为了获得较可靠的资料应在每个居民点详细询问几个人（放牧员、饲养员、挤奶员），查明什么植物、何种牲畜、在什么情况下，嗜食程度如何。

在放牧地或饲养地直接观察的方法可得到有关旱生牧草对牲畜适口性的更详细的资料。在同一个放牧地或饲养场上在一昼内（早晨、中午、午休前后、晚上等）对许多牲畜进行系统的若干次观察。对旱生牧草的不同生育期、不同季节都要进行观察记载。

旱生牧草的适口性，划分为嗜食、喜食、常食、愿食、少食、不食6类。通过观察家畜对草地牧草的采食或投饲饲喂的喜食程度，确定旱生牧草种质的适口性等级。

6级嗜食（特别喜食的旱生牧草，在任何情况下，家畜都挑选采食，表现很贪食，适口性属优等）。这类植物草质柔嫩、叶量丰富、营养价值高。例如，苜蓿属（*Medicago*）、扁蓿豆属（*Melissitus*）、三叶草属（*Trifolium*）、百脉根属（*Lotus*）和野豌豆属（*Vicia*）植物等。

5级喜食（喜食的旱生牧草，一般情况下家畜都吃，但不专门从草丛中挑选着吃，适口性良好）。这类植物叶量比较丰富，营养成分含量也比较高，能满足家畜生长发育需要。例如，冰草属（*Agropyron*）、雀麦属（*Bromus*）、黑麦草属（*Lolium*）、披碱草属（*Elymus*）、鹅观草属（*Roegneria*）和针茅属（*Stipa*）植物等。

4级乐食（家畜经常采食的旱生牧草，但不像前2类那样贪食喜爱，适口性中等）这类植物营养价值近中等。开花结实后植株茎秆迅速变得粗硬，粗纤维含量明显增加。例如，芨芨草属（*Neotrinia*）、沙鞭属（*Psammochloa*）和拂子茅属（*Calamagrostis*）植物等。

3级采食（可以吃，但不太喜食的旱生牧草，只有在上述三类旱生牧草被吃掉后，才肯采食的牧草，适口性中下等）。这类植物的适口性有明显的季节性，草质粗糙或某个时期有浓郁的特殊气味，家畜平时拒绝采食或仅利用植株的某些部分。例如，蒿属（冷蒿除外）（*Artemisia*）、风毛菊属（*Saussurea*）、棘豆属（*Oxytropis*）的刺叶柄棘豆（*Oxytropis aciphylla*）、鸢尾属（*Iris*）的马蔺（*Iris lactea*）和薹草属（*Carex*）植物等。

2级少食（不愿采食的旱生牧草，只有在某一时期才采食的旱生牧草，一般情况很少采食，适口性下等）。因饲草极度缺乏，家畜饥饿而被迫无奈采食的植物。这类植物草质低劣、粗糙，或含有大量盐分。例如，黄华属（*Thermopsis*）的披针叶黄华（*Thermopsis lanceolata*）、盐豆木属（*Caragana*）的铃铛刺（*Caragana halodendron*）、盐爪爪属（*Kalidium*）的盐爪爪（*Kalidium foliatum*）和碱蓬属（*Suaeda*）的碱蓬（*Suaeda glauca*）等。

不食（不采食的旱生牧草，或对家畜有轻微毒害作用的，适口性劣等）。这类植物家畜不采食，或对家畜有毒害作用，如醉马草（*Achnatherum inebrians*）、狼毒（*Stellera chamaejasme*）等。

（3）不同类型旱生牧草的适口性。在众多的旱生牧草种质资源中，豆科（Fabaceae）草类植物资源中适口性属于优的有：黄花苜蓿（*Medicago falcata*）、天兰苜蓿（*Medicago Lupulina*）、顿河红豆草（*Onobrychis tanaitica*）、红花车轴草（*Trifolium pratense*）、白花车轴草（*T. repens*）、胡芦巴（*Trigonella foenum-graecum*）、野豌豆（*Vicia sepium*）、白花野豌豆（*V. costata*）、广布野豌豆（*V. cracca*）、黄芪（*Astragalus mongholicus*）等。适口性属良的有：黄花草木樨（*Melilotus officinalis*）、白花草木樨（*M. albus*）等。适口性属中的有：骆驼刺（*Alhagi sparsifolia*）、光果甘草（*Glycyrrhiza glabra*）、锦鸡儿（*Caragana sinica*）、盐豆木（*Halimodendron halodendron*）、苦豆子（*Sophora alopecuroides*）等。适口性属低的有：猫头刺（*Oxytropis aciphylla*）、刺叶柄棘豆（*Oxytropis aciphylla*）、鬼见愁（*Oxytropis aciphylla*）等。

禾本科（Poaceae）旱生牧草适口性属于优的有：羊茅（*Festuca ovina*）、寒生羊茅（*Festuca kryloviana*）、冰草（*Agropyron cristatum*）、沙生冰草（*Agropyron desertorum*）、草地早熟禾（*Poa pratensis*）、细叶早熟禾（*Poa pratensis*）、高山早熟禾（*P. alpine*）、无芒雀麦（*Bromus inermis*）、鹅观草（*Elymus kamoji*）、垂穗鹅观草（*Elymus burchan-buddae*）、披碱草（*Elymus dahuricus*）、垂穗披碱草（*Elymus nutans*）、老芒麦（*Elymus sibiricus*）、布顿大麦（*Hordeum bogdanii*）、梯牧草（*Phleum pratense*）、北疆剪股颖（*Agrostis turkestanica*）等。适口性属良的有：镰芒针茅（*Stipa caucasica*）、沙生针茅（*S. caucasica* subsp. *glareosa*）、戈壁针茅（*S. tianschanica* var. *gobica*）、东方针茅（*S. orientalis*）、短花针茅（*S. breviflora*）、西北针茅（*S. sareptana* var. *krylovii*）、针茅（*S. capillata*）、新疆针茅（*S. sareptana*）、紫花针茅（*S. purpurea*）、座花针茅（*S. subsessiliflora*）、疏花针茅（*S. penicillata*）、昆仑针茅（*S. roborowskyi*）、新疆银穗草（*Leucopoa Griseb*）、糙隐子草（*Cleistogenes squarrosa*）、无芒隐子草（*C. songorica*）、偃麦草（*Elytrigia repens*）、赖草（*Leymus secalinus*）、窄颖赖草（*L. angustus*）、多枝赖草（*L. multicaulis*）、天山赖草（*L. tianschanicus*）、新麦草（*Psathyrostachys juncea*）、异燕麦（*Helictochloa hookeri*）等。适口性属中

的有：假苇拂子茅（*C. pseudophragmites*）、芦苇（*Phragmites australis*）、拂子茅（*Calamagrostis epigeios*）等。适口性属低的有：新疆大赖草（*Leymus racemosus*）。

菊科（Asteraceae）草类植物资源中适口性属于优的有：伊犁绢蒿（*Seriphidium transiliense*）、博洛塔绢蒿（*S. borotalense*）、新疆绢蒿（*S. kaschgaricum*）、高山绢蒿（*S. rhodanthum*）、白茎绢蒿（*S. terrae-albae*）、纤细绢蒿（*S. gracilescens*）、沙漠绢蒿（*S. santolinum*）、冷蒿（*Artemisia frigida*）、中亚旱蒿（*A. marschalliana*）、银蒿（*A. austriaca*）、沙蒿（*A. desertorum*）、昆仑蒿（*A. nanschanica*）等。适口性属良的有：高山紫菀（*Aster alpinus*）、阿尔泰紫菀（*A. altaicus*）、阿尔泰狗娃花（*A. altaicus*）、蓼子朴（*Inula salsoloides*）、火绒草（*Leontopodium hayachinense*）、千叶蓍（*Achillea millefolium*）、叉枝鸦葱（*Scorzonera divaricata*）、灌木亚菊（*Ajania fruticulosa*）、新疆亚菊（*A. fastigiata*）、龙蒿（*Artemisia dracunculus*）、万年蒿（*A. vestita*）、喀什菊（*Kaschgaria komarovii*）等。适口性属中的有：花花柴（*Karelinia caspia*）、天山矢车菊（*Rhaponticoides kasakorum*）、紫菀木（*Asterothamnus alyssoides*）、顶羽菊（*Rhaponticum repens*）等。

藜科（Chenopodiaceae）类植物资源中适口性属于优的有：木地肤（*Kochia prostrata*）。适口性属良的有：驼绒藜（*Krascheninnikovia ceratoides*）、心叶驼绒藜（*K. ewersmannia*）、垫状驼绒藜（*K. compacta*）等。适口性属中的有：短叶假木贼（*Anabasis brevifolia*）、白垩假木贼（*A. cretacea*）、高枝假木贼（*A. elatior*）、盐生假木贼（*A. salsa*）、樟味藜（*Camphorosma monspeliaca*）、角果藜（*Ceratocarpus arenarius*）、叉毛蓬（*Petrosimonia sibirica*）、盐生草（*Halogeton glomeratus*）、猪毛菜（*Salsola collina*）、短柱猪毛菜（*S. lanata*）、散枝猪毛菜（*S. brachiata*）、小蓬（*Nanophyton erinaceum*）、合头草（*Sympegma regelii*）等。适口性属低的有：盐节木（*Halocnemum strobilaceum*）、盐穗木（*Halostachys caspica*）、戈壁藜（*Iljinia regelii*）、白滨藜（*Atriplex cana*）、盐爪爪（*Kalidium foliatum*）、细枝盐爪爪（*K.gracile*）、圆叶盐爪爪（*K.schrenkianum*）、天山猪毛菜（*Salsola junatovii*）、松叶猪毛菜（*S.laricifolia*）、木碱蓬（*Suaeda dendroides*）、囊果碱蓬（*S.physophora*）、白梭梭（*Haloxylon persicum*）、梭梭（*H.ammodendron*）等。

十字花科（Brassicaceae）草类植物资源中适口性属于中的有：亚麻荠

（*Camelina sativa*）、条叶庭荠（*Alyssum linifolium*）、葶苈（*Draba nemorosa*）、离子芥（*Chorispora tenella*）、四棱荠（*Goldbachia laevigata*）、舟果芥（*Tauscheria lasiocarpa*）、四齿芥（*Tetracme quadricornis*）、球果荠（*Neslia paniculata*）、螺喙荠（*Spirorhynchus sabulosus*）等。适口性低的有：群心菜（*Lepidium draba*）、独行菜（*L. apetalum*）、大蒜芥（*Sisymbrium altissimum*）、播娘蒿（*Descurainia sophia*）等。

蔷薇科（Rosaceae）草类植物资源中适口性属于中的有：羽衣草（*Alchemilla japonica*）、天山羽衣草（*A. tianschanica*）、二裂委陵菜（*Potentilla bifurca*）、绿叶委陵菜（*P. gelida*）、大萼委陵菜（*P. conferta*）、高山地榆（*Sanguisorba alpina*）、地榆（*S. officinalis*）、草莓（*Fragaria × ananassa*）等。适口性属低的有：欧亚绣线菊（*Spiraea media*）等。适口性属劣的有：黑果枸子（*Lycium ruthenicum*）、多刺蔷薇（*R. spinosissima*）、尖刺蔷薇（*R. oxyacantha*）等。

莎草科（Cyperaceae）草类植物资源中适口性属于良的有：白尖薹草（*Carex oxyleuca*）、北疆薹草（*C. arcatica*）、歪嘴薹草（*C. aneurocarpa*）、黑花薹草（*C. melanantha*）、囊果薹草（*C. physodes*）、细果薹草（*C. stenocarpa*）、线叶嵩草（*Kobresia capillifolia*）、细叶嵩草（*K. filifolia*）、矮生嵩草（*K. humilis*）、嵩草（*K. myosuroides*）、窄果嵩草（*K. Stenocarpar*）等。适口性属低的有：荆三棱（*Bolboschoenus yagara*）、矮蔗草（*Scirpus pumilus*）等。适口性属劣的有：水葱（*Schoenoplectus tabernaemontani*）。

毛茛科（Ranunculaceae Juss.）草类植物资源中适口性属低的有：银莲花（*Anemone cathayensis*）、金莲花（*Trollius chinensis*）、唐松草（*Thalictrum aquilegiifolium* var. *sibiricum*）、耧斗菜（*Aquilegia viridiflora*）、东方铁线莲（*Clematis orientalis*）、准噶尔铁线莲（*Clematis songorica*）、白头翁（*Pulsatilla chinensis*）等。

唇形科（Lamiaceae）草类植物资源中适口性属低的有：青兰（*Dracocephalum ruyschiana*）、异叶青兰（*D. heterophyllum*）、密花香薷（*Elsholtzia densa*）、兔唇花（*Lagochilus ilicifolius*）、益母草（*Leonurus japonicus*）、野薄荷（*Mentha haplocalyx*）、块根糙苏（*Phlomis tuberosa*）、草原糙苏（*P. pratensis*）、山地糙苏（*P. oreophila*）、百里香（*Thymus mongolicus*）等。

百合科（Liliaceae）草类植物资源中适口性属良的有：天山韭（*Allium*

tianschanicum)、滩地韭（*A. oreoprasum*)、碱韭（*A. polyrhizum*)、青甘韭（*A. przewalskianum*)、沙葱（*A. mongolicum*）等。适口性属中的有：贝母（*Sauromatum diversifolium*）粗柄独尾草（*Eremurus inderiensis*）等。

蓼科（Polygonaceae）草类植物资源中适口性属良的有：珠芽蓼（*Polygonum viviparum*）。适口性属低的有：刺木蓼（*Atraphaxis spinosa*）、沙拐枣（*Calligonum mongolicum*）、奇台沙拐枣（*Calligonum klementzii*）、西伯利亚蓼（*Polygonum sibiricum*）。适口性属劣的有：酸模（*Rumex acetosa*）、天山大黄（*Rheum wittrockii*）等。

柽柳科（Tamaricaceae）草类植物资源中适口性属良的有：琵琶柴（*Reaumuria soongarica*）、民丰琵琶柴（*Reaumuria minfengensis*）等。适口性属劣的有：多枝柽柳（*Tamarix ramosissima*）、长穗柽柳（*Tamarix elongata*）等。

麻黄科（Ephedraceae）草类植物资源中适口性属低的有：草麻黄（*E. sinica*）。适口性属劣的有：膜果麻黄（*E. przewalskii*）、中麻黄（*E. intermedia*）、木贼麻黄（*E. equisetina*）等。

其他科草类植物资源中适口性属低的有：直立老鹳草（*Geranium rectum*）、丘陵老鹳草（*G. collinum*）、叉枝老鹳草（*G. divaricatum*）、车前（*Plantago asiatica*）、蓬子菜（*Galium verum*）等。适口性属低的有：天山鸢尾（*Iris loczyi*）、紫花鸢尾（*I. ensata*）、马蔺（*I. lactea*）、盐生鸢尾（*I. halophila*）、厚棱芹（*Pachypleurum mucronatum*）、罗布麻（*Apocynum venetum*）、大叶白麻（*A. pictum*）、水麦冬（*Triglochin palustris*）、灯心草（*Juncus effusus*）等。适口性属劣的有：泡泡刺（*Nitraria sphaerocarpa*）、大翅霸王（*Zygophyllum macropterum*）、霸王（*Z. xanthoxylon*）、黑果枸杞（*Lycium ruthenicum*）、骆驼蓬（*Peganum harmala*）等。

2. 营养价值评价

一般认为旱生牧草中蛋白质含量高，纤维素含量低，则旱生牧草的营养价值高；旱生牧草对家畜的适口性越好，家畜则采食多，家畜良好营养状况的保证度高。旱生牧草的营养价值高低与其所含的化学成分有关，禾本科草类无氮浸出物含量普遍高，豆科草类富含蛋白质，菊科草类富含脂肪和无氮浸出物，藜科草类灰分的含量居于各科草类之首，而蛋白质含量也仅低于豆科植物；蔷薇科、莎草科的旱生牧草富含无氮浸出物、蛋白质和脂肪，而粗纤维含量较低。除禾本科、豆科和莎草科牧草以外其他科的草地牧草，一般通称为杂类草，杂类草因种类不同，营养成分含量互有差异。高寒草甸和亚高山草甸中的蓼科牧草，主要为圆穗蓼（*Bistorta macrophylla*）、珠芽蓼（*Bistorta vivipara*），它们的粗蛋白质、无氮浸出物含量都较高，粗纤维含量较低，草质柔软、营养价值较高，秋季结实期，籽实中含粗蛋白质、粗脂肪和无氮浸出物，是牲畜秋季重要的抓膘牧草。可食灌丛的当年嫩枝叶一般粗蛋白质和无氮浸出物的含量均较高，具有较高的营养价值。

旱生牧草营养含量测定分为概略营养和纯养分两种分析法。一般采用概略养分分析法，必须分析的旱生牧草常规化学营养成分项目为：粗蛋白质、粗脂肪、粗纤维（包括中性洗涤纤维、酸性洗涤纤维磷）、粗灰分、钙、磷和水分8项。无氮浸出物指饲料中单糖、双糖、和多糖（淀粉）等无氮物质，又称可溶性碳水化合物。无氮浸出物的含量通过计算获得，为100%减去上述粗蛋白质、粗脂肪、粗纤维（包括中性洗涤纤维、酸性洗涤纤维磷）、粗灰分和水分5项营养成分的含量之差。

旱生牧草概略总营养物质（％）＝粗蛋白质含量＋粗纤维含量（包括中性洗涤纤维、酸性洗涤纤维磷）＋无氮浸出物含量＋粗脂肪含量＋粗灰分。

（1）粗蛋白质的含量。粗蛋白质指旱生牧草样品中所有的含氮化合物，其中，包括蛋白质氮和非蛋白质氮、有机氮和无机氮。在常规分析中，运用凯氏定氮法测定旱生牧草样品中氮的含量。粗蛋白质含量是根据植物和饲料样品中氮素含量乘以6.25而确定的，因为蛋白质中大约含有16%的氮（100%÷16%=6.25）。这是假定旱生牧草样品中所有的氮都是来自于蛋白质，而实际情况并非如此，有一些氮来自非蛋白质，所以分析结果称为粗蛋白质。

在自然界所有的动植物体中，蛋白质都是不可缺少的。在植物体中，蛋白质大多以凝胶状存在于细胞原生质及其内含物叶绿体中。植物叶片中的蛋白质含量高于茎秆。在动物饲养中，旱生牧草中的蛋白质有两个主要功能：一是在反刍动物瘤胃内，旱生牧草中的蛋白质被瘤胃内的微生物（细菌和原生动物）降解成各种氨基酸、为合成微生物蛋白质提供前体物，紧接着在家畜消化道内，微生物蛋白质被降解，最终为合成家畜所需要的各种蛋白质提供必要的原料；二是非反刍家畜自身不能合成某些必需氨基酸，缺少这些必需氨基酸将影响家畜正常的生长发育和生产性能，旱生牧草中的蛋白质可以为非反刍家畜提供平常日粮中缺少的某些必需氨基酸，使家畜能正常地合成各种蛋白质。

一般情况下，旱生草地牧草粗蛋白质含量越高、牧草品质越好。评价指标为：粗蛋白质含量＞12%，为高蛋白质含量的旱生牧草；粗蛋白质含量5%～12%，为中蛋白质含量旱生牧草；粗蛋白质含量＜5%，为低蛋白质旱生牧草。

旱生牧草中豆科牧草粗蛋白质含量最高，平均可达15.42%，可称为粗蛋白质植物。在各科之间以禾本科植物的粗蛋白质含量为最低，平均含量不到10%，在山地草原、草甸地带中具有重要饲用意义的针茅属（*Stipa*）、羊茅属（*Festuca*）、鸭茅（*Dactylis glomerata*）和无芒雀麦（*Bromus inermis*）等牧草，它们的平均粗蛋白质含量只有8%～10%，以此类旱生牧草为主组成的草地，粗蛋白质普遍较为缺乏。菊科（Asteraceae）、藜科（Chenopodiaceae）、蔷薇科（Rosaceae）、莎草科（Cyperaceae）牧草粗蛋白质含量介于禾本科（Poaceae）与豆科（Fabaceae）之间。必须指出，上述用于描述各科旱生牧草的粗蛋白质含量，均为所处同一物候期的含有量，实际上旱生牧草的粗蛋白质含量是随时间和空间而变化的。在季节节律的变化上，无论是灌木、半灌木还是草本，其蛋白质含量均随月令的增长而逐渐减少，在各科的旱生牧草中，以禾本科牧草的变化幅度最为明显，干旱地区较湿润地区更为显著，如草原带针茅属的针茅（*Stipa capillata*），若抽穗期的粗蛋白质含量为100%，则开花和结实至干枯期分别下降27.1%、40.2%和67.88%。镰芒针茅（*Stipa caucasica*）在开花期粗蛋白质的含量为9.15%，结实后下降至5.43%，下降幅度为48.4%。生长于草甸地带的中生禾草如梯牧草（*Phleum pratense*）、草地早熟禾（*Poa pratensis*）、老芒麦（*Elymus sibiricus*）以抽穗期的粗蛋白质的含量为100%，则开花期粗蛋白质下降幅度分别为8.5%、10.9%和17.6%，结实期分别为40.6%、18.4%和38.5%。

（2）粗脂肪的含量。粗脂肪指旱生牧草样品中溶于乙醚的各种脂溶性脂肪成分，其中，包括脂肪和类脂物质。通常采用索氏脂肪提取器抽取植物和饲料样品中的粗脂肪。

粗脂肪在旱生牧草中与碳水化合物中的无氮浸出物功能相同，都是植物维持生命活动必需的贮藏食物，主要贮存于旱生牧草种子中。粗脂肪是家畜生长和修补体组织、供给体内能量、制造维生素和激素的重要营养原料。从旱生牧草不同科来看，含粗脂肪最高的是菊科（Asteraceae）植物，平均含量为 4.63%，其中蒿属（Artemisia）和亚菊属（Ajania）的旱生牧草可达 5.14%；其次为蔷薇科（Rosaceae）与莎草科（Cyperaceae）旱生牧草，分别为 3.57% 和 2.53%；藜科（Chenopodiaceae）中的一些盐柴类半灌木，如盐节木（Halocnemum strobilaceum）、盐穗木（Halostachys caspica）的脂肪含量也比较高，各为 4.58%、3.78% 和 3.70%；其余科的旱生牧草其含量一般也都在 1%~2%。

旱生牧草的粗脂肪含量，一般为 1.5%~4.5%，不同种旱生牧草间可相差几倍。但因其总含量较低，所以，单项粗脂肪含量指标，一般不被用作旱生牧草营养成分评价。同理，粗灰分、磷、钙的含量也较低，亦不被用作单项指标对旱生牧草进行营养评价。

（3）粗纤维的含量。粗纤维指旱生牧草样品在稀硫酸和稀氢氧化钠溶液中煮沸一定时间，再经乙醇处理，除去样品中的矿物质，剩余不溶解的残渣为粗纤维。其中，以纤维素为主，并有少量的半纤维素和木质素。在整个粗纤维分离过程中，硫酸水解掉样品中全部的淀粉、大部分半纤维素、部分蛋白质、碱性物质和生物碱；氢氧化钠水解掉样品中大部分蛋白质、脂肪、溶解未被硫酸水解的全部半纤维素和大量木质素；乙醇溶解掉样品中的树脂、单宁、色素及剩余的脂肪和蜡。

从家畜的营养角度来看，一般粗纤维并无多大营养价值，常被认为是影响牧草质量和饲用价值的一个因素。旱生牧草中粗纤维含量越多，其消化率越低，饲用价值也就越差。在家畜饲养中，特别是对草食家畜，一定比例的粗纤维含量也是保证其肠胃道正常消化所不可缺少的物质。

旱生牧草粗纤维的含量与其种性、发育阶段、着生生境的不同而有较大的差异。一般情况下，禾本科旱生牧草的粗纤维含量普遍较高，一般都在 30% 左右，尤以分布在山地草甸地带的鸭茅（Dactylis glomerata）、赖草（Leymus secalinus）和平原低地草甸中的芨芨草（Neotrinia splendens）和拂子茅属（Calamagrostis）的种类为最高。若将旱生牧草的粗纤维含量分为低纤维（10%~20% 及以下）、中纤维植物（20%~30%）和高纤维植物（30% 以上），则禾本科植物中多数种类属于高纤维植物。豆科植物除了一些木本植物的粗纤维含量较高外，草本植物的粗纤维含量一般不超过 30%，如车轴草属（Trifolium）、黄芪属（Astragalus）的植物，粗纤维含量只有 19.19% 和 18.46%，野豌豆属（Vicia）含量最高的也只不过 28.54%，基本属于一类低纤维植物。莎草科（Cyperaceae）、菊科（Asteraceae）、蔷薇科（Rosaceae）以及其他一些杂类草，粗纤维的含量也基本都属于低、中等。

旱生牧草的粗纤维含量随发育阶段而逐渐增高。在各科旱生牧草中，禾本科旱生随日龄的增长、株体粗老的程度，一般要比其他科草类显著，特别是针茅属的植物，若以在营养期粗纤维的含量为100%，则结实后增加26%，到枯黄期增加31%。另外，同一科或同一类群的植物，在同一生长阶段内因分布生境不同，粗纤维的含量也有较大的差异。

旱生牧草粗纤维素含量一般为25%～45%。评价指标为：粗纤维的含量<28%，为低粗纤维牧草；粗纤维含量29%～40%，为中粗纤维牧草；粗纤维含量>40%，为高粗纤维牧草。牧草粗纤维含量越低，则无氮浸出物含量越高，消化率越高，其旱生牧草品质优良。粗纤维含量越高，则无氮浸出物含量越低、消化率越低，旱生牧草品质越低下。旱生牧草的粗蛋白质和粗纤维含量，是评定旱生牧草营养价值的主要指标。

（4）无氮浸出物的含量。无氮浸出物指旱生牧草样品中一些易溶于水、容易被动物消化利用的碳水化合物——单糖、双糖和多糖，如糖、淀粉、半纤维素、某些纤维素和少量木质素。无氮浸出物的成分比较复杂，不容易分开，所以，在常规分析中一般不进行化学分析，而是采用扣除的方法计算无氮浸出物的含量，即旱生牧草样品质量（初重或风干重）减去水分、粗蛋白质、粗脂肪、粗纤维和粗灰分质量，剩余部分就是无氮浸出物的质量。可见，无氮浸出物含量的精确度和稳定性，与上述几种化学成分的分析误差有直接关系。

无氮浸出物是家畜的能量来源、脂肪形成和泌乳家畜的乳糖、乳脂合成的重要原料。在生产实际中，旱生牧草中的无氮浸出物含量多少，直接影响到家畜的生产性能。在旱区，旱生牧草无氮浸出物的含量一般可占到干物质的30%～55%，从各科旱生牧草植物的平均含量来看，蔷薇科的旱生牧草无氮浸出物含量为最高，可占到干物质的49.8%；其次是莎草科为48.00%；菊科为45.75%；禾本科为42.99%；豆科为39.35%；藜科含量最低为38.93%；其他杂类草如老鹳草属为48.52%；糙苏属为46.33%；沙拐枣属为50.39%；葱属为40.97%。

旱生牧草的无氮浸出物含量的多少除了受植物本身种性的影响，与着生地的水热条件有很大的关系。生长在干旱高温地带的旱生牧草，无氮浸出物的含量一般要比生长在湿润低温地带的植物要低；如在极为干旱的昆仑山山地，生长于荒漠地带的旱生牧草，其无氮浸出物的含量大多在41%以下；而生长在草原地带的旱生牧草平均含量可达到45%～46%，高者可达49%。

（5）灰分的含量。粗灰分指旱生牧草样品在马弗炉中以550～600℃的高温灼烧，样品中的有机物燃烧后逸失，剩余的无机物残渣称为粗灰分。粗灰分其实就是旱生牧草样品中的矿物质或无机盐。

旱生牧草灰分含有一系列矿物元素，它们参与动物机体内各种生命活动和组织的形成，是保证家畜正常生长发育、繁殖和经济性能发挥不可缺少的营养物质。旱生牧草植物中的灰分含量普遍较高，特别是生长于山地荒漠地带的一些盐生或耐盐植物，其灰分含量高达20%～35%。在各山地草原、草甸地带的旱生牧草，灰分含量一般也都在5%～10%。从各科来看，藜科旱生牧草的灰分含量为最高，平均含量为21.89%，菊科平均含量为8.31%，居于第二；蔷薇科灰分含量最低，平均为6.53%；禾本科、豆科、莎草科和一些草地上常见杂类草的灰分含量比较接近，平均含量均在7%左右。

（6）钙、磷、水分及其他含量。旱生牧草中的钙、磷对家畜的营养作用最大，需要量也最高。在家畜的骨骼中钙的比例可占到99%以上，磷为8.5%。因此，在测定养分含量时常常测定钙磷含量。矿物质是旱生牧草在光合作用中合成有机物的重要原料，旱生牧草中的矿物质主要有钾、钠、钙、镁、硅、硫、磷、铁及其他微量元素。目前已知有18种矿物质对家畜是需要的，其中需要量较大的常量元素有钠、氯、钙、磷、镁、钾和硫，需要量较少的微量元素有铬、钴、铜、氟、碘、铁、锰、钼、锌、硒和硅。在已经发现家畜微元素缺乏病的地区，有选择性地进行旱生牧草的微量元素含量测定、分析与评价，通常关注的旱生牧草的微量元素为铁（Fe）、锌（Zn）、钼（Mo）、铜（Cu）、硼（B）等。

水是一切动植物生命活动赖以生存的物质基础。在旱生牧草的光合作用中，水既是运输无机盐合成有机物的载体，也是旱生牧草植物体的重要成分。根据测定，主要栽培牧草羊草（*Leymus chinensis*）和无芒雀麦（*Bromus inermis*）的抽穗期至开花期，植物体内的含水量占60%～70%，干鲜比为（0.3～0.4）∶1；紫花苜蓿（*Medicago sativa*）的现蕾期至开花期，植物体内含水量占69%～77%，干鲜比为（0.23～0.3）∶1。测定旱生牧草样品中的含水量，是为了得到准确、恒重的干物质质量。干物质质量是计算各类化学成分含量的基础。旱生牧草中的水分有两种：自由水和吸附水。自然条件下，旱生牧草样品经过晾晒或阴干，失去的水分为自由水，称量恒重的植物和饲料样品为风干物质质量。在恒温箱 105℃温度下，旱生牧草样品被烘干，失去的水分包括自由水和吸附水，称量恒重的植物和饲料样品为绝对干物质质量。

3. 产量的评价

旱生牧草的价值与其品质和数量两个方面有关，一种旱生牧草虽有较高的营养价值和较好的适口性，但在产量很低，这会影响到它们的使用价值。在生产实际中，特别是栽培草地经营者对旱生牧草的数量可能要比质量更为重视，因此，产量作为评价旱生牧草经济价值的一个重要指标，对生产实践具有重要意义。

在数量众多的旱生牧草中，禾本科是重要大科，它的许多属如羊茅属、针茅属、冰草属、隐子草属、落草属、早熟禾属、鹅观草属、鸭茅属、雀麦属、看麦娘属、赖草属、披碱草属、芨芨草属、芦苇属都是草原、草甸草地中的重要旱生牧草。在山地荒漠草原、草原、草甸带，禾本科牧草在草群中所占比重，分别可占到以上三类草地草群平均产量的 58%、65.5% 和 41.5%。从产量的有效性来看，禾本科牧草的家畜可食率除了个别种如芨芨草（*Neotrinia splendens*）、芦苇（*Phragmites australis*）较低外，其他种类一般均可达到 70% 以上，是一类利用率较高的牧草。另外，禾本科牧草的产量也一般比较稳定。

豆科牧草从种类、数量来看，要高于禾本科，但它们在草地中除了个别种在平原低地盐生草甸中成为优势种，其余种在各类草地中一般都很少，几乎很少形成优势成分，在草地产量的构成中所占比例也很低。菊科是寒旱区的一个大科，本科中数量最多、饲用价值最高的要数蒿属、绢蒿属和与蒿类近似的亚菊属的植物，可以饲用的牧草就有几十种。在山地荒漠，以蒿类为优势组成的草地，一般均可占到草地产量的 60%~90% 甚至以上。无论从其数量还是质量来看，蒿类半灌木的经济利用价值均不低于禾本科草类。藜科中的盐柴类半灌木也是荒漠草地中的主要组成成分，虽然它们的饲用品质较差，但在干旱区特别是荒漠区的草群中的数量很大，同时它们的产量在年度之间也比较稳定，故此亦可算作一类饲用价值较大的牧草。莎草科的旱生牧草是高寒草甸的主要组成成分，在高寒草甸中其产量可占到草地产量的 50%~70%，在荒漠草原、草原、草甸地带也有着广泛的分布。从个体数量来看，在各类草地中均可成为优势种和主要伴生成分。但本类牧草的个体发育较小，单株产量低，故在草群中所占比例不高；在荒漠草原带，以苔草为优势组成的草地，其产量比重最高不超过30%，一般均在14%～18%。草原带更低，一般在7%～17%。

总之，禾本科、莎草科、菊科的蒿类半灌木，无论从数量还是质量来衡量，均属于经济利用价值较高的旱生牧草。豆科牧草虽然产量较低，但质量好，对丰富草地成分，提高草地质量有显著作用，亦属于利用价值较高的草类。藜科植物资源则比较差，但在荒漠区的数量很大，产量稳定，是防风治沙的优良资源。

4. 干草和青贮草的评定

旱生牧草的干草有优、中、劣之分。这与干草的种类、刈割时的成熟度、田间气候和刈割后的贮存方式有密切关系。旱生牧草在青鲜状态时，其适口性和营养价值都高于干草，但是，在一年四季中，家畜不可能都采食青鲜植物。我国北方旱区在放牧饲养下，一般冬春季节饲料明显短缺，干草主要用于补饲怀孕和产仔的母畜，以及抵御灾害天气的出现。围栏饲养下，干草是家畜一年四季中主要的饲料来源。因此，干草的优劣，不仅影响家畜的采食量，而且直接影响家畜的生长发育和生产性能。优质干草的适口性好，比劣质干草容易消化，通过家畜消化道的时间短，家畜采食量多。劣质干草适口性差，家畜不愿采食，即使因饥饿被迫采食一些，也因无法满足反刍家畜瘤胃微生物对各种营养物质的需要，使微生物活性降低，对植物纤维的消化能力下降，影响家畜正常的生长发育。

（1）优质干草的评定，分为以下几个方面。

种类方面。豆科的品质和饲用价值最高，禾本科植物次之。如果干草中以豆科植物为主，或豆科植物所占比例高，这种干草比单纯的禾本科干草品质好。

刈割时的成熟度。在旱生牧草生育期内，早期刈割的干草，粗蛋白质、矿物质和维生素的含量比较高，家畜采食后容易消化和吸收。结实期刈割的干草，茎叶中的营养成分已经向籽实中转移，营养成分含量减少，干草品质下降。

叶子保存状况。旱生牧草叶片比茎秆中所含的营养物质丰富，叶片比茎秆的饲用品质好。但是，刈割后，在干燥的过程中，叶片容易脱落，特别是豆科植物。如果刈割后干草叶子保存的比较多，即叶茎比高，表明这种干草的饲用品质好。

绿色度。干草的绿色程度与干草中营养物质保存的状况有密切关系。绿色程度高，表明干草中胡萝卜素和其他营养物质损失少，干草的品质好。

气味。优质旱生牧草干草有令人喜欢的芳香气味，劣质干草有令人讨厌的霉烂气味。

茎秆。优质旱生牧草干草茎秆细而柔韧，品质低下的干草茎秆粗硬、木质化程度高。其中旱生牧草的茎叶质地可采用感观测试方法，目测旱生牧草柔嫩或细软，结合下列标准确定质地级别：柔嫩（无刺无毛，手抓青草或干草时柔软而无扎手感觉，为茎叶细嫩柔软，为优等）、中等（感观测试居于上述二者中间者，为茎叶柔软一般，为中等）、粗硬（秆硬叶糙，植物体多被粗硬毛或具刺，手抓或触及时有扎手或刺痛感，用手折断其茎秆和枝叶时难度大，为茎叶质粗硬，为低等）。

异物。优质旱生牧草干草中不应当有异物存在，例如杂草，尤其是对家畜健康有影响的毒害草、枯草和灰尘等。

旱生牧草优质干草的评定如下。

优质干草的含水量在15%以下，粗蛋白质含量在20%以上，纤维素含量在30%以下，灰分含量在10%以下。这种旱生牧草具有口感细嫩，香味浓郁，营养丰富的特点。

中等的干草的含水量在18%以下，粗蛋白质含量在16%~20%，纤维素含量在30%~35%，灰分含量在10%~12%。这种旱生牧草相对于优质牧草而言，口感较为粗糙，含水量较高，但仍然具有一定营养价值。

低等的干草含水量在20%以上，粗蛋白质含量在16%以下，纤维素含量在35%以上，灰分含量在12%以上。这种旱生牧草性价比较高，但营养价值相对较低。

旱生牧草干草的质量分级主要依据其营养成分、颜色、气味、含叶量、含水量以及外观特征等因素进行综合评价，不同草种有质量评价和质量分级规范和标准。

（2）青贮草的评定。青贮饲料的品质指青贮饲料的颜色、气味和味道是否正常，对家畜的健康是否有影响。青贮才被定义为酸醛植物。它保存的植物营养物质介于鲜草和干草之间，青贮草中的水分含量和青贮设施内氧气含量是决定青贮饲料品质的重要因素。

根据青贮原料的含水量，通常分为普通青贮和半干青贮。普通青贮要求植物的含水量在60%～67%，半干青贮要求植物的含水量在40%～55%。刚刈割的豆科、禾本科和杂类草，一般含水量在75%～80%，晾晒萎蔫失水后，即可切碎青贮。优质青贮饲料的特征如下。

气味。优质青贮旱生牧草有一股清新的酸香味，劣质青贮饲料有一种腐败的臭味。

颜色。优质青贮旱生牧草外表上水分含量比较均匀，色泽为青绿色，中等为黄绿色、暗绿色、褐色，劣质青贮饲料颜色较暗，呈黑色或黑绿色。

味道。优质青贮旱生牧草味道清爽，不苦也不酸。

质地。优质青贮旱生牧草质地柔软，未腐败，不粘连，没有可见的霉菌。

适口性。优质青贮旱生牧草家畜乐于采食，对家畜生长发育、健康和生产性能无负面影响。

5. 生物学评价

生物学评价指通过动物消化试验或饲喂试验，对旱生牧草样品中营养物质的转化做出实际测定。生物学评价结果往往受家畜品种、生产潜力和饲养环境等多种因素影响，但是，可以把它看作是在特定条件下，旱生牧草样品饲用价值的一种现实的体现，例如，增重、产乳和产毛等。一些旱生牧草种质资源在开展引种驯化、新品种选育时是需要完成生物学评价的。常用的几种生物学评价方法如下。

（1）消化试验。指通过测定植物和饲料样品中各种营养成分在动物体内的消化率，求得可消化养分的含量。消化试验是评价植物和饲料品质及饲用价值常用的方法之一。

消化试验分体内消化试验和体外消化试验两种。体内消化试验又分为全收粪法、指示剂法和瘤胃瘘管尼龙袋法三种方法。体外消化试验指人工模拟瘤胃消化法。

第一种，全收粪法。动物试验期间，准确称量家畜食入的植物或饲料干物质和各种营养物质的质量，同时准确收集、称量家畜从粪便中排出的相应干物质和营养物质的质量。用此法求得的消化率称为表现消化率。

$$表现消化率（\%）=\frac{食入的饲料养分量-粪中的养分量}{食入的饲料养分量}\times100$$

试验程序：首先通过化学分析测定出植物或饲料样品中各种营养成分的百分含量。

预试期（7~10 d），给试验动物饲喂供试的植物或饲料样品，使动物以前采食的饲料残余物从消化道中全部排出。

试验期（7~10 d），准确称量试验动物每天食入的植物或饲料样品质量；全部收集、称量和分析动物粪便；测定食入的营养成分的数量和从粪便中排出的相应营养成分的数量之差，据此计算出每种营养成分的消化率或消化系数。

第二种，指示剂法（也称为稳定物质法）。分内源指示剂法和外源指示剂法两种。动物试验期间，不需要准确计量动物的采食量和排粪量，只取少量粪样进行分析。此法既减少了工作量，又简化了测试手续。其工作原理是：假设植物或饲料样品中某稳定物质通过动物消化道的绝对量不变，而从粪便中排出的某营养成分的量比植物或饲料样品中相应成分的量有所减少，以此推算出某营养成分的消化率。

过去在动物消化试验中曾经采用过的内源指示剂有 SiO_2、木质素、色母（Chromogen）和 AIA（盐酸不溶灰分），外源指示剂有 Fe_2O_3、$BaCO_3$、Ti_2O_3 和 Cr_2O_3。试验结果表明，AIA 和 Cr_2O_3 两种指示剂的效果比较好，其他指示剂已逐渐被淘汰。

采用 Cr_2O_3 作外源指示剂，可以比较准确地测定植物和饲料样品中的总能量、干物质和有机物的消化率。但是，当植物和饲料样品中粗蛋白质、粗脂肪、粗纤维和无氮浸出物的含量比较低时，则不能准确测定其消化率。

采用 AIA 作内源指示剂，当植物和饲料样品中 AIA 含量高，而且分布均匀时，则测定出的消化率误差比较小。

举例说明如下：以某种植物或饲料中干物质（100%）的消化率为例，据测定植物或饲料中某稳定物质的含量为 1.0%，而粪便干物质中某稳定物质的含量为 2.5%，那么，该植物或饲料干物质的消化率按下式计算：

$$干物质消化率 = 100\% - \frac{\frac{1}{100}}{\frac{2.5}{100}}\% = 100\% - 40\% = 60\%$$

同理，植物和饲料中某营养成分的消化率可按下式算出：

$$某营养成分消化率 = \frac{\dfrac{a}{c} - \dfrac{b}{d}}{\dfrac{a}{c}} \times 100\%$$

$$或某营养成分消化率 = 100 - 100 \times \frac{b \times c}{a \times d}$$

式中：a——饲料中某营养成分的百分含量，%；

　　　b——粪便中某营养成分的百分含量，%；

　　　c——饲料中指示剂的百分含量，%；

　　　d——粪便中指示剂的百分含量，%。

第三种，瘤胃瘘管尼龙袋法。首先要有已做过瘤胃瘘管手术的反刍类试验动物（牛或羊），并使动物体外瘤胃部位有一个可以随时开闭的活口。将供试验的植物或饲料样品称重后装入特制的尼龙袋内扎口，从试验动物瘘管口放入瘤胃内消化。根据试验设计的要求，定时从瘤胃内取出装有植物或饲料样品的尼龙袋，用清水冲洗干净已被动物消化的部分，烘干、称重、进行化学分析。最后计算出植物或饲料样品中干物质消化率及各种营养成分消化率。

由于植物或饲料样品仅在动物瘤胃内受到各种细菌和原生动物的降解，没有通过含有各种消化腺体的皱胃和整个消化道接受各种消化酶的分解，所以此法测得的消化率通常称为初始消化率。

第四种，体外消化试验法。指利用反刍类动物（牛、羊、骆驼）的瘤胃液，在动物体外做人工模拟瘤胃消化试验。主要试验程序如下。

从反刍动物瘤胃内容物中分离、提取瘤胃液。

将定量的瘤胃液加入供试验的植物或饲料样品中、置于恒温的电热水浴锅内，模拟瘤胃工作环境，消化植物或饲料样品；根据试验设计，定时从水浴锅内取出装有植物或饲料样品的玻璃容器，用离心机分离出未被消化的残余物；化学分析未被消化的残余物；计算植物或饲料样品的消化率。

从本质上讲，体外消化试验与瘤胃尼龙袋法是相同的，即植物或饲料样品只经过瘤胃微生物的分解、没有通过皱胃和整个消化道接受各种消化酶的分解，所以利用体外消化试验测得的消化率也被视为初始消化率。

总之，消化试验评价的重点是为了评价旱生牧草的饲用品质，通过消化试验把动物粪便中残存的各种营养成分全部分析一遍，不仅费时费力，而且没有必要。在生产实践中，通常把测评的重点放在旱生牧草的干物质消化率、粗蛋白质消化率和粗纤维消化率三项指标上。

关于粗纤维的定量分析问题，简要介绍如下。

粗纤维是草食家畜日粮的主要成分，采食量较多，并且是家畜主要的能量来源之一。把粗纤维消化率的高低作为衡量植物和饲料品质优劣的一项重要指标无可非议，但是传统的粗纤维素测定方法存在着明显的缺点，就是它所测定的结果是一个复合物，不仅未把半纤维素、纤维素和木质素各组分分开，而且，粗纤维的定量分析结果也不够准确。在粗纤维的含量中，包括部分半纤维素、纤维素和木质素，植物和饲料样品中还有部分半纤维素、纤维素和木质素已经被酸、碱溶液溶解，计量到无氮浸出物中。

范氏（Van Soest）提出的中性洗涤纤维（NDF）和酸性洗涤纤维（ADF）测定方法，克服了传统的粗纤维测定方法存在的缺点，不仅能把植物和饲料样品中的半纤维素、纤维素和木质素各组分分开，而且，能获得比较准确的定量分析结果，这对传统的粗纤维测定方法无疑是一个重大的改进。

其工作原理是植物性饲料经中性洗涤剂（3%十二烷基硫酸钠）分解，大部分细胞内容物溶解于洗涤剂中，其中包括脂肪、糖、淀粉和蛋白质，统称为中性洗涤剂溶解物（NDS），而不溶解的残渣为中性洗涤纤维（NDF），主要是细胞壁部分，如半纤维素、纤维素、木质素、硅酸盐和极少量的蛋白质。

酸性洗涤剂（2%十六烷三甲基溴化铵）可将中性洗涤纤维（NDF）中各组分进一步分解。植物性饲料可溶于酸性洗涤剂的部分称为酸性洗涤剂溶解物（ADS），主要有中性洗涤剂溶解物（NDS）和半纤维素，剩余的残渣为酸性洗涤纤维（ADF），其中有纤维素、木质素和硅酸盐。此外，由中性洗涤纤维（NDF）与酸性洗涤纤维（ADF）值之差，就可以得到饲料中半纤维素的含量。

酸性洗涤纤维（ADF）经过72%硫酸的消化，纤维素被溶解，残渣为木质素和硅酸盐。从酸性洗涤纤维（ADF）值减去经72%硫酸消化后的残渣，其结果为饲料中的纤维素含量。

将经过72%硫酸消化后的残渣灰化，灰分为饲料中的硅酸盐含量。从灰分中逸失的部分为酸性洗涤木质素（ADL）含量。

（2）饲喂试验。饲喂试验指把品种、性别、年龄和体重等方面相同或相近的试验动物分成处理组和对照组，处理组动物饲喂供试验的植物或饲料样品，对照组动物饲喂平时供给的基础日粮，经过预试期和试验期，运用对比法比较两组试验动物在生产性能方面的差异。

饲喂试验是评定植物和饲料品质、饲用价值，探讨家畜对各种营养物质的需要，比较饲养方式优劣的最可靠的方法。

为了保证试验结果的可靠性，试验过程中应注意以下几点。

首先，明确试验目的。增重、产奶或产毛。

其次，尽量消除人为因素可能引起的误差。处理组和对照组的试验动物，除饲喂不同的植物或饲料成分外，其他试验条件应当相同。

最后，要进行详细记录，记录每天的饲料消耗，定期称重。

总之，开展草类植物资源的评价，要根据对资源的利用方式进行品质优劣分级或分等，同时制定出一套比较科学的、可操作的定性和定量标准。无论哪一种评价方法，从哪些方面、利用哪些指标进行评价和分级，都有一个共同的目标，就是希望能够比较准确地掌握各种旱生牧草资源潜在的价值。

6. 利用性能的评价

旱生牧草利用性能主要是针对家畜利用而言，放牧或割草地性能越好，其利用价值越高。利用性能主要从下述几个方面进行评价。

第一，旱生牧草秋季枯黄后，立枯保存率的高低。枯草保存率越高，则损失越小。

第二，旱生牧草耐牧性的高低。牧草耐牲畜践踏性能的高低，放牧或割草后再生能力的高低。一般密丛性禾草优于疏丛性禾草，禾草优于阔叶杂类草。

第三，旱生牧草刈割后保存率的高低。阔叶性杂类草刈割后，叶量损失很大。

第四，旱生牧草适宜利用时间的长短。有些旱生牧草青绿时有异味不宜利用，有些旱生牧草结实后或枯黄后迅速老化，茎秆粗硬而不能利用。适宜利用时间越长的旱生牧草，其利用性能越好。

草地牧草利用性能划分为优、良、中、低、劣 5 等。

优等牧草：各种家畜首先从草群中择食；营养价值高，干物质中粗蛋白质含量＞10%，粗纤维量＜30%；草质柔软，耐牧性好，冷季保存率高。

良等牧草：各种家畜喜食，但不挑食；干物质中粗蛋白质含量＞8%，粗纤维含量＜35%；耐牧性好，冷季保存率高。

中等牧草：各种家畜均采食，但喜食程度不及优等和良等牧草，枯黄后草质迅速变粗硬或青绿期有异味；干物质中粗蛋白质含量<10%；粗纤维>30%；耐牧性良好。

低等牧草：大多数家畜不愿采食，仅耐粗饲的山羊、骆驼喜食，或草群中优良牧草已被采食完后才被采食；干物质中粗蛋白质含量<8%，粗纤维含量>35%；耐牧性差，冷季保存率低。

劣等牧草：家畜不愿采食或很少采食，或只在饥饿程度很重的情况下采食，或某个季节有轻微毒害作用，仅在特定季节少量采食；耐牧性差，营养物质含量与中、低等牧草无明显差异。

7. 抗性评价

旱生牧种质资源抗性评价包括抗旱性、抗寒性、耐盐性和耐热性等。不同旱生牧草对逆境的适应力不同，抗性评价就是对不同旱生牧草种（或品种）对逆境的不同反应程度，从而筛选出抗逆性强的品种。一般采用在自然条件下的田间鉴定或在人工模拟逆境的控制条件下鉴定，并结合盆栽试验处理与实验室生理生化指标测定相结合的方法进行抗逆性评价。

第五章　旱生牧草种子的采集与贮藏

旱生牧草最大的优点是能抵抗当地不良的气候与土壤条件，如抗寒、抗旱、抗风沙、耐盐碱、耐贫瘠土壤等，有很强的适应性。但旱生牧草的许多野生性状却不利于引种栽培，例如，开花期、成熟期不一致，种子容易落粒，休眠期长，豆科（Fabaceae）牧草种子硬实率高，出苗不整齐，植株匍匐、茎叶粗硬或具茸毛，植株多刺等。在自然条件下这些性状对旱生种的生存有重要意义，是干旱、半干旱区长期自然选择的结果，但这些性状却不利于人类对旱生牧草栽培和利用的要求。旱生牧草的引种驯化，就是要通过种子采集、种子贮藏、引种栽培和人工选择改善其不良的性状，以满足栽培利用和育种的要求。

第一节　旱生牧草的种子采集技术

1. 标本的采集与制作

植物标本包含着一个物种的大量信息，诸如形态特征、地理分布、生态环境和物候期等，是植物资源调查、开发利用和保护的重要资料。为有效地识别旱生牧草及其种子，进行植物标本的采集和制作是很有必要的。植物标本因保存方式的不同可分许多种，有蜡叶标本、液浸标本、浇制标本、玻片标本、果实和种子标本等。本书介绍最常用的蜡叶标本的制作方法。

将植物全株或部分（通常带有花或果等繁殖器官）干燥后装订在台纸上予以永久保存的标本称为蜡叶标本。一份合格的标本应该是：①种子植物标本要带有花或果（种子），蕨类植物要有孢子囊群，苔藓植物要有孢蒴，以及其他有重要形态鉴别特征的部分。②标本上挂有号牌，号牌上写明采集人、采集号码、采集地点和采集时间4项内容，据此可以按号码查到采集记录。③附有一份详细的采集记录，记录内容包括采集日期、地点、生境、性状等，并有与号牌相对应的采集人和采集号。

（1）标本采集用具，品类和使用说明如下。

标本夹：是压制标本的主要用具之一（图2）。它的作用是将吸湿草纸和标本置于其内压紧，使花叶不致皱缩凋落，而使枝叶平坦，容易装订于台纸上。标本夹用坚韧的木材为材料，一般长约43 cm，宽30 cm，以宽3 cm，厚5～7 mm的小木条，横直每隔3～4 cm，用小钉钉牢，四周用较厚的木条（约2 cm）嵌实。

枝剪或剪刀：用于剪断木本或有刺植物。

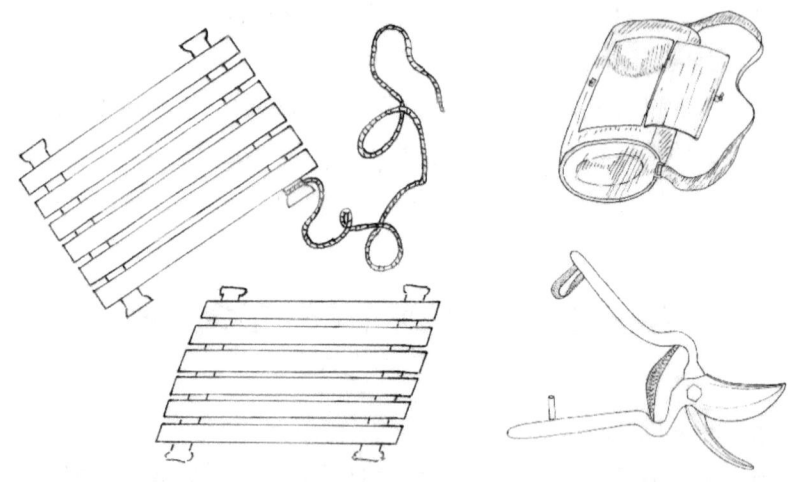

图2 植物标本夹、采集箱和枝剪

高枝剪：用以采集徒手不能采集到的乔木上的枝条或陡险处的植物。

采集箱、采集袋或背篓：用以临时收藏采集品。

小锄头：用来挖掘草本及矮小植物的地下部分。

吸湿草纸：普通草纸。用来吸收水分，使标本易干。其大小，长约42 cm，宽约29 cm。

记录簿、号牌：用于野外记录用。

便携式植物标本干燥器：用以烘干标本，代替频繁的换吸水纸。

其他，海拔仪、全球定位系统（GPS）、照相机、钢卷尺、放大镜、铅笔、高枝剪等用品。

（2）标本的采集。应选择以最小的面积，且能表示最完整的部分，即选取有代表性特征的植物体各部分器官，一般除采枝叶外，最好采带花或果的部分。如果有用部分是根和地下茎或树皮，也必须同时选取少许压制。每种植物要采2至多个复份。要用枝剪来取标本，不能用手折，因为手折容易伤植物，摘下来的部分压成标本也不美观。采集要有代表性，要采集在正常环境下生长的健壮植物，不采变态的、有病的植株，要采能代表植物特点的典型枝，不采徒长枝、萌芽枝、密集枝等。不同的植物标本应选取不同的采集方法。

草本及矮小灌木：要采取地下部分如根茎、匍匐枝、块茎、块根或根系等，以及开花或结果的全株。

藤本植物：剪取中间一段，在剪取时应注意表示它的藤本性状。

寄生植物：须连同寄主一起采压。并且寄主的种类、形态、同被采的寄生植物的关系等要记录在采集记录本上。

（3）野外记录。在野外采集时只能采集整个植物体的一部分，而且有不少植物压制后与原来的颜色，气味等差别很大。如果所采回的标本没有详细记录，日后记忆模糊，就不可能对这一种植物完全了解，鉴定植物时会发生更大的困难。因此，记录工作在野外采集是极重要的，而且采集和记录的工作是紧密联系的。所以，到野外前必须准备足够的采集记录纸（格式见表1），随采随记。一般记录的内容：一是在野外能看得见，而在制成标本后无法带回的内容，二是标本压干后会消失或改变的特征。例如：有关植物的产地、生长环境，习性，叶、花、果的颜色、有无香气和乳汁，采集日期以及采集人和采集号等必须记录。记录时应该注意观察，在同一株植物上往往有两种叶形，如果采集时只能采到一种叶形的话，那么就要靠记录工作来帮助了。此外如禾本科（Poaceae）植物像芦苇（*Phragmites australis*）等高大的多年生草本植物，采集时只能采到其中的一部分。因此，必须将它们的高度，地上及地下茎的节的数目，颜色记录下来。这样采回来的标本对植物分类工作者才有价值。常用的野外采集记录表（表3）介绍如下。

表 3 旱生牧草标本采集记录表

采集日期：				
产地：	省	县（市）		
生境：		海拔：		m
习性：				
体高：	m	胸径：		cm
叶：		树皮：		
花：				
果实：				
附记：				
科名：	种名：			
种学名：				
采集者：	采集号：			

采集标本时参考以上采集记录的格式逐项填好后，必须立即用带有采集号的小标签挂在植物标本上，同时要注意检查采集记录表上的采集号数与小标签上的号数是否相符。同一采集人采集号要连续不重复，同种植物的复份标本要编同一号，记录上是否是所采的复份标本。

（4）标本的压制。

整形：对采到的标本根据有代表性、面积要小的原则作适当的修理和整枝，剪去多余密迭的枝叶，以免遮盖花果，影响观察。如果叶片太大不能在夹板上压制，可沿着中脉的一侧剪去全叶的40%。保留叶尖，若是羽状复叶，可以将叶轴一侧的小叶剪短，保留小叶的基部以及小叶片的着生部位，保留羽状复叶的顶端小叶。对肉质植物如景天科（Crassulaceae）、天南星科（Araceae）、仙人掌科（Cactaceae）等先用开水杀死。对球茎、块茎、鳞茎等除用开水杀死外，还要切除一半，再压制。加速干燥。

压制：整形、修饰过的标本及时挂上小标签，将有绳子的一块木夹板做底板，上置吸湿草纸4～5张。然后将标本逐个与吸湿纸相互间隔，平铺在平板上，铺时须将标本的首尾不时调换位置，在一张吸湿纸上放一种或同一种植物，若枝叶拥挤、卷曲时要拉开伸展，叶要正反面都有，过长的草本或藤本植物可作"N""V""W"形的弯折（图3），最后将另一块木夹板盖上，用绳子缚紧。

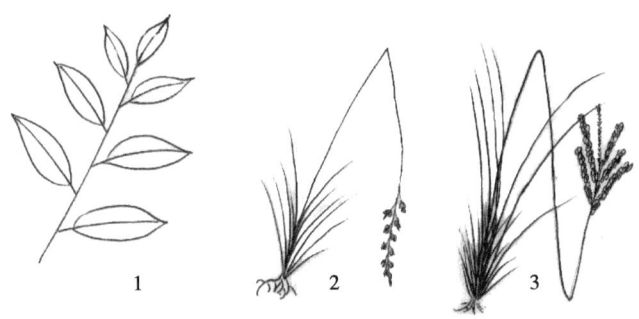

图 3　植物标本的形状（1、"I"形，2、"V"形，3、"N"形）

换纸干燥：标本压制头两天要勤换吸湿草纸。每天早晚两次换出的湿纸应晒干或烘干，是否勤换纸和干燥，与压制标本的质量关系很大。要特别注意，如果两天内不换干纸，标本颜色转暗，花、果及叶脱落，甚至发霉腐烂。标本在第二、第三次换纸时，对标本要注意整形，枝叶展开，不使其折皱。易脱落的果实、种子和花，要用小纸袋装好，放在标本旁边，以免翻压时丢失。

标本临时保存。标本干后，如不马上上台纸，可留在吸水纸上保存较长时间。如吸水纸不够用，也可从吸水纸中取出，夹在旧报纸内暂时保存。

（5）标本的杀虫与灭菌。为防止害虫蛀食标本，必须进行消毒，通常用升汞（即氯化汞（$HgCl_2$），有剧毒，操作时需特别小心）配制0.5%的酒精溶液，倾入平底盆内，将标本浸入溶液处理1～2 min，再拿出夹入吸湿草纸内干燥。此外，也可用敌敌畏、二硫化碳或其他药剂熏蒸消毒杀虫。

在保存过程中会发生虫害，如标本室不够干燥还会发霉，因此必须经常检查。

隔绝虫源。包括门、窗安装纱网；标本柜的门要紧密关闭；新标本或借出归还的标本入柜前应严格消毒杀虫。

环境条件的控制。标本室的温度应保持在20～23℃，湿度在40%～60%；内部环境应保持干净。

定期熏蒸。每隔2～3年或在发现虫害时，采用药物熏蒸的办法灭虫，常用药品有甲基溴、磷化氢、磷化铝、环氧乙烷等。但这些药品均有很强的毒性，应请专业人员操作或在其指导下进行。在标本柜内放置樟脑能有效地防止标本的虫害。

（6）标本的装订。把干燥的标本放在台纸上（一般用 250 g 或 350 g 白板纸），台纸大小通常为 42 cm×29 cm。但市场上纸张规格为 109 cm×78 cm，可裁 8 开，大小为 39 cm×27 cm，也同样可用。一张台纸上只能订一种植物标本，标本的大小、形状要适当地修剪并且要安排好位置，然后用棉线或纸条订好，也可用胶水粘贴。在台纸的右下角和右上角要留出空白，以分别贴上鉴定标签和野外采集记录。脱落的花、果、叶等，装入小纸袋，粘贴于台纸上。

（7）标本的保存。装订好的标本，经定名后，都应放入标本柜中保存，标本柜应有专门的标本室放置，注意干燥、防蛀（放入樟脑丸等除虫剂）。标本室中的标本应按一定的顺序排列，科通常按分类系统排列，也有按地区排列或按科名拉丁字母的顺序排列；属、种一般按学名的拉丁字母顺序排列。

2. 旱生牧草种子成熟度的识别

种子的采收与保藏是一项技术性较强的工作；采收时种类的确认、采收的时间、采收的方法与采收后种子的贮藏等作业必须在专业技术人员的指导下进行，以保证高效率高质量地完成种子的采收和贮藏任务。在种子的采收和贮藏过程中应注意两个问题，即种子的成熟期和种子干燥过程中种子水分的确定。

种子的成熟期是按其外部形态性的变化划分的。不同的植物种子成熟阶段及外部特征差异很大，而且种子成熟的程度也不一致。在确定种子的成熟期是否已达到某个阶段，应以植物大部分种子的成熟度为标准。以禾本科植物和豆科植物为代表，将种子成熟物候期的划分与判定描述如下。

（1）禾本科牧草种子。

乳熟期。这个时期的种子（颖果）为绿色，内外稃呈绿色，种子的内部被白色乳状汁液所充盈。此时种子体积已达最大限度，含水量较高，少数种子具发芽能力，但种苗生长不正常。

蜡熟期。禾本科牧草种子成熟的第二个阶段。颖片和内稃开始退绿，颖果已显现出本种的特有色泽，内含蜡物质，用指甲压时易破碎，养分积累趋向缓慢。蜡熟后期种子逐渐硬化，稃片呈固有色泽。

完熟期。禾本科牧草种子成熟的最后阶段。这时颖果干燥强韧，体积缩小，内含物呈粉质和角质状，指甲不易使其破碎，稃片呈固有色泽。大多数禾本科牧草种子开始或已经落粒。

（2）豆科牧草种子。

绿熟期。荚果和种子均呈鲜绿色，种子体积基本长足，含水量高，指甲压时容易挤破。

黄熟前期。荚果转为黄绿色，种皮呈绿色，比较硬，但容易用指甲刻破，种子体积达最大。

黄熟后期。荚果退绿，种子呈固有色，种子体积缩小，不易用指甲刻破。

完熟期。荚果干缩，呈固有色泽，种子变硬。

就种子的活力水平来说，成熟度越高活力水平越高，而种子活力水平最高的时期则不同于种子成熟阶段的完熟期。多数禾本科牧草种子在完熟后的持留性差，落粒性强。豆科植物种子进入完熟期后有荚果脱落和裂荚现象。因此，对落粒强的禾本科植物和裂荚落果的豆科植物来说，不仅要了解和掌握采收种子的落粒特性，而且要正确判断种子的成熟期，进行适时收获。尽管完熟期的种子成熟度最高、活力最强，但由于其落粒和裂荚等原因，此期收获会出现收获量小或根本收不到种子的情况。具体采收时间和采收物候期见分种采集。

3. 适时采种

适时采种是采种工作的重要环节。采种前要对植物种子成熟期进行调查了解。当然同一种植物，由于生长环境不同，其成熟期也不一致，种子的质量也有差异。例如，生长在肥沃土壤的牧草种类比生长在瘠薄土壤的牧草种类，长得要健壮、旺盛，结实性好，种子饱满，品质优良，而种子的成熟期也晚些。在少雨的年份，种子可提早成熟，但空粒、秕粒增多，生活力减弱；雨水多的年份，尤其在种子成熟前，阴雨天过多，种子成熟期要推迟。很多旱生牧草种子，在种子成熟季节，遇上多雨天气，种子不但晚熟，而且还容易霉烂，甚至有的就在植株上发了芽。

很多旱生牧草种子，成熟后种子的落粒性很强，加上草原地区风大，在自然条件下很容易脱落。采集这些很容易脱落的种子要在种子脱落前或果实开裂前及时采集。有些牧草花序为无限花序，种子成熟期不一致，可以重复采收。还有一些旱生牧草种子可宿存到翌年春天而不脱落，但前提是草食动物不会采食其植株，否则也要在成熟后及时采集。集中分布区可以用镰刀收割整株，零星分布的可剪取果穗。

4. 采种工具

为提高采种效率和保证安全生产，应准备轻便实用、携带方便的采种用具。一般手工采种时，可准备帆布手套、镰刀、枝剪、手剪（用于剪理灌木的枝条）。对于含有密集多刺果实的灌木，如沙棘（*Hippophae rhamnoides*）、柠条（*Caragana korshinskii*）等可连枝剪下，再收摘果实。此外还应准备不同规格的纸袋、布袋、塑料袋、标签以及运输工具等。

第二节　旱生牧草的种子处理与贮藏

1. 种子干燥技术

旱生牧草种子干燥是通过干燥介质（空气）给种子加热，使种子内部水分不断向表面扩散和表面水分不断蒸发的过程。种子是活的有机体，又是一个具有吸湿性和散湿性的凝胶，在潮湿环境中能吸收水汽，在高温干燥的环境中能散出水汽。但种子的这种吸湿和散湿是在一定的空气条件下进行的，当空气中相对湿度较高，且其蒸汽压力超过种子内部含水量的蒸汽压时，种子中的水分不但不易转化为水汽排出，甚至从空气中吸收水分，直到种子所含水分的蒸汽压与该条件下空气相对湿度所产生的蒸汽压达到平衡时，种子水分才不再增加。反之，当空气中的相对湿度较低时，其产生的蒸汽压低于种子内水分所产生的蒸汽压，种子就开始向空气中蒸发散失水分，直到种子内水分产生的蒸汽压与该条件下空气相对湿度所产生的蒸汽压达到平衡时，种子水分才不再降低。处在空气中的种子，其水分与空气相对湿度所产生的蒸汽压相等时，种子水分不发生增减，不能起到干燥的作用。因此，不管用何种干燥方法，只有种子水汽压超过空气中的水汽压，种子才能失水，才能达到干燥的目的。而且这种水分蒸汽压的差异越大，种子干燥的速度越快。

影响种子干燥速度的因素取决于空气温度、相对湿度、空气流速和种子本身的生理状态和化学成分。

（1）温度。空气温度是影响旱生牧草种子干燥的主要因素之一，温度高，首先能降低空气相对湿度、增加空气接受水分的能力。其次，种子水分很容易由液态水转化为气态水散失到空气当中。相对湿度相同时，温度越高，种子干燥的潜力越大，干燥速度越快。反之，温度越低，干燥的潜力越小，干燥速度越慢。因此，应避免在气温较低的情况下对种子进行干燥。

（2）相对湿度。在温度保持不变的情况下，环境的空气相对湿度决定了种子的干燥速度和失水量。对含水量一定的种子，若空气的相对湿度越低，其产生的蒸气压与种子内水分所产生的蒸气压的压差越大，种子的干燥速度和失水量就越大；反之，种子的干燥速度和失水量则越小。同时，空气的相对湿度还决定了种子干燥后的最终含水量。

（3）空气流速。种子干燥过程中，在种子表面吸附着浮游状水汽膜层，阻止了种子表面水分的蒸发。所以，必须用流动的空气将这些水汽带走，促使种子表面水分的继续蒸发。空气流通速度越快，从种子中散出的水汽就越容易被带走，种子内外的蒸气压差增大，加速了种子的干燥。

（4）种子本身的生理状态和化学成分。旱生牧草种子的生理状态、化学成分对种子的干燥有很大影响。

总之，种子干燥时，温度越高，空气相对湿度越低，空气流动速度越快，种子传湿力越强时，干燥效果越好；反之，干燥效果越差。但是，种子干燥必须在确保不影响种子活力的前提下进行，否则，即使种子达到极度干燥也没有意义。

2. 种子干燥的方法

旱生牧草种子干燥的方法有自然干燥。旱生牧草种子的自然干燥是利用日光曝晒、阴干、通风等方法来降低种子的含水量，使其达到或接近种子安全贮藏水分标准。它是目前普遍采用的节约能源、廉价安全的种子干燥方法。但这种方法的干燥时间较长，且受外界温度、大气湿度和空气流速等因素的影响较大，在我国北方夏秋高温干燥季节经常采用。自然干燥又分脱粒前自然干燥和脱粒后自然干燥。

（1）脱粒前自然干燥。脱粒前的种子干燥既可以在田间进行，也可以在晒场上进行。人工刈割收获种子时，常常将旱生牧草刈割后捆成草束，种子留在植株上在田间自然干燥。但是为了减少种子脱落损失，加快干燥速度和防止产生霉烂，一般将草束运至晒场，垛成"人"字形或架在晒架上，进行暴晒或自然风干。也可将其均匀打开摊晒在晒场上，在阳光下暴晒。晾晒时，草层厚度5～10 cm，每日翻动数次，以加速其干燥过程。干燥一段时间后，即可进行脱粒。

（2）脱粒后自然干燥。刚脱粒收获的旱生牧草种子含水量一般都较高，应进行曝晒或摊晾，以达到贮藏所要求的含水量。

晒种的晾晒场地有土晒场和水泥晒场，由于水泥晒场的场面干燥、温度容易升高，种子的干燥速度快，且容易清理，因此一般以水泥晒场为好。晒场中间要建成中间高两边低的鱼脊形，四周设排水沟，以利排除雨水。

晒种时，为了使上下层曝晒均匀，种子要薄摊勤翻，且厚度不宜过厚。一般小粒种子厚度不超过5 cm，中粒种子不超过10 cm，大粒种子不超过15 cm。为了增加水分蒸发面积，种子在晒场上应摊成波浪形，每小时翻动一次，中午高温期间，应增加翻动次数，干燥效果更好。

第三节　旱生牧草种子清选

1. 旱生牧草种子清选的意义

新收获的旱生牧草种子，常混杂一些植株碎片、稃壳、土块、砂石、虫尸、鼠虫粪便、杂草种子等杂质以及一些不能作为播种材料的废种子，如无种胚的种子、压碎、压扁的种子、发了芽的种子、病害种子等。这些混杂物的存在，严重影响旱生牧草种子的质量。因此，旱生牧草种子在入库之前必须进行仔细的清选。通过清选，可以大大提高种子的纯净度和利用价值，有利于种子包装、安全贮藏。

2. 种子清选方法

旱生牧草种子清选就是根据种子大小、比重、空气动力学特性、种子表面特征、种子颜色、静电性等特性与混杂物物理特性的差异将种子与杂质进行分离，以清除杂物。

（1）根据种子大小进行分离。旱生牧草种子的大小以其长度、宽度和厚度的不同，有扁长形、圆柱形、扁圆形和球形四种情况。根据种子的大小，可用不同形状和规格的筛孔，把种子与混杂物分离开，也可以将长短和大小不同的本品种种子进行分级。

按宽度分离种子。按宽度分离种子选用圆孔筛（图4），筛孔稍大于种子横切面直径,而小于种子长度,种子在直立状态下才能通过。这样,宽度小于筛孔直径的种子能通过筛孔,大型杂质和宽度大于筛孔直径的种子则不能通过,留在筛面上,从而使种子与杂物分开。

按厚度分离种子。按厚度分离种子一般采用长孔筛(图5),筛孔长度大大超过种子长度(大2倍左右),而孔径宽度小于种子宽度,所以只有筛孔的宽度起限制作用。厚度适宜的种子可通过筛孔,厚度大于筛孔宽度的种子和较大的杂质则不能通过。这种筛子工作时,只需使种子侧立,不需竖起,种子作平移运动即可,可用于不同饱满度种子的分离。

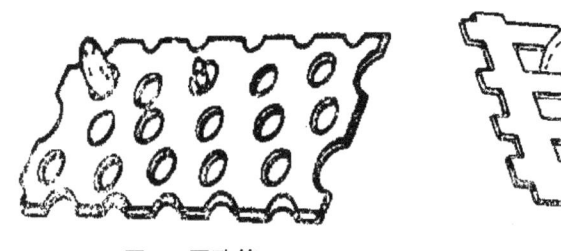 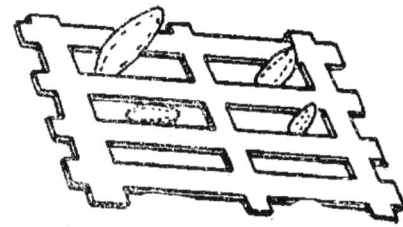

图4 圆孔筛　　　　　　　　图5 长孔筛

(2)根据空气动力学原理进行分离。处在气流中的种子或杂物,除受自身的重力作用外,还承受气流的作用力。比重、大小不同的种子或杂质对气流产生的阻力不同,重力大而迎风面小的种子,对气流产生的阻力就小,反之则大。这样在气流的作用下,重力不同的种子、杂质将依次分开。因此,可在自然风速中等的时间在干净的场地,利用自然风进行种子的清选。

第四节　旱生牧草种子包装

1. 包装容器和包装材料的种类、性质及选择

经干燥、清选和质量分级后的种子,为了便于检查、贮藏、运输和销售,防止混杂、受潮、感染病虫害,减缓种子老化,必须进行包装。包装可用麻袋、棉布袋、纸袋或薄膜(塑料或金属箔)袋或各种材料制成的容器。麻袋强度好,透湿容易,可重复使用,适宜大量旱生牧草种子的包装,但防湿、防虫和防鼠性能差。

金属罐若封口严密，可以绝对防止旱生牧草种子受潮，其隔绝气体、防光、防水淹、防虫和防鼠性能好，并适于高速自动包装和封口，是较适合少量种子包装的容器。

聚乙烯和聚氯乙烯为多孔型塑料，不能完全防潮，干燥种子装入这种材料制成的包装袋和容器中，会慢慢吸湿。

聚酯薄膜是透明、柔韧、可热塑的材料，透气性很差，具有很大的抗张强度，不会随时间的延长而老化变脆，其叠层制品适用于大多数软性包装材料。

包装容器和包装材料，因包装种子的种类和数量、等级、包装的形式、贮藏年限、贮藏温度、贮藏场所的相对湿度以及所包装的种子运输方式或销售地区的不同而异。旱生牧草种子的包装容器，应该由具有足够抗张力、抗破力和抗撕力的材料制成，能耐受正常的装卸操作，且干燥、清洁。

在低温干燥条件下，用多孔纸袋或针织袋贮藏旱生牧草种子，可保持种子的生活力。长期贮藏或在潮湿地区贮藏的种子，应包装在防潮密闭的容器中，以保持种子的生活力。常用的抗湿材料有聚乙烯薄膜、聚脂薄膜、聚乙烯化合物薄膜、玻璃纸、铝箔等，这些材料可与麻布、棉布、纸等制成叠层材料，防止水分进入包装容器。但由于高水分旱生牧草种子在密闭容器里，由于呼吸作用很快耗尽氧气而累积二氧化碳，导致无氧呼吸而中毒死亡。因此，防湿密闭包装的种子必须干燥到安全包装的含水量，才能达到保持种子较高活力的目的。早熟禾（*Poa annua*）、羊茅（*Festuca ovina*）、剪股颖（*Agrostis clavata*）等几种旱生牧草种子封入密闭容器的上限含水量为9.0%，黑麦草（*Lolium perenne*）、紫羊茅（*Festuca rubra*）、三叶草（*Trifolium repens*）为8.0%。

2. 包装方法和定量

旱生牧草种子包装主要包括种子从散装仓库运送到加料箱、称量、装袋（或装入容器）、封口（或缝口）、贴或挂标签等一系列过程。

（1）种子装入容器。种子包装可用手工装入容器。装入一定数量的种子后，最后完成封口和粘贴好标签。旱生牧草种子也可以使用标准袋或者定制袋，进行定量包装就行（表4）。

进行定量包装时，一般每袋重 25 kg 或 50 kg。禾本科旱生牧草种子每袋重量以 25 kg 为宜，其他旱生牧草种子依种子容量大小而定，每袋种子的重量

允许误差为 ±0.5%。对于一些特别细小的旱生牧草种,如猫尾草、小糠草、白三叶等以及特别珍贵的旱生牧草种,要在标准袋内加一层布袋,以防散漏。

表4 几种旱生牧草种子包装定量

旱生牧草种名称	包装重量(kg/袋)	标准袋规格(cm)
白三叶(*Trifolium repens*)、小冠花(*Securigera varia*)、紫花苜蓿(*Medicago sativa*)	50	60×90 双层
草地早熟禾(*Poa pratensis*)、小糠草(*Agrostis alba*)、猫尾草(*Uraria crinita*)	25	70×98 双层
羊茅(*Festuca ovina*)、结缕草(*Zoysia japonica*)、无芒雀麦(*Bromus inermis*)、毛花雀稗(*Paspalum dilatatum*)、冰草(*Agropyron cristatum*)	25	70×98 单层

(2)包装容器的封口和贴签。棉袋或麻袋常用手缚法或缝合法封口。如用聚乙烯和其他热塑包装塑料,通常将薄膜加压并加热至93.2~204.4℃,经一定时间即可封固。非金属或玻璃的半硬质或硬质容器,常用冷胶或热胶通过手工和机器进行封口。金属罐封口可用人工操作密封。

旱生牧草种子在包装袋上都要贴上种子标签(表5)

表5 旱生牧草种子袋标签

旱生牧草种:	
产　　　地:	
收　获　期:	
种子发芽率:	
种子净度:	
水　　　分:	
种子净重:	
种子批号:	
经　手　人:	

种子标签是指固定在旱生牧草种子包装容器表面或内外的特定图案及文字说明，标签上应注明下列内容：旱生牧草种子的名称（中文名、拉丁文名）、种子批号、采种地、种子发芽率、净度、净重、收获日期等。标签用耐磨的卡片纸或尼龙布印制，长 10 cm，宽 5 cm，分正反两面。袋内标签在缝口前放入，袋外标签拴在或缝在布袋或纤维袋上，或粘贴在罐、纸板盒、纸板筒或金属筒上，也可将标签内容直接打印在容器上。

第五节　旱生牧草种子贮藏

种子贮藏是种子生产的一个重要环节。旱生牧草种子收获后一般都要经过一定的贮藏时期。经过充分干燥、清选的种子在贮藏期间，由于受种子本身各种因素以及贮藏环境条件的影响，种子内部会发生一系列生理生化反应，结果导致种子发生老化，生活力下降。种子老化的速度取决种子收获、加工和贮藏条件。种子如果处在干燥、低温、密闭条件下，生命活动非常微弱，营养物质消耗极少，其潜在生活力较强，老化速度较慢；反之，生命活动旺盛，营养物质消耗多，其潜在生活力就弱，老化的速度也快。因此，旱生牧草种子在符合入库质量的基础上，人为地创造干燥、低温、密闭的良好贮藏条件，对降低种子老化速度、延长种子寿命、保持种子较高的发芽力和活力起着重要的作用。

旱生牧草种子贮藏期间，由于受温度、湿度和通气状况等周围环境条件以及种子上携带的大量微生物，种子中混杂的杂草种子、昆虫和稃壳碎片等混杂物直接或间接的影响，不停地进行着新陈代谢作用，最终导致种子质量的降低。

旱生牧草种子在贮藏期间，随着种子老化的发生，发芽力逐渐降低，代谢活性下降，生命力趋于衰老，以至死亡。

1. 影响种子贮藏的微生物和虫害

（1）微生物对贮藏种子的影响及控制策略。微生物对贮藏种子的影响：旱生牧草种子上都聚集着大量的微生物，主要有细菌类、霉菌类、酵母菌类和放线菌类，其中对种子影响较大的是细菌和霉菌。旱生牧草种子中的微生物从其来源看，可分为两类，一类是种子收获前在田间所感染和寄附的微生物类群，其中包括附生、寄生、半寄生和腐生微生物（真菌），即田间（原生）微生物。另一类是种子收获后，在脱粒、加工、运输及贮藏过程中，传播到种子上的一些霉腐微生物群（真菌），即贮藏（次生）微生物。在干燥的条件下田间微生物不能正常生长，而贮藏微生物生长良好，并能侵入种子，危害贮藏的种子。

旱生牧草种子霉变过程中，常出现变色、变味、发热、生霉、霉烂等各种症状，其中某些症状的出现与否，决定于种子霉变程度和当时的贮藏条件。如种子含水量高时，常伴随出现发热现象，但若种子堆通风良好，热量能及时散发而不大量积累，种子虽严重霉变，也不一定出现发热现象。种子霉变一般分初期变质、中期生霉、后期霉烂三个阶段。种子生霉后，其生活力已大大减弱或完全丧失，所以，通常以达到生霉阶段作为种子霉变事故发生的标志。

旱生牧草种子霉变的控制：微生物在贮藏种子上的活动主要受种子贮藏时的水分、温度、通气状况及种子本身的健全程度、理化性质等的影响和制约。此外，与种子中的杂质含量、害虫和贮藏环境的卫生也有一定关系。所以，为了控制微生物对贮藏种子的影响，防止种子霉变，种子在收获后应尽快进行干燥，将其水分降低到安全含水量以下。并彻底清选，清除成熟度差、破损的种子，再在低温干燥密闭的环境贮藏，抑制种子和微生物的生命活动。贮藏期间，定期测定种子的温度、含水量、空气湿度的变化，以控制微生物的频繁活动。

（2）虫害对贮藏种子的影响及防治。

虫害对贮藏种子的危害：贮藏的旱生牧草种子被仓虫危害后，除了造成数量上的损失外，还降低了种子的生活力和发芽力，甚至失去种用价值。种子堆受仓虫感染后，微生物大量繁殖，易引起种子发热霉变。仓虫危害种子的状况与虫种及其生活习性有关，有的害虫能将整粒种子蛀空，如麦蛾、米象；有的仅能蛀食破碎子粒，如锯谷盗；有的害虫能吐丝结网把种子连接成网状，然后躲藏在其中蛀食种子；还有些害虫能使种子堆发热，使种子的发芽潜力降低或全部丧失。另外害虫的活动及其尸体、排泄物、皮肤以及丝网等物也会影响种子的新陈代谢，进而影响种子的质量。

仓虫的防治：清洁贮藏环境卫生。仓虫喜欢潮湿、温暖、肮脏的生活环境，特别喜欢在孔、洞、缝隙、角落和不通风透光的地方栖息活动。旱生牧草种子贮藏时，应对仓内及四周垃圾等脏物进行搬运，对贮藏种子的设备、容器进行清理、消毒，仓内的裂缝、孔隙和洞穴等残破地方要及时修补，创造有利于种子安全贮藏而不利于仓虫生存的环境条件，以抑制仓虫的活动，使其无法生存、繁殖以至死亡。

机械和物理防治：机械防治就是利用人力或动力机械设备，如通过过风和过筛对旱生牧草种子进行严格清选，将害虫和侵染了害虫的种子清除掉。清选后的剩余物彻底销毁，以防这些种子产生自生植株给害虫提供寄主。物理防治目前应用最广的是高温杀虫法和低温杀虫法。高温杀虫法一般采用日光暴晒和加热干燥法使仓虫在高温下致死。因为通常情况下，仓虫生命活动的最高温度界限是40～45℃，超过这个温度界限达到45～48℃时，大多数仓虫处于热昏迷状态，当温度升至48～52℃时，所有的仓虫在短时间内就会死亡。低温杀虫法是利用冬季冷空气杀死害虫的方法。一般仓虫在8～15℃温度下就停止活动，温度降至-4～8℃时，仓虫发生冷麻痹，长期处在这种状态下就会发生脱水死亡。

2. 旱生牧草种子的贮藏方法

（1）普通贮藏法。普通贮藏法（开放贮藏法）是将充分干燥的旱生牧草种子用麻袋、布袋、无毒塑料纺织袋、木箱等盛装种子，贮存于仓库里，或将种子散堆在仓库中，种子未被密封，种子的温度、湿度（含水量）随仓库内的温湿度而变化。仓库内没有安装特殊的降温除湿设备，如果库内温度或湿度高于库外时，可用排风换气设施进行调节。

这种贮藏方法简单、经济，适于贮藏大批量的旱生牧草种子，贮藏年限以1～2年为好，长时间贮藏种子，生活力便显著下降。多用于气候干燥的地区。

（2）密封贮藏法。旱生牧草种子密封贮藏法是指把种子干燥至符合密封贮藏要求的含水量标准，用玻璃瓶、干燥箱、罐、铝箔袋、聚乙烯薄膜等不透气的容器或包装材料密封起来，进行贮藏。种子的温度、湿度变化幅度小，不仅能较长时间保持种子的生活力，延长种子的寿命，而且便于贮藏、交换和运输。在雨量较多、湿度变化大的地区，此法效果更好。

密封贮藏法适合于小批量、珍贵旱生牧草种子的贮藏和旱生牧草种质资源的保存，种子贮藏时间长，贮藏效果好。

（3）低温除湿贮藏法。低温除湿贮藏法就是将种子贮藏在一定的低温条件下，如种子冷藏库，以加强种子贮藏的安全性，延长种子的寿命。

旱生牧草种子在一定的低温条件下贮藏，新陈代谢作用明显减弱，病虫、微生物的生长繁殖受到抑制。温度在15℃以下时，种子自身的呼吸强度比常温下小得多，甚至非常微弱，种子营养物质的分解损失显著减少，一般冷藏库内的害虫、绝大多数危害种子的微生物不能发育繁殖，为种子安全贮藏创造了良好条件。冷藏库中的温度越低，种子保存寿命的时间越长；在一定的温度条件下，原始含水量越低，种子保存寿命的时间越长。

3. 旱生牧草种子贮藏期间的管理

旱生牧草种子收获后，一般都贮藏在干燥、低温、密闭条件下。但是，由于受种子本身代谢作用、种子堆内害虫和微生物生命活动以及温度、湿度等外界环境条件的影响，贮藏的种子易吸湿回潮、发热甚至霉变，使其生活力下降，失去种用价值。因此，为了保持旱生牧草种子生活力，延缓贮藏种子的衰老，贮藏期间的管理是至关重要的。

（1）入库前的准备及入库。

仓库的清理：做好仓库的清理和消毒工作，是防止品种混杂和病虫滋生的基础。清理仓库不但要清除仓内散落的异种、异品种的种子、杂质、垃圾和害虫等，而且对盛装种子的容器、木箱和麻袋等要进行彻底清理消毒。同时，还要清除虫窝和修补粉刷墙面，检查贮藏库的防鸟、防鼠设施，铲除仓库周围的杂草，排除污水、杂物等。

种子准备：旱生牧草种子入库前要进行干燥、清选和质量分级。同时，在进仓前，还应根据品种、产地、收获季节、含水量、净度等分批包装和堆放，注明种子的产地、收获期、种类、审定级别、质量指标、种子批号等。

种子入库堆放：旱生牧草种子的堆放应根据贮藏目的、仓库条件、种子种类及种子数量等情况而定，一般的堆放形式有袋装堆放和散装堆放两种。

围包散堆：堆放前按仓库大小，用同批同品种子做成麻袋包装，将包沿墙壁四周离墙0.5 m堆成围墙，在围包内散放种子。此法适于仓壁坚固性能差或没有防潮层的仓库，或堆放散落性较大的旱生牧草种子。

围屯散堆：此法适合在品种多而数量又不多的情况下采用，或当品种级别不同或种子水分还不符合入库标准而又来不及处理时临时堆放。

（2）贮藏期间种子的检查。旱生牧草种子贮藏期间的生命活动影响着仓内环境的变化，同时外界环境的变化和仓内害虫、鼠雀、微生物的活动也影响着种子温度和湿度的变化。因此，在种子贮藏期间要定期对种子质量的变化和贮藏条件进行定期检查，温度、水分、发芽率和病害虫的变化及鼠雀危害状况是种子安全贮藏的重要指标，也是检测的主要内容。

种温的检查：种温的变化能反映出贮藏种子的安全状况，所以生产上采用检查种温的方法来指导旱生牧草种子的贮藏工作。种温的检查要根据种子含水量和季节，定期、定时测定。此外，对有怀疑的区域，如墙壁、屋角、靠近窗户处以及有漏水渗水部位，应增加辅助检查点。检查温度可用手触等方法。

种子水分的检查：旱生牧草种子水分检查时，一般散装种子以 25 m^2 为一小区，分三层每层 5 点，设 15 个检查点取样。袋装种子则以堆垛大小，把样袋均匀地分布在堆垛的上、中、下各部，并形成波浪形设点取样。各点取出的种子混合后进行分析，对有怀疑的检查点，所取出的样品应单独分开。种子水分的检查周期以种温而定，种温在 0℃ 以下时，每月检查 1 次；0℃ 以上时每月检查 2 次；20℃ 以上时，每 10 d 检查一次；种温在 25℃ 以上，应每天检测。

发芽率检查：旱生牧草种子在贮藏期间，随贮藏条件的变化和贮藏时间的延长，其发芽率也在发生变化，因此，应对种子发芽率进行定期检查。

一般情况下，种子发芽率应每个季度检测 1 次。在夏冬季高温或低温之后以及药剂熏蒸之后，都应检查 1 次。最后一次检查不得迟于种子出库前 10 d。种子温度和湿度不稳定时，应根据情况增加发芽率检测次数。

仓库害虫、鼠雀及种子霉变的检查：仓库害虫的数量和危害随环境温度而变化，冬季温度低，害虫危害小，春季气温回升，危害逐渐增大，秋季气温下降、危害又逐渐减少。

仓虫检查一般采用筛检法，在一个检查点取 1 kg 种子，用筛子把虫子筛拣出来，分析害虫的种类及活虫数。在缺少筛子的情况下，也可将检查种样摊在白纸上，仔细捡出虫子，统计虫种和每千克种子的感染率。检查蛾类害虫，一般用撒种统计，即用手将种子抛撒，蛾类害虫就会飞起，然后观察虫口密度并计数。除种子堆外，对墙壁、梁、柱、仓具等均须进行检查。

鼠雀检测，主要查看粪便、脚印（在过道、墙角地面等处撒石灰粉查脚印）和鼠洞。

霉变检查，主要查看仓库墙角和种子堆角，表层 50 cm 以下及柱角等易返潮和不通风的地方。检查方法是看种子色泽、闻气味，用手煽动检查种子的散落性和有无结块现象。

检查周期根据气温、种温而定。一般冬季温度在15℃以下，每2个月检查1次，春、秋温度在15~20℃时，每月检查1次，温度超过20℃，半个月检查1次，夏季高温期，应每周检查1次。

上述各项在每次检查时，都要将检查结果详细记录在种子检查情况记录表中，以备前后对比分析，有利于发现问题及时改善种子贮藏环境条件。

（3）贮藏种子的合理通风。普通贮藏库贮藏的旱生牧草种子，无论是长期贮藏还是短期贮藏都要适时进行通风。通风是种子在贮藏期间一项重要的管理措施。

通风可以降低温度和水分，抑制种子生理活动和害虫、霉菌的活动繁殖，维持种子堆内温度的均衡性，防止因温差而发生水分转移，排出种子本身代谢作用产生的有毒物质和药剂熏蒸后的有毒气体，使种子处在干燥、低温和安全的贮藏条件下，有利于提高种子贮藏的稳定性。另外，对有发热症状的牧草种子，则更需要通风散热。

通风原则：种子贮藏库能否通风，要根据库外与库内的温度、湿度和天气状况进行判定。库外大气温度和湿度均低于库内温湿度或有一项与库内相同而另一项小于库内时，可以通风；库外大气温度和湿度有一项高于库内，另一项小于库内时，应在计算仓内外绝对湿度进行比较后才能确定能否通风，如果仓内绝对湿度高于仓外时，可以通风，反之，则不能通风。当遇寒潮、降雨、刮大风、浓雾等天气时不能通风。种子堆发热时要通风。一天当中早晨或傍晚低温时间可以通风。一年当中在气温上升季节（3—8月），气温高于种温，通常不宜通风，以密闭贮藏为主；在气温下降季节（9月至翌年2月），气温低于种温，以通风贮藏为主。

通风方式：贮藏种子的通风方式有自然通风和机械通风两种，但旱生牧草种子的通风常用自然通风方式。

自然通风指打开仓库门窗，使空气自然对流，达到降温散热的目的。当仓外温度比仓内低时，便产生仓房内外的压力差，空气就自然对流，冷空气进入仓内，热空气被排出仓外。自然通风效果与温差、风速和种子包装、堆放方式有关。温差越大，内外空气交流量越多，通风效果越好。风速越大，则风压增大，空气流量也越大，通风效果好。仓内种子包装堆放比散装堆放的通风效果好，包装小堆和留通风道堆放比大堆或实堆的通风效果好。

对于不同的旱生牧草，采集时间、采收方法及贮藏方法有差别，要根据不同地域和生境进行区别和应用。一些部分旱生牧草的具体采集时间、采收方法及贮藏方法（表6）需要从不断的野外实践中获得。

表6　部分旱生牧草种子的采集与贮藏技术

植物种类	采收时间	采收方法	贮藏方法
矮生嵩草 Carex alatauensis	8月中、下旬到9月上旬	蜡熟期剪取果穗	干后脱粒，用布袋盛装，常温贮存，种子含水量应低于13%
艾蒿 Artemisia argyi	果熟期10至11月	成熟期剪取果穗	干后脱粒，用布袋盛装，常温贮存，种子含水量应低于13%
白刺 Nitraria tangutorum	果熟期7月中旬至8月下旬	果熟期剪取果穗，或果实脱落之后从地上捡取	去除果肉，待干后用布袋盛装，常温贮存，种子含水量应低于13%
白花草木樨 Melilotus albus	果熟期7月下旬至8月上旬	成熟期剪取果穗	干后脱粒，用布袋盛装，常温贮存，种子含水量应低于13%
扁穗冰草 Agropyron cristatum	9月上旬至10月上旬种子成熟	成熟期剪取果穗；成熟后易脱落，应及时收获	干后脱粒，用布袋盛装，常温贮存，种子含水量应低于13%
扁蓿豆 Medicago ruthenica	8月上旬至9月中旬种子成熟	种子成熟不一致，易脱落，要随成熟随收获	干后脱粒，用布袋盛装，常温贮存，种子含水量应低于13%
甘青针茅 Stipa przewalskyi	8月中下旬种子成熟	蜡熟期剪取果穗	干后脱粒，用布袋盛装，常温贮存，种子含水量应低于13%
藏异燕麦 Helictotrchon tibeticum	8月上旬至9月下旬种子成熟	种子收获应在70%成熟时剪取果穗	干后脱粒，用布袋盛装，常温贮存，种子含水量应低于13%
糙野青茅 Deyeuxia scabrescens	8月上旬至9月下旬种子成熟	蜡熟期剪取果穗	干后脱粒，用布袋盛装，常温贮存，种子含水量应低于13%
长芒草 Stipa bungeana	7月中旬至8月下旬种子成熟	种子成熟后易脱落，应及时收获	干后脱粒，用布袋盛装，常温贮存，种子含水量应低于13%

续表

植物种类	采收时间	采收方法	贮藏方法
垂穗鹅观草 Roegneria nutans	8月上旬至10月下旬种子成熟	蜡熟期剪取果穗	干后脱粒，用布袋盛装，常温贮存，种子含水量应低于13%
垂穗披碱草 Elymus nutans	8月中旬至9月下旬种子成熟	蜡熟期剪取果穗	干后脱粒，用布袋盛装，常温贮存，种子含水量应低于13%
刺旋花 Convolvulus tragacanthoides	8月上旬至9月下旬种子成熟	蜡熟期剪取蒴果	干后脱粒，用布袋盛装，常温贮存，种子含水量应低于13%
达乌里胡枝子 Lespedeza davurica	8月上旬至9月中旬种子成熟	蜡熟期剪取荚果	干后脱粒，用布袋盛装，常温贮存，种子含水量应低于13%
短花针茅 Stipa breviflora	6月下旬至8月上旬种子成熟	蜡熟期剪取果穗	干后脱粒，用布袋盛装，常温贮存，种子含水量应低于13%
短叶假木贼 Anabasis brevifolia	8月中旬至9月下旬种子成熟	蜡熟期剪取胞果	干后脱粒，用布袋盛装，常温贮存，种子含水量应低于13%
拂子茅 Calamagrostis epigejos	8月上旬至9月中旬种子成熟	蜡熟期剪取果穗	干后脱粒，用布袋盛装，常温贮存，种子含水量应低于13%
甘草 Glycyrrhiza uralensis	8月中旬至9月中旬种子成熟	蜡熟期剪取荚果	干后脱粒，用布袋盛装，常温贮存，种子含水量应低于14%
甘肃蒿草 Carex pseuduncinoides	8月上旬至9月上旬种子成熟	蜡熟期剪取果穗	干后脱粒，用布袋盛装，常温贮存，种子含水量应低于13%
高山蒿草 Carex parvula	8月上旬至9月上旬种子成熟	蜡熟期剪取果穗	干后脱粒，用布袋盛装，常温贮存，种子含水量应低于13%
高原早熟禾 Poa pratensis subsp. alpigena	7月下旬至9月上旬种子成熟	蜡熟期剪取果穗	干后脱粒，用布袋盛装，常温贮存，种子含水量应低于13%
灌木亚菊 Ajania fruticulosa	8月下旬至10月上旬种子成熟	蜡熟期剪取瘦果	干后脱粒，用布袋盛装，常温贮存，种子含水量应低于13%
蒿叶猪毛菜 Oreosalsola abrotanoides	9月上旬至10月中旬种子成熟	蜡熟期剪取胞果	干后脱粒，用布袋盛装，常温贮存，种子含水量应低于13%
合头草 Sympegma regelii	8月下旬至10月上旬种子成熟	蜡熟期剪取胞果	干后脱粒，用布袋盛装，常温贮存，种子含水量应低于13%
红砂 Reaumuria songarica	9月上旬至10月中旬种子成熟	蜡熟期剪取蒴果	干后脱粒，用布袋盛装，常温贮存，种子含水量应低于13%

续表

植物种类	采收时间	采收方法	贮藏方法
黄香草木樨 *Melilotus officinalis*	7月下旬至8月下旬种子成熟	蜡熟期剪取果穗	干后脱粒，用布袋盛装，常温贮存，种子含水量应低于13%
芨芨草 *Neotrinia splendens*	种子8月中旬至9月底成熟	蜡熟期剪取果穗	干后脱粒，用布袋盛装，常温贮存，种子含水量应低于13%
金露梅 *Dasiphora fruticosa*	8月上旬至9月下旬种子成熟	种子蜡熟期剪取瘦果	干后脱粒，用布袋盛装，常温贮存，种子含水量应低于13%
克氏针茅 *Stipa capillata*	7月底至9月初种子成熟	种子蜡熟期剪取果穗	干后脱粒，用布袋盛装，常温贮存，种子含水量应低于13%
赖草 *Leymus secalinus*	7—8月种子成熟	种子蜡熟期剪取果穗	干后脱粒，用布袋盛装，常温贮存，种子含水量应低于13%
冷蒿 *Artemisia frigida*	9月上旬至10月上旬种子成熟	种子蜡熟期剪取瘦果	干后脱粒，用布袋盛装，常温贮存，种子含水量应低于13%
芦苇 *Phragmites australis*	9月下旬至10月上旬种子成熟	种子蜡熟期剪取果穗	干后脱粒，用布袋盛装，常温贮存，种子含水量应低于13%
米蒿 *Artemisia dalai-lamae*	8月下旬至9月中旬种子成熟	种子蜡熟期剪取果穗	干后脱粒，用布袋盛装，常温贮存，种子含水量应低于13%
马蔺 *Iris lactea*	7月底至9月底种子成熟	种子蜡熟期剪取蒴果	干后脱粒，用布袋盛装，常温贮存，种子含水量应低于14%
膜果麻黄 *Ephedra przewalskii*	8月中旬至月下旬种子成熟	种子蜡熟期剪取蒴果	干后脱粒，用布袋盛装，常温贮存，种子含水量应低于13%
柠条锦鸡儿 *Caragana korshinskii*	7月中旬至8月下旬种子成熟	种子蜡熟期剪取荚果	干后脱粒，用布袋盛装，常温贮存，种子含水量应低于14%
泡泡刺 *Nitraria sphaerocarpa*	6月中旬至7月中旬种子成熟	种子蜡熟期剪取果实	干后脱粒，用布袋盛装，常温贮存，种子含水量应低于13%
披针叶黄华 *Thermopsis lanceolata*	7月中旬至8月下旬种子成熟	种子蜡熟期剪取果穗	干后脱粒，用布袋盛装，常温贮存，种子含水量应低于13%
青海固沙草 *Orinus kokonorica*	8月下旬至9月下旬种子成熟	种子蜡熟期剪取果穗	干后脱粒，用布袋盛装，常温贮存，种子含水量应低于13%
青海黄芪 *Astragalus kukunoricus*	7月下旬至9月上旬种子成熟	种子蜡熟期剪取荚果或果穗	干后脱粒，用布袋盛装，常温贮存，种子含水量应低于13%

续表

植物种类	采收时间	采收方法	贮藏方法
狭叶米口袋 Gueldenstaedtia stenophylla	6月下旬至7月下旬种子成熟	种子蜡熟期剪荚果	干后脱粒，用布袋盛装，常温贮存，种子含水量应低于13%
梭梭 Haloxylon ammodendron	9月中旬至10月上旬种子成熟	种子蜡熟期剪取胞果	干后脱粒，用布袋盛装，常温贮存，种子含水量应低于13%
胎生早熟禾 Poa attenuate var. vivipara	7月上旬至8月下旬种子成熟	种子蜡熟期剪取果穗	干后脱粒，用布袋盛装，常温贮存，种子含水量应低于13%
天蓝苜蓿 Medicago lupulina	8月中旬至10月种子成熟	种子蜡熟期剪荚果	干后脱粒，用布袋盛装，常温贮存，种子含水量应低于13%
铁杆蒿 Artemisia gmelinii	8月初至9月底种子成熟	种子蜡熟期剪取瘦果	干后脱粒，用布袋盛装，常温贮存，种子含水量应低于13%
驼绒藜 Krascheninnikovia ceratoides	8月初至9月底种子成熟	种子蜡熟期取果穗	干后脱粒，用布袋盛装，常温贮存，种子含水量应低于13%
线叶嵩草 Carex capillifolia	8月中旬至9月上旬种子成熟	种子蜡熟期剪取其果穗	干后脱粒，用布袋盛装，常温贮存，种子含水量应低于13%
盐爪爪 Kalidium foliatum	9月下旬至10月底种子成熟	种子蜡熟期剪取其果穗	干后脱粒，用布袋盛装，常温贮存，种子含水量应低于13%
园穗蓼 Bistorta macrophylla	8月中旬至10月上旬种子成熟	种子蜡熟期剪取其果穗	干后脱粒，用布袋盛装，常温贮存，种子含水量应低于13%
珍珠猪毛菜 Caroxylon passerinum	9月下旬至10中旬种子成熟	种子蜡熟期剪取其胞果	干后脱粒，用布袋盛装，常温贮存，种子含水量应低于13%
珠芽蓼 Bistorta vivipara	7—8月种子成熟；8月下旬至9月中旬收获珠芽	种子蜡熟期剪取其果穗或收获	干后脱粒，用布袋盛装，常温贮存，种子含水量应低于13%；珠芽自然风干即可
紫花针茅 Stipa purpurea	8月下旬至9月下旬种子成熟	种子蜡熟期剪取其果穗	干后脱粒，用布袋盛装，常温贮存，种子含水量应低于13%
紫羊茅 Festuca rubra	6月下旬至8月上旬种子成熟	种子蜡熟期剪取其果穗	干后脱粒，用布袋盛装，常温贮存，种子含水量应低于13%

续表

植物种类	采收时间	采收方法	贮藏方法
青海鹅观草 Kengyilia kokonorica	8月上旬至9月初种子成熟	种子蜡熟期剪取其果穗	干后脱粒，用布袋盛装，常温贮存，种子含水量应低于13%
老芒麦 Elymus sibiricus	8月上旬至9月初种子成熟	种子蜡熟期剪取其果穗	干后脱粒，用布袋盛装，常温贮存，种子含水量应低于13%
沙生冰草 Agropyron desertorum	7月下旬至8月下旬种子成熟	种子蜡熟期剪取其果穗	干后脱粒，用布袋盛装，常温贮存，种子含水量应低于13%
车前 Plantago asiatica	7月上旬至8月下旬种子成熟	种子蜡熟期剪取其蒴果	干后脱粒，用布袋盛装，常温贮存，种子含水量应低于13%
无芒雀麦 Bromus inermis	7月中旬至8月下旬种子成熟	种子蜡熟期剪取其果穗	干后脱粒，用布袋盛装，常温贮存，种子含水量应低于13%

第六章　旱生牧草种子的休眠与老化

旱生牧草作为旱区、荒漠区干旱生境下长期进化形成的一类特殊牧草种子，其休眠和老化与栽培牧草差异很大，普遍存在种子休眠和老化的所有类型。种子有休眠期好几年甚至十几年，也有快速老化和快速发芽的。不同的旱生牧草种子生理休眠期的长短各不相同，解除休眠的机理机制形式各异，有的为浅休眠，有的为深休眠；有的种子会快速老化，有的种子保存时间长达几十年甚至上百年。休眠的旱生牧草种子在一定的环境条件如低温层积、高温层积、变温、光照、黑暗、水分、辐照等条件下可解除休眠或者减少和增加老化。但如果在尚未萌发之前，发芽的环境条件突然改变，如缺氧、高浓度二氧化碳、低温、低湿度等，仍会导致种子进入休眠状态或者减缓老化状态。

第一节　旱生牧草种子的休眠

1. 休眠的概念

种子的休眠是指旱生牧草种子具有生活力而停留在不能发芽的状态。不同旱生牧草种子成熟之后对于适宜的发芽条件如温度、湿度和氧气条件表现出不同的反应。旱生牧草种子的成熟常伴随着胚停止生长而达到顶点，有些旱生牧草种子成熟后只要给予它们适宜条件马上就可以萌发，但如果得不到发芽所必需的条件仍处于停止休眠状态。这种没有满足外部条件而引起生长停顿的现象叫作"强迫休眠"。另外一些旱生牧草种子成熟后给予它们适宜的水分、温度与氧气条件也不发芽，但种子仍属于有生活力的活种子，需经过一段时间的贮藏或特殊的环境刺激（如低温）之后，再给予适宜的条件才能发芽。这种与外部条件无关，只是由于旱生种子本身的结构或生理原因（后熟作用）造成的生长停顿现象叫作"生理休眠"。与"强迫休眠"相比，"生理休眠"才为真正的休眠。

2. 休眠的意义

（1）对逆境的适应。旱生种子的休眠是其长期自然选择的结果，是旱生牧草在特定区域系统发育过程中形成的抵抗不良干旱缺水环境的适应性，旱生牧草种子发芽的难易程度与其祖先长期所处的干旱生态环境有密切的关系。在干旱与潮湿、温暖与严寒交替地区分布的旱生牧草，其种子常常具有遇到暂时适宜条件不会马上发芽的特性，而保持一定时间的休眠，以便避开干旱、酷暑、严寒等恶劣的气候，保证种子发芽及发芽后的种苗不受逆境条件的影响。

（2）有利于种质的延续。旱生牧草特别是野生的旱生牧草种子以休眠的方式度过不良的环境，使其种质得以延续。许多旱生牧草，特别是野生的多年生旱生牧草种子能长年累月地在土壤中休眠，即使遇到适宜的发芽条件也不能全部萌发，始终保留着一部分休眠的活种子，如遇到突发性的自然灾害，这些休眠的种子在灾难过后可继续产生新的植株，保证了种的绵延不绝。

即使同一批旱生牧草种子群体其休眠深度不一样。这就是因为遗传上的细小差异及成熟度不同，再加上不同个体历经的环境有差异。一般情况下的旱生牧草种子休眠深度是：野生＞驯化＞栽培。有些旱生牧草种子特别是野生种子，如果放在冬天有暖气的房子，休眠一直会存在，播种前需要冷冻或低温下才可解除休眠。有些旱生牧草种子则经特殊光如红光照射后才能发芽。

（3）有利于收获和贮藏。旱生牧草种子的休眠特性，除了对物种的保存、繁衍具有特殊的生物学意义，在旱生牧草种子生产中也具有一定的经济意义，可保证收获季遇到发芽适宜的天气时不致在母株上发芽，造成损失，这对旱生牧草种子的收获极为有利。旱生牧草种子的休眠也为其保持健全有活力的种子和延长寿命提供了可能。在贮藏期可采取措施加深并延长种子的休眠期，以增加种子的寿命。有些旱生牧草的种子种胚虽已充分发育，但在胚细胞中还缺乏萌发所需的营养物质，给予适宜条件仍不萌动，有后熟效应，必须经一段时间的生理生化变化后才能正常发芽。

3. 休眠的类型

（1）种（果）皮的透性或机械束缚引起的休眠。根据旱生牧草种子的种皮或果皮对水分、氧气和二氧化碳气体的透过率，以及种皮的机械阻抑作用，可将旱生牧草种子的休眠分为以下三类。

第一种，种（果）皮透水性差或不透水（硬实）。这类旱生牧草种子一般都有坚实而不透水的果皮和种皮。如豆科、藜科、锦葵科（Malvaceae）、旋花科（Convolvulaceae）、蓼科、百合科、茄科（Solanaceae）的旱生牧草中均有这种现状。种皮内阻碍水分透过的物质，因旱生牧草的种类不同差异较大，去掉种皮或果皮可后显著地提高发芽率，如白花草木樨。由半纤维素或果胶质组成的角质层在透水方面具有强大的阻力。角质层或角质以角化膜的方式存在于种皮外层或存在栅栏组织的细胞壁上。种皮不但阻碍水分的透过，而且最重要的是能够主动地控制水分，种子含水量可随空气湿度的降低而减少，并且当湿度骤然增加时并不相应地增加水分含量，其原因在于这些种子的种脐部分有一个脐缝，由于周围的组织主要是外栅栏层及其外部的薄壁组织，细胞在吸湿时膨大使其关闭阻止水汽的进入。空气干燥时收缩使之张开，种子内的水分可以释放，如多变小冠花（$Securigera varia$）。硬实在一定程度上是由遗传性决定的，但硬实的产生与程度也受环境条件的影响。如白花草木樨如果在成熟期天气炎热而干燥，硬实率高达98%以上，如成熟期遇雨硬实率接近于零。

第二种，旱生牧草的种皮阻碍了气体的交换。几乎所有的旱生牧草种子萌发生长时所需要的能量均来自有机质的生物氧化。如果缺氧，旱生牧草种子萌发时，物质代谢就会失调并积累抑制发芽的物质。种皮具有良好的透水性，但不一定具有良好的透气性。旱生牧草种皮透气性差的原因是多方面的，首先是幼胚被种皮紧紧包被所致；其次种皮表面附生的脂类和茸毛也阻碍着氧气进入胚部；再者种皮中含有酚类物质及酚氧化酶和多酚氧化酶，在旱生牧草种子萌发时这些酶会促使酚氧化为醌，从种皮中争夺氧气，使氧气不能透入种子内部。种皮中酚类物质含量的差异与种子休眠的深浅有一定的关系，含量越多休眠就越深。旱生牧草种子萌发所需的氧分压较高，发芽时吸收大量氧气，同时种子内部呼吸作用产生二氧化碳。种皮不透气使氧气难于进入，二氧化碳无法排出，气体交换受阻，从而妨碍胚的生长。

第三种，旱生牧草种（果）皮对胚生长的机械束缚。旱生牧草的坚厚木质硬壳和强韧的膜质种皮，都具有不同程度透水性障碍，也具有不同程度对胚生长的机械束缚作用。有些旱生牧草种子种皮的透水性、透气性良好，但由于种皮的机械束缚力量，阻碍了胚向外生长，从而也导致种子不能发芽而处于休眠状态。种子吸水后，一直保持在吸胀状态，可维持长久休眠，有些甚至30年之后也不发芽。

但是种子一旦得以干燥，种皮细胞细胞壁胶体成分迅速发生变化，种皮的机械束缚力被减弱，这时再将种子吸水膨胀便会迅速发芽。种皮具有的机械阻力会随种子年龄的增加、温度的升高而降低。种胚生长的机械阻力除来自果皮和种皮外，胚乳也常是不可忽略的因素。

（2）胚需要后熟引起的休眠。许多牧草种子去掉种皮也不能发芽，这类种子多数需要在低温、湿润或干燥通气与较高温度条件下完成其后熟期。

第一种类型为旱生牧草胚器官分化不完善（形态后熟）。一个完整的种胚由子叶、胚芽、胚轴和胚根组成。有一些旱生牧草的种子（果实）虽然已表现成熟，形态上看已发育完全，并且脱离了母体，但种胚还没有完全发育成熟，甚至还停留在仅仅超过受精卵阶段的发育水平，胚仅是一团未完全分化的细胞。另有一些旱生牧草种子的胚虽然已分化，但胚的体积还未长到足够大。这些种子的胚仍需要从胚乳中吸收养分，进行细胞组织的分化或继续生长，直到最后完成生理成熟阶段，种胚才有发芽能力。旱生牧草种子脱离母体后，尚未成熟的种胚可能须经数周、数月甚至数年后才能发育完全。

第二种类型为胚分化完善但不具生长能力（生理后熟）。有些旱生牧草的胚虽然已完成形态分化，但还没有通过一系列复杂的生物化学变化，胚体还缺少萌发时需要的代谢物质，贮藏物质分解所需的水解酶和呼吸作用所需的氧化还原酶尚处于迟钝或者未启动状态。只有通过低温沉积或干沉积之后，种子的吸水力、呼吸强度、酶促作用、氨基酸含量等均有提高，生长激素含量增加、抑制物质降低，这时给予合适的发芽条件才能正常萌发。

其中，低温沉积促进后熟在旱生牧草中非常普遍。很多旱生牧草种子的胚分化成熟后需要经过数周或数月的低温与潮湿条件才能完成生理后熟。有些旱生牧草种子需要较长时间的低温（10℃或者0℃以下）沉积才能完成后熟，如低温时间不能满足，则只生根和子叶张开，而上胚轴不能伸长。继续低温处理可以解除上胚轴的休眠，形成种苗。这类旱生牧草的种子可在温暖的条件下萌发，但只有在带有充分发育根系的种苗受到低温处理之后上胚轴才生长出来。有些旱生牧草的种子其胚根和上胚轴分别需要一个单独的低温期。首先要使胚根在低温、潮湿中完成生理后熟，接着需要一个高温期，促进萌发种子的幼根生长，然后需要第二个低温期，使上胚轴后熟，接着给予第二个高温期，使其形成正常种苗。

关于干沉积促进后熟。主要常见的是禾本科的旱生牧草，其生理后熟不是在潮湿低温条件下完成的，而是在干燥贮藏中进行的。许多刚成熟的牧草种子发芽率很低，有的甚至不发芽，有明显的休眠现象，经过一段时期的风干贮藏之后，它们的发芽势和发芽率都得到提高，有些需要暴晒干燥。干燥贮藏所需要的时间因种而异，有的只需几天，有的需要几个月，个别的种需要干藏1年以上才能完成生理后熟过程，如新收获的野燕麦种子处于深休眠状态，发芽率为0，干贮藏5个月发芽率为8%，干贮藏22个月发芽率为100%。

（3）种子萌发的抑制物质引起的休眠。许多旱生牧草的种子或果实中存在着某些抑制种子发芽的物质，如氨、氰化氢、乙烯、芳香油类、生物碱类以及各种有机酸类。这些物质有的为水溶性物质，有的为有机溶质可溶性物质或挥发性物质，它们都能抑制旱生牧草种子发芽，使种子处于长短不一的休眠状态。植物种类不同，种子或果实内所含抑制物质亦有一定差异。抑制物质存在的部位因旱生牧草的种类不同而有较大差别，如羊草稃片及种子中的抑制物质是脱落酸，锦鸡儿属（*Caragana*）和岩黄芪属（*Hedysarum*）种子中的抑制物质是色氨酸；草木樨种子中的香豆素对种子萌发产生抑制作用。抑制物质有些是专一性的，有些则是广谱性的。抑制物可通过被水冲洗，或将整个种皮、果皮、胚乳除去得以解除。抑制物质的萌发的抑制作用并非是绝对的，在一定条件下可能转化为刺激作用。

（4）光效应引起的休眠。旱生牧草种子的萌发对光的反应差异很大，有些种子需要长期受光的照射才能打破休眠；另一些种子则只有在暗处才能萌发；有些种子需长日照后才能萌发；另一些种子在短日照后就能萌发；还有许多旱生牧草种子对光的反应则是惰性的，对光暗条件无特殊的需求。喜光的旱生牧草种子，光对其萌发有良好的作用，能促进萌发，显著提高发芽率。喜光旱生种子中，光成为其萌发的绝对条件，即使是极短的闪光也是必要的。忌光的牧草种子或称为光抑制发芽的种子，光对其萌发有抑制作用，必须在黑暗中萌发。种子的光敏感特性对旱生牧草的生态分布起着重要的作用。许多野生旱生牧草或杂草的种子一旦埋入土中，就一直处于休眠状态，当土壤被搬动或翻动后，种子暴露于土壤表面，受到光照就可萌发。主要原因是土壤中缺光，加之高浓度二氧化碳使种子处于休眠状态。而有些种子要求一定的光照强度才能萌发，这往往和旱季或周期性的遮阴相联系。荒漠的旱生牧草却以暗发芽种子为主，光照反而抑制萌发，在沙漠表面以下10 cm处的种子才不受光的干扰，遇到适当的降水才能萌发。

（5）多因素引起的休眠。由两种以上因素引起的休眠称多因素引起的休眠。多数旱生牧草的种子都是多因素引起的休眠，是上述各种休眠类型综合作用的结果。如种皮不透性和后熟双重原因引起的休眠类型。如有些禾本科旱生牧草种子休眠的原因是内外稃中存在抑制物，再加上果皮不透水和种胚的生理后熟。如果除去掉内外稃，种子仍不发芽或仅有少量种子能够发芽，需要再刺破果皮，就有部分种子能发芽，但发芽率也不高，如果以上两种处理之后再加赤霉素（GA），则能较好地发芽，不过仍不完全，假如再加入细胞分裂素（CTK），发芽可达到完全。由于旱区干旱程度的不一致，旱生牧草通过长期进化引起种子休眠的因素越多，种子休眠的程度越深，解除休眠所需的条件也越严格且打破休眠需要的程序和方法烦琐。总之，由多种因素造成的旱生牧草种子的多因素休眠，是旱生牧草适应不同干旱环境的多元性表现，对旱生种质保存和延续起到了多重保险的作用，这在旱区、荒漠区和沙漠的土壤种子库中具有非常显著的体现。

4. 休眠的机理

（1）激素调节。许多旱生牧草种子的休眠与脱落酸（ABA）含量有关，一般来说，深度休眠种子中脱落酸的含量较高，而休眠浅的种子中含量较低。在休眠解除的过程中，脱落酸含量呈下降趋势。许多需冷层积的种子，刚成熟时作为抑制剂的脱落酸在种子中含量很高，以后便由于后熟作用而降低。外源脱落酸无论对种子还是离体胚都有强烈的抑制作用。脱落酸还抑制非休眠种子的萌发和各种已打破休眠种子的萌发。脱落酸抑制以 DNA 为模板的 mRNA 的转录，进而抑制了启动萌发所必需的特定酶类的合成。脱落酸对种子萌发的抑制作用可被细胞分裂素（CTK）所逆转。受脱落酸抑制的水解酶类可由赤霉素（GA）诱导产生。细胞分裂素/脱落酸的相互作用在控制赤霉素的作用上具有支配作用，赤霉素在解除旱生牧草休眠中起主要作用，而细胞分裂素和脱落酸主要起"容许"和"阻碍"的作用。因此，赤霉素调节的萌发过程在脱落酸存在时不能发生，除非存在足够的细胞分裂素克服其抑制作用。也有学者认为赤霉素、细胞分裂素和脱落酸是种子休眠与萌发所必需的调节剂。种子中可能存在 8 种激素的生理状态，处于生理活跃浓度的这 3 类激素，缺少任何一种都可能使种子处于休眠或萌发状态。种子休眠生理的起因可归纳为：一种情况是缺少赤霉素；另一种情况是存在脱落酸而缺少细胞分裂素，这样即使赤霉素存在也是无效的。一般赤霉素存在于胚体内部，而细胞分裂素和脱落酸则分布于胚体之外。

（2）光敏素调控。旱生牧草中需光种子经红光照射后可解除休眠。经红光解除休眠的种子，立即用远红光照射，种子又可恢复到休眠状态。种子是否处于休眠状态取决于最后一次光处理。忌光种子经远红光照射后休眠得以解除，但经红光照射后可逆转。这两种现象称为光可逆性。具有光可逆性的牧草种子有纤毛虎尾草（*Cholris virgata*）、鬼针草（*Bidens pilosa*）等种子。旱生牧草种子休眠与萌发对光的这种可逆性反应由一种叫作光敏色素的物质控制着。光敏色素有两种分子结构形式，即红光吸收态与远红光吸收态，前者吸收波长为 660 nm 的红光后可转化成远红光吸收态，后者吸收波长为 730 nm 的远红光后转化为红光吸收态。红光吸收态无催化作用，远红光吸收态具有催化的生理效应，光敏色素的这两种状态可进行可逆的光化学转化。因此，对于促进需光种子的萌发决定于最后光照的性质。远红光吸收态也可在黑暗中缓慢地逆转为红光吸收态。

目前普遍认为光敏色素的远红光吸收态具有调节核酸代谢的作用。在休眠种子内抑制物质具阻抑 DNA 的模板作用，远红光吸收态可消除这种阻抑，转录产生 mRNA，进而合成各种类型的酶促进种子贮藏物的分解，解除休眠。外源赤霉素可代替光照促进光敏感种子在暗处萌发，故远红光吸收态可能对合成赤霉素或使其由束缚态转变为活化态起作用。光照还能增加种子中细胞分裂素的含量。

综上所述，可得到一种设想，即光解除休眠是通过光敏素导致赤霉素和细胞分裂素的合成，调整了内源激素的平衡，同时基因活化，调节核酸代谢，促进蛋白质和核酸的合成，最终导致种子萌发。光敏感种子发芽时对光的依赖性会随休眠期的自然解除而消失，有些旱生牧草种子在生理后熟期中，种皮的透水性和透气性增加，暗中也能发芽。如需光种子草地早熟禾采收后立即在光下及暗处发芽，发芽率分别为 88% 和 1%，经过 11 个月的贮藏，发芽率分别为 80% 和 78%。

（3）呼吸途径调控。有活力的旱生牧草种子时刻都在进行着呼吸，即使处于非常干燥的休眠状态，其新陈代谢也并未停止。种子中的呼吸作用可以通过不同的途径进行。休眠种子的呼吸作用是通过糖酵解（EMP）—三羧酸循环（TCA）—氧化磷酸化途径进行的。种子打破休眠后的萌发代谢必须经过磷酸戊糖途径（PPP）才能实现。糖酵解—三羧酸循环—氧化磷酸化途径以细胞色素氧化酶为终点，磷酸戊糖途径的末端氧化酶对氧的亲和力比细胞色素氧化酶低得多。因此，旱生牧草种子的休眠与萌发往往决定于这两种呼吸途径的末端氧化酶对氧争夺的结果。由于旱生牧草种子的包被结构限制着氧气的进入，不能满足磷酸戊糖途径末端氧化酶对氧的需求，使磷酸戊糖途径受到抑制，从而使旱生牧草种子处于休眠状态。如果说普通的呼吸作用，即糖酵解—三羧酸循环—氧化磷酸化途径对解除休眠是必要的，那么用糖酵解—三羧酸循环—氧化磷酸化反应的系列抑制剂，如氟化钠、碘代乙酸盐、丙二酸盐、一氟代乙酸盐应该是抑制种子的萌发，但相反却显著地促进了休眠种子的萌发。细胞色素氧化酶的抑制剂，如一氧化碳、硫化氢、氰化钾、叠氮化钠、羟胺等不仅不能延长休眠，反而成为一种有效的休眠解除剂。这些现象清楚地说明休眠的解除并不决定于普通的呼吸作用—糖酵解—三羧酸循环—氧化磷酸化途径。磷酸戊糖途径的活化在解除种子休眠中具有重要作用，是因为磷酸戊糖途径中产生的五碳糖是合成核苷酸的原料，之后可合成核酸和辅酶，而合成的核酸和辅酶对种子萌发具有促进作用。

5. 休眠的破除

（1）物理破除。物理处理旱生牧草的第一种方法就温度处理。不同旱生牧草种子休眠的破除对温度的要求不一样，有些是低温处理，有些是高温处理，甚至有些需要变温处理。

旱生牧草的低温处理是利用适当的低温冷冻处理能够克服种皮的不透性，促进种子解除休眠，增进种子内部的新陈代谢以加速种子的萌发。如将种子湿润低温下保持一段时间（通常种子在5~10℃的条件下处理7 d），发芽速度会明显加快，发芽率显著提高。低温处理可提高冰草属、短柄草属、雀麦属、羊茅属、黑麦草属、苜蓿属、草木樨属、早熟禾属和野豌豆属等旱生牧草种子的发芽率。

高温处理旱生牧草种子是因为，种子经高温干燥处理后，种皮龟裂为疏松多缝的状态，改善了种子的气体交换条件，从而解除由种皮造成的休眠，促进萌发。草地早熟禾种子经高温干燥处理，可打破休眠，提高种子的发芽率；紫花苜蓿、草木樨等种子经高温干燥处理后，可降低硬实率，促进种子的萌发。多数硬实种子经温水浸泡后可解除休眠，提高发芽率，如大赖草、肥披碱草、苦豆子、苦马豆等。蒙古岩黄芪用78.4℃的热水浸种至冷却，其发芽率由 23% 提高到 82.5%。

变温处理主要是对旱生牧草生理休眠的种子或硬实种子通过不同温度的处理后，种皮因热胀冷缩作用而产生机械损伤，种皮开裂，促进旱生牧草种子内外的气体交换，使其解除休眠，加速萌发。生产中常常将硬实种子用温水浸种后捞出，白天置于阳光下暴晒，夜间移至凉处，经 2~3 d 后达到解除休眠，促进萌发的目的。种子播在土中经受寒冷或霜雪，可改变种皮特性，冬播白花草木樨，到春天可获得 41% 的种苗，而春播只产生 1% 的种苗。有时可以在白天暴晒，晚上将硬实种子用冰水浸种后捞出，白天再次置于阳光下暴晒，夜间移至凉处继续浸种，反复几次后破除休眠。

（2）机械破除。机械破除是通过各种工具或方式擦破种皮，擦破种皮的方法可使种皮产生裂纹，水分沿裂纹进入种子，从而破除因种皮而引起的休眠。当种子量大时，可用碾压的技术进行处理。对于种子千粒重非常小、量不大的野生珍贵资源，用布鞋底搓也是非常好的办法。用这种擦破种皮的处理方法可使草木樨种子的发芽率由 40%~50% 提高到 80%~90%，紫云英种子的发芽率可由 47% 提高到 95%。处理时以压碾至种皮起毛为止，不同种子碾压力度不一致，要细致判断。

机械破除的另外一种方式就是高压破除。高压处理也可把旱生牧草种子的种皮破坏掉。这样水分就能从由高压引起的种皮裂缝中进入，达到解除休眠而发芽的目的。如紫花苜蓿和白花草木樨种子在高压处理可明显提高发芽率。

此外，射线、超声波处理也可以破除旱生牧草种子休眠。用 X 线、γ 线、β 线等处理种子，都有打破旱生牧草休眠、促进萌发的作用。低功率激光照射旱生牧草种子，也可提高发芽率，促进种苗生长。对一些豆科植物种子尤其是小粒萌发困难的旱生牧草种子，超声波可使种子酶的活性增加，刺激种子发芽而破除休眠。

（3）化学破除。有些无机化学药物如有些无机酸、盐、碱等化学药物能够腐蚀种皮，改善旱生牧草种子的通透性，或与种皮及种子内部的抑制物质作用而解除抑制，达到破除种子休眠，促进萌发的目的。不同的旱生牧草种子其药物处理的时间、浓度和方式不同。如果用多种化学药物处理，则各种药物处理的顺序及药物处理时的温度对休眠的破除都有影响。当年收获的草木樨种子用 98% 的浓硫酸处理 30 min 可使发芽率从对照的 4.5% 提高到

92.25%。多数具有休眠特性的禾本科牧草种子用 0.2% 的硝酸钾溶液处理 7 d 可打破休眠提高发芽率。

很多有机化合物如二氯甲烷、丙酮、硫脲、甲醛、乙醇、对苯二酚、单宁酸、秋水仙碱、羟氨、丙氨酸、苹果酸、琥珀酸、谷氨酸、酒石酸等都有破除旱生牧草种子休眠的作用。用硫脲处理种子，可以全部或局部取代某些种子对完成生理后熟的需要，或在发芽时对特殊条件的要求。

此外，外源生长激素处理旱生牧草种子可促进种子萌发，解除种子休眠。赤霉素能够取代某些种子完成生理成熟中对低温的要求和喜光种子对光线的要求而促进种子萌发，并能提高某些旱生牧草种子的发芽能力和促进种子提前萌发，发芽整齐。细胞分裂素可解除因脱落酸抑制造成的休眠，其作用比赤霉素更为显著。乙烯或乙烯利对破除旱生牧草种子休眠效果显著，可刺激初次休眠的盐生草、沙拐枣、花棒、苋苋草、紫花苜蓿、苍耳等旱生种子的萌发。

另外，化学物质的处理中有些气体物质可破除旱生牧草种子休眠，提高种子的发芽能力。如提高氧气浓度常常使因果皮、种皮透气不良的休眠种子解除休眠。草木樨的休眠种子经浓硫酸处理后，再用水渍并不断向水中通氧，破除休眠效果更好。

第二节　旱生牧草种子的老化

1. 种子的老化

旱生牧草种子达到生理成熟后进入长期的存放阶段，在此阶段种子发生老化，种子活力随之下降，导致种子丧失活力及发芽力的不可逆变化。旱生牧草种子的老化是一个伴随着种子贮藏时间的增加而发生的、自然的、不可避免的过程。一般认为，种子的老化开始于种子生理成熟时。老化发生时种子的各功能、结构受到损害，老化过程要一直持续到种子的死亡或种子被使用，老化对这些功能的损害随时间进程而逐渐增加。

旱生种子本身的含水量以及贮藏环境中的温度、湿度及氧气浓度等是决定种子老化速度的主要因素。还有一些因素如种子的成熟度、清选及加工时的机械损伤、贮藏中的病虫害感染等，也与种子的老化有密切关系。一方面，这些因素可加快种子老化的速度；另一方面，在种子发生老化后，这些因素较易影响种子。然而，这些因素与种子老化无本质性的联系，种子老化在生产实践中是不可避免的，只能延缓种子的老化速度，但不能完全消除老化。理论上，除非使种子处于绝对零度（－273.3℃），否则就不能消除原子的运动，就没有消除种子老化的可能性。

2. 种子老化引起的变化

（1）膜结构与功能的变化。膜系统在细胞的各种生理及生化作用上，起着非常重要的作用。细胞膜的半透性，可以控制无机盐、糖类、氨基酸及养分的通过；某些酶、光敏色素、激素的作用点多在细胞膜上。细胞膜还参与酶、蛋白质和多糖的合成。

种子越老化，其生理机能越衰退、对膜的修复能力越低。种子的渗漏现象在吸胀刚开始时速度最快，稍后随着膜的修补而恢复其完整性，渗漏随之减弱。活力高的种子，其修补能力亦高，渗漏亦少。

（2）细胞器完整性的丧失。在种子老化过程中，种子细胞内的各种细胞器均发生变化，包括细胞核、线粒体、液泡、质体等，其完整性均逐渐丧失。随着种子的老化，细胞核常有染色质结块、颜色变深、核仁模糊等现象出现，甚至发生细胞核的破裂。液泡亦有破裂现象，其内含物外逸往往使酶的活力下降，并使渗漏现象加剧。质体受衰老的影响，表现为内外膜变形，重者则引起膨胀，间质密度下降，固有功能逐渐丧失。

（3）染色体畸变与基因突变。种子经过长期贮藏而致老化，染色体畸变及基因突变的频率增加。当种子干燥贮藏时，染色体的损害程度为包括温度、种子含水量及时间的函数。一般含水量越高或者温度越高，在单位时间内染色体的损害程度越大。当种子含水量及贮藏温度高时，种子的寿命必然缩短。大多数情况下种子在某种贮藏环境中加速死亡，则染色体畸变的频率增加。种子老化后，基因突变增加，但大多数突变属隐性，不大容易觉察。易于觉察的突变体有花粉败育、种苗白化和叶绿体异常等性状。

（4）呼吸代谢的失调。当种子老化时，其呼吸代谢发生失调，此现象出现在发芽速度减缓之前。高活力种子吸水后呼吸强度大，耗氧量远较低活力种子高。种子老化时，伴随产生不同的挥发性化合物，大量的挥发性物质，特别是醛类，往往能进一步招致因微生物感染而引起损伤。因这种物质能促进真菌孢子的萌发，从而使种子受到感染，种子的发芽率会大幅降低。

（5）酶活性的变化。种子老化时，酶活性也发生变化，一般规律是分解酶的活性增强，其他酶的活性下降。在代谢作用中起主要作用而受老化影响最深的酶是脱氢酶，脱氢酶活性的下降，几乎与种子生命力的下降平行。当种子衰老时，有些酶的活性反而增强，如蛋白酶和脱氧核酸酶，前者活性的增强可引起其他酶的分解，后者是 DNA 断裂并分解，从而影响 DNA 合成新的 DNA 或 mRNA。

（6）遗传物质的降解及蛋白质合成能力降低。随着种子老化程度的增加，活力降低，种子发芽过程中对 DNA、RNA 和蛋白质前体的吸收以及合成这些大分子的能力都明显下降。种子老化时，DNA 分子常常断裂，其断裂的严重性往往与老化成正比。

（7）内源激素的变化。植物内源激素对种子的发育和萌发起着极大的作用，每一种激素都有其独特的作用，一种激素的作用往往不能为另一种激素所替代。种子老化时，内源激素常发生量的变化，而老化后的细胞及生理系统也会丧失对激素的反应能力。影响种子萌发及生长的各种内源激素生成能力的下降至丧失是种子老化的基本过程。

3. 种子老化的不可避免性和不可逆性

在生产实践中，只能延缓种子的老化速度，但不能完全消除老化。种子的贮藏中，外界因素也会使种子老化，在这种情况下，老化必然是会发生的。假如将种子贮藏在一个几乎理想的条件下，种子中所有与代谢有关的老化起因都可以排除，外界的干扰因素也可排除。但是，即使在这样的条件下，仍然不能消除引起老化的因子之一生物大分子自然变性。从理论上讲，除非使种子处于绝对零度，否则就不能消除原子的运动，也就不能消除种子老化的可能性。种子的老化是不可避免的。

在某些情况下，老化的种子经一定处理后，其发芽表现会较原来好一些。这样的处理成为"复壮"。在生产实践中，播前对种子进行的水分预措，及其他物理化学处理等很多属于这类处理。复壮处理似乎可使种子的老化发生逆转。

旱生牧草种子老化的逆转是极有限的过程。首先，它只能发生于种子的某些特征上，绝不可能使种子的总体活力得以恢复提高。其次，它只能发生于种子老化过程中的某一阶段，活力很高的种子和活力太低的种子一般不会对逆转处理有明显的反应。种子的老化是长期的、绝对的过程，而恢复却是暂时的、相对的过程。

第七章　旱生牧草资源的繁殖更新*

旱生牧草种质资源是我国荒漠区、干旱半干旱区漫长的自然选择或人工驯化栽培及培育而形成的一类重要的草地资源，繁殖更新是更好利用旱生牧草种质资源及种子保存中非常重要的一个环节。不同旱生牧草种子保存时间不一样，多则10多年，少则不到1年，随着保存时间的延长，旱生牧草种子生活力会存在不同程度的下降，或由于鉴定、分发及研究利用的消耗，需要对库存种子进行定期或不定期的更新繁殖。在更新繁殖过程中如何保持其原有的旱生牧草遗传完整性，是目前国际上正在探讨的一个问题，其中异花授粉旱生牧草繁种更新的难度和要求均比较大，需要一定隔离场地及措施，才能在繁种更新工程中最大限度地保留原有旱生资源的遗传完整性。因此，无性繁殖或营养繁殖前期的计划非常重要，工作量较大，需要提前做好规划。

第一节　繁殖更新的方式及条件

繁殖更新是旱生牧草种质资源基础性工作最为重要的技术环节。有报道指出，由于缺乏规范的繁殖更新技术规程，导致种质库保存种质在更新后，多达50%的种质材料出现了遗传多样性和完整性的丢失。目前，我国种质库和种质圃长期保存的种质资源达到43万余份，每年有不少种质材料因活力弱、衰老或数量少需要繁殖更新，同时每年也有上万份新收集的种质资源需要繁殖入库圃保存，为此制定各种种质资源繁殖更新技术规程，对于提高种质资源繁殖质量，确保种质遗传多样性和遗传完整性，促进我国作物种质资源分发、利用具有重要的现实意义。

---

* 注：本章中草种繁种更新部分的内容引自李志勇等（2016）编著的《草种子综合保存技术》。

1. 旱生牧草繁殖更新方式

不同旱生牧草遗传资源具有不同的繁殖方式和繁殖策略，这是自然选择和物种长期适应环境的结果。旱生牧草的繁殖更新方式主要有三种：种子繁殖、营养体繁殖及种子兼营养体繁殖。例如：羊草种群的繁衍更新主要以营养繁殖为主，盐生草、冰草、狗尾草、肥披碱草、短柄草和大针茅等种群主要以种子繁殖为主，大赖草、赖草、苦豆子等可以用根茎进行繁殖也可以用种子进行繁殖更新。

对于种子繁殖的旱生牧草遗传资源，只要栽培技术成功，一般繁种更新困难不大，但对于根茎繁殖、营养繁殖或者无性繁殖的旱生牧草在提前采取根等营养体需要选择合适的时期及做好场地规划，确保遗传完整性并起到繁种更新的效果。对种子繁殖产生的后代，由于具有遗传多样性而使得种群具有遗传可变性，从而保证了种群至少有一些个体能够经受自然选择而生存下来，使得种族得以延续，因此，靠种子繁殖产生的后代在对不同环境的适应能力方面具有明显的优越性。

营养体繁殖是旱生牧草遗传资源自然选择和物种长期适应环境的另一种常见繁殖方式。对根茎等营养繁殖或无性繁殖产生的后代，在遗传学上确保了后代与其亲本间的高度遗传一致性，确保了遗传完整性的稳定。但如果繁殖更新对数量有要求或用于大面积时，面临工作量繁重且效果不显著的挑战，因此，在繁殖更新中需要有长远规划。

种子兼营养体繁殖是旱生牧草遗传资源自然选择和物种长期适应环境的结果，在长期的生物进化过程中特定环境造就了一些旱生牧草既可以进行种子繁殖（有活力的种子数量少，后者种子数量多但发芽率不高等）又能进行营养体繁殖（主要为根），这是由于物种在进化过程中环境对旱生牧草本身的综合影响及旱生牧草对环境变化表现出的适应策略。对于一些既可用种子繁殖，亦可用营养体繁殖的旱生牧草种质资源，要根据现有资源数量及不同用途，确定是采用种子繁殖还是营养体繁殖以达到繁种更新目的。

在选择合适的繁殖方法时应考虑以下的主要因素：

——繁殖的环境条件对每份种质材料是否适宜。

——促进萌发，打破休眠和诱导开花所需要的特殊条件。

——栽培能够代表种群的最佳植株数，确定种质材料的遗传特性，且保证能生产出足够需要的种子。

——确定合理最佳的株行距以够保证最佳结实率和生产优质种子。
——根据牧草的繁育体系（自交或异交）来确定是否需要隔离。
——对于需要人工授粉的异花授粉牧草，可采用引入昆虫授粉或用手工授粉来保证结实率。
——对于授粉产生的不亲和性，可用人为的方法加以克服。
——对于大面积生产应用繁殖更新的种子要做好多年的繁殖规划。

2. 旱生牧草繁殖更新的必要条件

大部分旱生牧草遗传资源由于野生性状的难以克服以及科学水平所限或人们还未发现它们的用途而极少种植。且一些旱生牧草资源采集非常不容易，一旦丢失就无法找回。因此，繁殖更新显得非常重要。一旦保存种子生活力下降和数量减少，就必须进行繁殖更新。因种子生活力的下降，有可能发生遗传转化或漂变，从而改变了亲本材料的遗传特征和特性。此外，种子利用的需要、生活力下降、种子老化等使得保存种子数量减少到更新临界值以下时须对种质进行更新繁殖。目前，国内外基因库通常将繁殖更新的发芽率标准定为 65%～85%。国际植物遗传资源研究所（IPGRI）推荐标准发芽率为 65%～85%，或活力下降到原始发芽率的 15% 时需更新。美国的发芽率标准较低，为 50%。但一般认为这样低的发芽率标准可能会导致遗传漂移。英国的发芽率标准为 70%。印度的更新发芽率标准为 75%。我国国家农作物种质资源长期库则以发芽率下降到 60% 作为自花授粉作物（自交系）繁殖更新的临时执行标准，而对于地方品种，更新标准为起始发芽率的 85%。

对于全世界的种子保存工作者来讲，需要尽量延长种子的贮藏寿命，以降低频繁更新可能会带来的遗传变异。在国外 IPGRI 曾建议需要繁殖更新的条件为：
——种子生活力下降到 85% 以下或下降到初始发芽率的 85% 时；
——当某一资源种子数目少于完成繁殖该物种 3 次所需的种子量时；
——如果对种子的质量有疑问时。

我国中期库保存种质材料繁殖更新的条件为：
——牧草种子发芽率降至 60% 以下时；
——活种子数量不足 4 次繁殖所需种子量时；
——自花授粉牧草种质和自交系的每份活种子数量低于 600 粒时；

——异花授粉种质和地方品种每份活种子数量低于 800 粒时；

——当种子在中期库绝种时，长期库应繁殖更新。

繁殖是通过种植和收获某一种质材料具有代表性的种子样品而实现的。所用方法必须确保繁殖生产的种子能完全代表原来的种群特征和特性。因为不同的旱生牧草遗传资源在农艺性状要求、繁育体系、亲和性和种群结构上都有区别，因此，所用方法都具有物种专一性，确定合适的繁殖方法、栽培技术和繁殖程序非常关键。

第二节　繁殖更新的技术措施

旱生牧草遗传资源繁殖更新的技术措施包括繁殖材料的特性掌握、方案制订、田间设计、栽培技术、种子收获、种子贮藏及数据记录等。

1. 特性掌握

在繁殖旱生牧草种子前，了解和掌握拟繁殖的旱生牧草种质的特性非常重要。包括繁殖材料的：生长年限、生育期、物候期、开花授粉习性、繁殖方式、种子生理特性、生长习性、光温特性、生态类型、种质来源、田间种植和管理要求等。

2. 方案制订

依据拟繁殖的旱生牧草种质的特征特性，制订繁殖更新方案。主要方案包括如下。

（1）制订繁殖计划。根据繁殖更新种质的用途和需求，制订相应的繁殖计划，列出提出繁殖更新名录。按旱生牧草种质的繁殖方式、生活型、生态类型等进行归类繁殖。根据不同种质材料保存和利用的要求确定适宜的繁殖量，若具有优良性状且需求量大的材料应加大繁殖量。

（2）种植前的准备。根据繁殖方式准备好繁殖的种子或无性繁殖材料，以便进行种植。根据不同旱生牧草种质的生物学特性，选择最适的时间和地点。根据繁殖材料特性、株行距、行长、株数、保护行、隔离行，确定用地面积。准备好播种用的画线尺、拉绳、隔离网罩、育苗袋、育苗土、标牌、记录本或记录表等。

（3）繁殖更新地点的选择。繁种时尽量应选择在原产地繁种。繁殖更新地点的环境条件应保证繁殖种质正常生长、开花、结实和成熟；繁殖地点应选在拟繁殖种质的原产地、采集地或类似的生态区；国外引进种质选择类似生态区，经适应性鉴定后确定适合繁殖地点。

（4）繁殖田的选择。繁殖田的条件能保证繁殖种质的正常生长。对于异花授粉种质繁殖田的选择，应考虑花期隔离措施，如空间隔离、时间隔离、高秆作物自然屏障隔离等。种质圃保存种质的更新，必须在原圃地及附近繁殖田进行。利用种质圃保存的材料进行种子繁殖时，应另选地块移栽繁殖种子，以防圃内植株落粒造成混杂。尽量选择交通方便，土壤类型和酸碱度适宜，肥力中等、均匀，排灌条件好，无污染，不易受洪水、病虫、畜禽危害的地方。

（5）异花、常异花授粉植物的隔离。异花、常异花授粉植物，隔离是防止串粉、保持旱生牧草种质繁殖更新后其遗传完整性的一个非常重要步骤。隔离的方法一般有以下几种。

第一种，空间隔离。空间隔离的距离取决于多种因素，它不但与地理位置、季节、风向和风速有关，而且还与物种、授粉昆虫的种类及其多少等有关。根据不同异花和常异花授粉植物风媒或虫媒难以达到的传媒距离，设计种质的繁殖地点。风媒花粉牧草如无芒雀麦、披碱草、紫羊茅等，其空间隔离的距离可为 400~500 m，虫媒花粉牧草如紫花苜蓿、红三叶、红豆草等豆科牧草，其空间隔离的距离应大于 1 km。

第二种，高秆作物和自然屏障隔离。利用天然或人工障碍物可以大大缩小空间隔离的距离。采用高秆作物隔离，在需要隔离的繁殖地四周一定范围内种植玉米、高粱、苏丹草、御谷、千穗谷等高秆作物进行隔离。也可利用果园、江河、树林、建筑等自然屏障进行隔离。高秆作物要提前播种，以保证繁殖种质花期到来时有足够的高度，控制外来花粉，达到安全隔离的目的。

第三种，小区网棚隔离。大量繁殖旱生牧草种质资源时，为减少空间隔离用地可采用玻璃温室、塑料大棚、尼龙网、纱布或纸袋等来进行隔离，只是这种隔离由于阻碍了空气流通授粉和昆虫授粉，植株结实会受到严重影响，需要进行辅助授粉。

第四种，单株网罩隔离。对于植株较大、单株繁殖系数较高的常异花授粉旱生牧草。在开花前用特制的尼龙网罩或纱布网罩将植株全部罩住，防止昆虫进入，网罩之间根据草种不同保持一定距离。网罩大小因繁殖资源的大小而异，防虫网罩以 100 目以上尼龙网罩为好，需要防虫兼防风传播花粉的资源以纱布网罩为好。

第五种，单穗、单花套袋隔离。便于单穗、单花套袋隔离，又能自交结实的异花和常异花授粉的旱生牧草。在开花前用硫酸纸或牛皮纸袋将整个花序或穗套住，紧好口，防止外来花粉串入，任其自交授粉，严格自交结实。纸袋以能防雨水、半透明的纸质为好。袋口要紧固，防止风吹脱落。开花授粉后 10~15 d 应将纸袋底口松开或将纸袋摘去，防止发霉。

第六种，时间隔离。是通过调整播期或利用旱生牧草种质材料间开花期的差异来达到防止种间串粉的目的。主要是人为错开播种期，但要满足生育期的要求，使繁殖的不同种质资源花期不遇，从而达到隔离繁殖的目的。隔离时间的长短主要由花期长短决定。一般相隔 20~30 d。另外，繁殖同一种多年生旱生牧草的不同种质时，也可以同期播种，但在每年开花前保留其中一份种质开花，其余种质必须在开花前刈割，逐年更换保留的种质，此法在苜蓿等种质资源繁殖更新时较为常用。

繁种更新是实践性和经验性非常强的工作，需要植物分类、栽培学、土壤学、种子学等各方面的知识。部分旱生牧草种质繁殖更新要求见表 7。

3. 田间设计

（1）种子繁殖设计。首先是小区设计，小区内株行距视旱生牧草种类和栽培条件而定，一般疏丛型多年生禾草行距为 35~40 cm，根茎型禾草和豆科牧草行距为 40~60 cm，植株高大，分蘖力强的牧草可适当加大，如野大豆 50~80 cm。繁殖田四周应留出 2~4 行保护行，保护行种植材料应与繁殖更新材料不同属或不同科。制作田间繁殖种植图，图中标明南北方向、小区排列顺序和小区号、人行道等。其次是小区大小，应以繁殖后的新种质能最大限度保持原种质的遗传完整性为原则，在条件允许的情况下应扩大繁殖群体。繁殖更新群体的大小（株数），应根据不同旱生牧草的授粉特性、取样方法、保存种质资源所需种子量和种子繁殖能力而定。如果不考虑保存种子量和种子繁殖力，那么对于遗传均一的自花授粉作物，种质资源样本、异交率是主要考虑因素。最后是用地面积计算，依据每份繁殖种质的小区面积和计划份数来计算所需面积，包括道路、保护行及水渠等的面积。

表 7　部分旱生牧草种质繁殖更新要求

科名	属名	种名	学名	繁殖方式	种质繁殖更新要求
禾本科	短柄草属	短柄草	Brachypodium sylvaticum	种子或无性繁殖	播种当年不能抽穗、开花。种子产量较高，春播或秋播均可，30~50株
禾本科	芨芨草属	芨芨草	Neotrinia splendens	种子或无性繁殖	种子粒小，产量高，15~20株
禾本科	冰草属	冰草	Agropyron cristatum	种子	收种应套袋或隔离，种子易脱粒，应在蜡熟末期或完熟期收获。常年剪除幼穗防杂交，15~20株
禾本科	赖草属	大赖草	Leymus racemosus	种子或无性繁殖	种子产量高，适宜干砂质土壤播种，春播，15~20株
禾本科	剪股颖属	小糠草	Agrostis alba	种子或无性繁殖	种子极小，覆土1 cm左右直播于湿润土表，15~20株
禾本科	燕麦草属	高燕麦草	Arrhenatherum elatius	种子	播种前应先去芒，种子易脱粒，在蜡熟期及时采种，15~20株
禾本科	燕麦属	野燕麦	Avena fatua	种子	应避免与麦类种子混杂，15~20株
禾本科	燕麦属	燕麦	Avena sativa	种子	应注意防倒伏，>50株
禾本科	地毯草属	地毯草	Axonopus compressus	种子或无性繁殖	种子产量不高，多用无性繁殖，15~20株
禾本科	雀麦属	雀麦	Bromus japonicus	种子	种子落粒性较强，种子自繁能力强，>20株
禾本科	虎尾草属	虎尾草	Chloris virgata	种子	种子产量高，一株可达8万粒，15~20株
禾本科	鸭茅属	鸭茅	Dactylis glomerata	种子	宜稀播，种子落粒性强，宜在蜡熟期采收，15~20株
禾本科	稗属	稗	Echinochloa crus-galli	种子	一年生，>50株
禾本科	披碱草属	披碱草	Elymus dahuricus	种子	种子芒稍长，播种时应去芒。种子易脱粒，采种要及时，应在蜡熟期收获，15~20株

续表

科名	属名	种名	学名	繁殖方式	种质繁殖更新要求
禾本科	披碱草属	肥披碱草	*Elymus excelsus*	种子	结实率高，种子产量高，春播，15~20株
禾本科	早熟禾属	冷地早熟禾	*Poa crymophila*	种子	播种当年不能抽穗，开花，苗期生长缓慢，种子产量高，15~20株
禾本科	偃麦草属	偃麦草	*Elytrigia repens*	种子或无性繁殖	苗期要求较好的土壤水肥条件，播种时覆土不超过2~3 cm，15~20株
禾本科	画眉草属	画眉草	*Eragrostis pilosa*	种子	一年生，>50株
禾本科	羊茅属	羊茅	*Festuca ovina*	种子	种子细小，宜浅播，15~20株
禾本科	大麦属	野大麦	*Hordeum brevisubulatum*	种子	种子落粒性强，可在穗中部种子成熟时即采收，15~20株
禾本科	大麦属	大麦	*Hordeum vulgare*	种子	常规栽培，≥150株
禾本科	赖草属	羊草	*Leymus chinensis*	种子或无性繁殖	花期长，种子成熟不一致，结实率低，应分期分批采收，15~20株
禾本科	黑麦草属	多年生黑麦草	*Lolium perenne*	种子或无性繁殖	种子落粒性强，应及时收割，防落粒，多年生种可分株繁殖，一年生>50株，多年生15~20株
禾本科	稷属	大黍	*Panicum maximum*	种子或无性繁殖	播种时应拌以草木灰或磷肥。种子成熟不一致，收种难，多用于无性繁殖，15~20株
禾本科	黍属	黍稷	*Panicum miliaceum*	种子	常规栽培，防鸟，除杂，密穗型和侧穗型品种相距50 cm，散穗型品种相距>60 cm，≥100株
禾本科	雀稗属	毛花雀稗	*Paspalum dilatatum*	种子/无性繁殖	种子轻，有毛，收种难，15~20株

续表

科名	属名	种名	学名	繁殖方式	种质繁殖更新要求
禾本科	狼尾草属	狼尾草	*Penniseisetum alopecuroides*	种子或无性繁殖	种子小，浅覆土，15~20株
禾本科	虉草属	虉草	*Phalaris arundinacea*	种子或无性繁殖	结实率低，用种子繁殖生长缓慢，15~20株
禾本科	早熟禾属	早熟禾	*Poa annua*	种子	多年生或一年生，>20株
禾本科	早熟禾属	草地早熟禾	*Poa pratensis*	种子	种子微小，注意控制播种深度，>20株
禾本科	新麦草属	新麦草	*Psathyrostachys juncea*	种子	播种深度应在2 cm以内，覆土1~3 cm。采种应隔离种植，常年剪幼穗防杂交，15~20株
禾本科	鹅观草属	鹅观草	*Roegneria kamoji*	种子	种子成熟一致，可一次采收，15~20株
禾本科	黑麦属	黑麦	*Secale cereale*	种子	空间隔离>1 000 m，或网罩隔离，≥150株
禾本科	狗尾草属	狗尾草	*Setaria viridis*	种子	一年生，>50株
禾本科	狗尾草属	谷子	*Setaria italica*	种子	常规栽培，防鸟除杂，种三行收中行，≥100株
禾本科	蜀黍属	苏丹草	*Sorghum sudanense*	种子或无性繁殖	幼苗对低温敏感，2~3℃使幼苗受冻害。种子成熟不一致，采收种子应隔离种植，15~20株
禾本科	高粱属	高粱	*Sorghum bicolor*	种子	花前套羊皮纸袋，自花授粉后10 d左右松开袋口放风，及时晾晒，防鸟防霉变，≥50株。杂交三系空间隔离>500 cm，分期播种，确保花期相遇
豆科	苦参属	苦豆子	*Sophora alopecuroides*	种子或无性繁殖	地温持续在12℃以上时进行播种，种子成熟不一致，按期采种，15~20株

续表

科名	属名	种名	学名	繁殖方式	种质繁殖更新要求
豆科	黄芪属	沙打旺	Astragalus laxmannii	种子	品种隔离种植,种子硬实率小于10%,播前不须处理处理种子。种子易裂荚落粒,成熟时分批采收,>20株
豆科	黄芪属	紫云英	Astragalus sinicus	种子	种子硬实率较高,播前需做打破种皮处理。花期长,种子成熟不一致,种子易裂荚落粒,在荚果80%成熟时采收,>50株
豆科	木豆属	木豆	Cajanus cajan	种子	尼龙网隔离,或空间隔离>200 m,或错开花期隔离,分批收获,≥30株
豆科	鹰嘴豆属	鹰嘴豆	Cicer arietinum	种子	常规栽培,≥100株
豆科	猪屎豆属	菽麻	Crotalaria juncea	种子	品种隔离种植,主茎现蕾时摘去顶心促进结荚,>20株
豆科	鸡眼草属	鸡眼草	Kummerowia striata	种子	种子落粒性强,应及时收种。一年生,>50株
豆科	大豆属	野大豆	Glycine soja	种子	搭架栽培,及时分批收荚,居群≥30株,株系≥10株
豆科	山黧豆属	山黧豆	Lathyrus quinquenervius	种子	一年生,易裂荚,荚果变黄褐色时收种,易倒伏。>50株
豆科	兵豆属	兵豆	Vicia lens	种子	一年生,>50株
豆科	胡枝子属	胡枝子	Lespedeza bicolor	种子	品种隔离种植,>10株
豆科	百脉根属	百脉根	Lotus corniculatus	种子	播前要进行根瘤菌接种。种子成熟不一致,易裂荚落粒,可分批采收,15~20株
豆科	羽扇豆属	黄花羽扇豆	Lupiun luteus	种子	荚果易开裂,应及时收种。一年生,>50株

续表

科名	属名	种名	学名	繁殖方式	种质繁殖更新要求
豆科	苜蓿属	紫花苜蓿	Medicago sativa	种子	隔离种植。花期需人工授粉或放蜂辅助授粉,种子硬实率一般10%,高者30%~60%,播种前种子须碾磨刻伤处理,以提高发芽率,15~20株
豆科	草木樨属	白花草木樨	Melilotus albus	种子	硬实率达40%~60%,播种前需划破种皮或冷冻低温处理。种子成熟不一致,易落粒,当下部荚果65%由浅黄色变成褐色时即可收种,>10株
豆科	黎豆属	黎豆	Mucuna cochinchinesis	种子	搭架、常规栽培,≥100株
豆科	驴食豆属	红豆草	Onobrychis viciaefolia	种子	可带荚果应隔离种植,人工辅助授粉,种子落粒性强,应及时收种。15~20株
豆科	苦马豆属	苦马豆	Sphaerophysa salsula	种子	种子产量高,落粒性不强。15~20株
豆科	菜豆属	多花菜豆	Phaseolus multiflorus	种子	尼龙网隔离,宜人工放蜜蜂授粉,搭架栽培,≥50株,空间隔离>200 m
豆科	豇豆属	绿豆	Vigna radiata	种子	常规栽培,及时分批采收,注意病虫防治,≥100株
豆科	菜豆属	普通菜豆	Phaseolus vulgaris	种子	搭架、常规栽培,≥100株
豆科	豌豆属	豌豆	Pisum sativum	种子	常规栽培,及时收获,≥100株
豆科	四棱豆属	四棱豆	Psophocarpus tetragonolobus	种子	搭架、常规栽培,≥30株
豆科	扁豆属	扁豆	Lablab purpureus	种子	搭架、常规栽培,≥100株

续表

科名	属名	种名	学名	繁殖方式	种质繁殖更新要求
豆科	田菁属	田菁	Sesbania cannabina	种子	种子硬实率高达30%～50%，播种前35℃种子处理，一年生，15～20株
豆科	野豌豆属	毛苕子	Vicia villosa	种子	种子的硬实率高，出苗率仅有40%～60%，播种前应进行硬实处理，收种子硬实率更高，播种后应进行硬实处理，种子发芽的适温为15～25℃，气温低至2～3℃上部停止生长；高至28℃以上生长受抑制
豆科	灰毛豆属	山毛豆	Tephrosia vogelii	种子	种子硬实粒多，播前种子在石白内擦砂轻碾10～15分钟，可显著提高发芽率，稀播，薄土覆盖，>50株
豆科	三叶草属	白三叶	Trifolium repens	种子	品种隔离种植，种子经硬实处理后播种，15～20株
豆科	野豌豆属	山野豌豆	Vicia amoena	种子、根蘖	硬实率达50%～70%，种子成熟不一致，易裂荚，荚果变黄时收种，15～20株
菊科	苦苣菜属	全叶苦苣菜	Sonchus transcaspicus	种子、根蘖	种子产量高，无性繁殖或种子繁殖，根繁殖更容易，15～20株
藜科	盐生草属	盐生草	Halogeton glomeratus	种子	应避免种质材料与野生或栽培品种间有性混杂，15～20株
藜科	盐角草属	盐角草	Salicornia europaea	种子	种子产量高，耐盐缺水耐旱，播种深度1～2 cm，15～20株

注：部分材料和数据引自《草种子综合保存技术》（李志勇 等 2016）。

（2）无性繁殖设计。无性繁殖的田间设计，是利用水泥隔离池保存的多年生牧草种质，一般将原种株的分蘖苗移栽至大田种植，成活后翌年重新栽入圃内原水泥池保存，需对移栽的大田进行设计，方法同种子繁殖小区设计。利用营养钵移栽，需制备足量营养土装入营养钵，按编号顺序排列于田间或温室内，每个营养钵栽植一份种质的单株，成活后翌年重新栽入圃内原编号处。对于种株繁殖每份种质株（丛）数应和原保存的株（丛）数相一致，不同牧草种质保存的株数不同，例如：禾本科旱生牧草每份种质20～30株（丛）。关于用地面积计算，种株大田移栽繁殖所需移栽田面积的计算同种子繁殖设计。

4. 栽培技术

（1）用种子繁殖更新的旱生牧草种质资源。

播前准备。用种子繁殖更新的旱生牧草种质资源在播种前要测定种子的发芽率，以便确定播种量。种子保存量少和野生材料，不进行种子发芽率测定，取原种时只取每份库存材料的少部分种子，以防繁殖不成功。应根据每份种子发芽率、计划繁种量来确定原种用量。计算公式：

$$原种用量 = 计划繁种量 / 种子发芽率$$

编制繁殖更新名录，内容包括小区号、种植前编号、库编号、种质名称、繁殖更新量、入库时间、繁殖更新时间等。提取种子应随机取样，以保证繁殖材料的代表性，按照每份种质的原种用量用小纸袋进行分装，小袋上要标明种植前编号，袋内要放入小标牌。播种前要对原种进行核对，是否与提供繁殖种质名称、库编号相符。播前将繁殖田深翻、耙平，按田间设计要求修整好沟渠和人行道，小区内土块打碎搂平，根据不同牧草株行距和播种深度开沟或挖穴。根据繁殖种质数量和不同科、属、种的材料特性进行田间布局，将标有种植前编号的材料分别放在繁殖小区地头，并在繁殖更新名录上注明小区号，小区要插木质或塑料插牌，插牌上注明小区号，以便收种。

地块选择。为了获得高产优质的种子，必须选择最适宜牧草种子生产的环境条件。播种前应做好除杂工作。适宜种子生产的土壤应具有良好结构、易于耕作、通风及排水良好、能维持适宜的土壤湿度的壤质土，应选择地势平坦、土质良好、肥力充足、排灌设施齐全的地块作为种子生产田。种子田的播前整地总要求是土壤疏松，耙平耙细，因为牧草种子细小，要求良好的发芽条件。另外，还要求杂草少，保墒良好，利于出苗和苗期生长。种子田的播前整地工作十分重要。由于多年生牧草种子小而轻，贮存营养物质不多，种子萌发及幼苗期的生长发育都较缓慢，对于播前的土壤耕作要求较为严格。以创造一个良好的播种条件，保证幼苗顺利出土。

播种时期的确定。一般冷季型草在地温达 4~7℃时发芽，而暖季型草要在地温达 10~13℃时才会发芽。因此大多数草种子适宜春播，春季的冷湿条件有利于种子发芽，在北方，大多数冷季型草应在 5 月前完成播种，而暖季型草则宜在 6 月初完成播种。尽管早春是理想的播种期，但是杂草较多时需要用除草剂或火烧，播种期可适当推迟。冷季草相对暖季草对播种期要求不很严格，也可采用夏秋播、秋播、秋季休眠播种。

播种量和播种方式。播种量视牧草的种类、气候、土壤条件变化而定，种子田比大田相应地增大了株行距，因而减少了播种量，其播量为大田的 1/3~1/2。在干旱条件下，播量应比有灌溉条件的稀一些，株距宽一些。牧草种子田灌水一定要适时适量，过多过少都会降低种子产量。种子播量一般 60~100 粒 /m^2 较为合适。尽管有时推荐使用低播种量，但是应保证种苗比杂草具有更强的竞争力，并且能抵抗外来因素的胁迫许多草种子发芽率低于 80%，为了保证翌年的生长季有足够的植株，播种量应以种子用价为基础进行计算。牧草种子繁殖田适时播种不但能提高种子发芽率和发芽势，还能保证植株正常生长和丰产，减少病虫害。通常采用宽行播种。在某些情况下也可以采用窄行距播种。一般窄行距对收种不利。而宽行距播种的理论根据主要是能充分利用光能，通风良好，营养面积大，在肥沃的土壤上能促生大量的生殖枝，增加繁殖系数。其优点是：植株繁茂，寿命较长，种子产量高，种子大而饱满，同时易于清除杂草。

播种方法。多采用单播，在特殊条件下，选用没有竞争力、结实率低的作物进行保护播种是可行的。例如，在易于板结或沙地上，保护作物有利于牧草的出苗。燕麦是较好的保护作物，其播种量一般是正常播种量的 1/3。按 4.5~6.7 kg/hm^2 的燕麦进行保护播种，效果不错。保护播种的方法是隔行条播或垂直播种。通常情况下牧草种子田追肥和灌溉要结合进行。多年生牧草种子产量的高低取决于单位面积生殖枝的数目、穗的长度、小穗及小花数、结实率和种子的成熟度，而这些因素的好坏则与水分和养分的供应充足、适时与否有着密切关系。所以，对种子田的追肥与灌溉就是以促进其生殖生长为主要目的。牧草种子田的除草防病要及时。在生育期间种子繁殖田要多次进行去劣、去杂和拔除病株的工作，禾本科牧草和饲料作物在抽穗期和蜡熟期，而豆科牧草则在开花期和结实期进行。病虫害的防治应采取以防为主的方针，生长期要经常检查，一旦发现病虫害应及时消灭，以免扩大传播。

播种深度和行距。播种深度一方面由土壤类型及结构决定，黏重土壤一般为 1 cm，轻质土壤中 2 cm，以保证有足够的水分供种子发芽、出苗，播种深度超过 2.5 cm 将导致出苗不均匀、难以形成草地、容易滋生杂草等问题；另一方面由种子大小决定，较小的种子需浅播。冷季型草和暖季型草的播种深度也有区别。冷季型草出苗主要通过延长胚芽鞘，胚芽鞘节点保持不动，并在原点长出不定根。当播种 4～8 周，不定根就接替初生根的功能。只要土壤使种子保持湿润状态，冷季型草通常易于成活，所以在轻质土壤中，也可适度深播，以便胚芽鞘的节点能处于湿润的土壤。有利于不定根的形成。暖季型草是通过延长胚芽鞘节点使之靠近地表面形成种苗，对地表的温度和湿度非常敏感，需要在出苗前形成不定根系统，所以要利用土壤墒情，适度浅播。行距因牧草种类和栽培条件的不同而有差异，种子田应比大田行距宽 1 倍左右。草种子生产的行距一般是：干燥的土壤 50～120 cm，土壤较湿润或有灌溉条件时 30～80 cm。确定理想的行距时要考虑以下几个方面：土壤耕作情况和生产潜力；牧草的生长型；有无灌溉条件；可用的种植设备。大多数牧草在宽行距条件下有较高的种子产量。

施肥。播种时，需要施足磷肥，至少供 3 年所需。一般只以磷肥做基肥，许多生产单位在播种时混施低剂量（34～56 kg/hm^2）的氮肥（N∶P∶K 为 11∶48∶0 或 11∶51∶0）。应将肥料施在种子侧面或更深的地方，以免肥料与种子接触烧坏种苗。在 2～3 叶期可施 22～34 kg/hm^2 的氮肥。成苗后，一般干旱地施 34～56 kg/hm^2、灌溉地施 67～112 kg/hm^2 氮肥。但氮肥过多容易引起倒伏，特别对大须芒草和柳枝稷等高大的禾草应该适量施肥。成苗后在中耕时侧面（行间）施肥，一般离植株 10～15 cm，以保证移动差的养分能被植株吸收。冷暖季型草播种当年晚秋（土壤结冻前）或翌年早春追施氮肥，因为秋季分蘖形成的花原基必须经春化作用才能在翌年春天形成花序，所以秋季施肥效果较好。暖季型草的花序来源于春季分蘖，因此收获后秋季一般不需要施肥。但如果在容易渗漏的粗砂质土中，晚秋和早春两次施氮效果更好。

杂草控制。本土草在种苗阶段竞争力很弱，杂草控制非常困难，目前还没有专门用于草种子生产的除草剂，其研究也没有引起足够的重视。因此，选择杂草相对少的地块，种植前除杂，是适当控制杂草的实用办法。同时避免种子中自带杂草，减少行间杂草数量，也有利于抑制潜伏性杂草的产生。免耕播种和低氮肥有利于抑制杂草生长，控制种子田周边多年生杂草也有利于减少种子田中的杂草。目前，用于控制草种子生产田中杂草的方法有：机械防治方法、化学防治方法和人工去劣除杂。机械防治方法通常在出苗成行后就可进行，为了不干扰种苗，行间除杂要距种苗 2.5～3.75 cm 进行，以免截伤分蘖枝或土壤盖压种苗。成苗后除杂一般深至土壤 2.5～5 cm 即可，太深容易截伤根系。播种当年也可通过刈割来控制杂草，在一年生杂草花序形成时进行刈割，不仅对控制一年生杂草非常有效，而且有利于促进多年生牧草种苗分蘖数增加。化学防治方法在种苗 1～2 叶期就可开始，但 2 甲 4 氯、2,4-D 和麦草畏等除草剂要在 4～5 叶期或出苗后 6～8 周才能施用。推迟施用由于杂草生长旺盛影响除杂效率。对已建成的种子田，在植株快速生长阶段或孕穗期前施除草剂效果最好。如果杂草和牧草的高度差别大时，可采用非选择性除草剂（如草甘膦）涂抹法进行除杂。去劣除杂包含除去同一品种中的劣株和杂草植株，是最费时、最费劳力的除杂方法，是进行原种及登记种子生产不可缺少的管理措施，一般在已有花序但还未授粉时进行去劣工作，劣株或杂草应该移出种子地，以减少收获种子被污染的可能性。对于面积较小的繁殖更新地块，大多数情况下采用人工方式反复除草是不错的选择。

病虫害控制。旱生牧草中的乡土草种一般病虫害较少，但种子生产的单一播种实际上增加了病虫害入侵的机会。可采取用农药拌种，预防通过种子传播的病虫害。如为了防治禾本科牧草的黑粉病、坚黑穗病，可用 35% 菲醌粉剂或 50% 福美双粉剂，按种子重量的 0.3% 拌种。病虫害防治应本着"预防为主，综合防治"的原则，通过种子消毒，及时清除杂草，合理轮作，规范的田间管理，适时刈割或其他农业技术措施预防或消灭病虫害。在突然大规模暴发草地螟虫、黏虫、蝗虫等毁灭性害虫时，则要迅速采用化学药剂防治。但一定要采用高效低毒农药，注意人畜安全。

（2）用无性材料繁殖更新的旱生牧草种质资源。

播前准备。用无性材料繁殖更新的旱生资源，在播种前要编制好更新名录内容包括小区号、圃位号、国圃号、种质名称、繁殖更新株数、入圃时间、繁殖更新时间等。根据不同营养繁殖器官的再生特性，选取或培育新生苗，每株取 3~5 个，分离后要挂牌，牌上标注圃位号，核实无差错后送至繁殖区备用。

地块平整及小区标注。将繁殖田深翻、耙平，按田间设计要求修整好沟渠和人行道，小区内土块打碎搂平，根据不同牧草株行距和播种深度开沟或挖穴。根据繁殖种质数量和不同科、属、种的材料特性进行田间布局，将标有圃位号的材料分别放在繁殖小区地头，并在繁殖更新名录上注明小区号，小区要插木质或塑料插牌，插牌上注明小区号，以便更新后用小区号在更新名录上查出圃位号，将更新后植株移入原保存小区。

无性繁殖材料的移植。对于大部分旱生牧草资源，移植时间的选择应该是在适宜生长期进行，如多年生禾本科牧草一般在 5—6 月进行。移植密度应考虑地上部占地面积和地下根茎蔓延情况确定移植密度，如禾本科多年生牧草为 50 cm×100 cm。最好是设计地下水泥隔离板。移植方法一般是将已准备好的分蘖苗、分枝或者根茎，放在更新小区边，每份材料确定 1 个更新小区，对应圃位号记录新的更新小区号，核实无误后进行移植，移栽后应立即浇水。

田间管理。正常田间管理参照种子繁殖田间管理。主要工作是杂草防除，苗期杂草一定要手工拔除。另外需要割穗拔蕊，为防止串粉异交和落粒造成混杂，对更新种质在抽穗或现蕾期将植株上部割去，人为控制其开花结实。此外，在高寒地区，进行越冬防寒处理，对不耐寒的野生种应在越冬前追施草木灰以增强御寒能力或在结冻前进行冬灌水，可缓解土温变化幅度，结冻后进行冬灌也有助于保温防寒。对于禾本科牧草，有条件的地方在返青前和生长期应在行间进行土壤深翻，挖除地下横走匍匐茎，防止土壤板结，促进植株生长。

此外，需要每年春季清除由于落粒产生的自生苗。春季返青前要及时清除圃内地面干草，以减少病虫滋生。对于密丛丛生的一些草类，开春返青前火烧也是一种很不错的措施。

5. 种子收获

旱生牧草的种子收获主要包括收种、脱粒、晾晒、贮藏、检测等环节。

（1）收种。旱生牧草种子繁殖更新的田间收种时间因不同草种的成熟期不一样，收获时间也不同。这主要取决于资源本身特征和当地的气候条件。因而对于开花期很长的旱生牧草，种子的成熟期也不一致，收获时间是否合适，对种子的产量和质量影响很大。收早了青荚与青穗太多，降低了种子的品质；收迟了种子自行落粒，影响产量。种子成熟可分为乳熟期、蜡熟期和全熟期。种胚的形成完成于乳熟期，此时种子为绿色，含水多，质软，种子易于破裂。乳熟期的种子干燥后轻而不饱满，发芽率及种子产量均很低，绝大部分不具经济价值；蜡熟期的种子呈蜡质状，果实的上部呈紫色，但部分种子仍保存浅绿的斑点，种子容易用指甲切断；全熟期的种子均具有较好的品质，它们的千粒重、发芽率和种子产量均较高，是种子收获的适宜期。繁殖种子要及时收种，成熟一部分收获一部分。由于种子成熟期不同，群体又小，一般采取人工收获。有落粒、裂荚或荚果成熟不一致的种质，需要分期分批收获，落粒性强的种质可在地面铺塑料布收集种子。收获种子多用纱网种子袋或布袋，袋口和袋内要放标签，注明小区号和收获时间。

（2）脱粒。对收获的种子应及时分开晾晒，防止种子发霉或发芽。晒干后一般采用人工脱粒，数量较大的可采用机械脱粒，机械脱粒后要清扫脱粒机，防止机械混杂。每份脱粒完的种子连同原标签仍装回种子袋内，并核实与袋口标签一致无误。

（3）晾晒。脱粒后的种子，应及时晾晒至达到保存所要求的含水量为止。草种子入保存含水量参照《农作物种质资源保存技术规程》执行。晾晒方式因草种类不同而异，多数在室内挂藏晾干，也可以直接晒干，但要防止在水泥地面或金属器具上暴晒。携带虫卵病菌种子，必要时可熏蒸处理。

（4）贮藏。牧草种子的播种品质及其寿命长短与种子的贮藏好坏有很大关系。种子在贮藏过程中本身将发生一系列生理生化变化，而种子的变化又与外界环境中的湿度和温度密不可分。因此种子在干燥之后应妥善保管，这样才能保存种子的优良特性。在种子贮藏工作中应注意：禾本科牧草种子入库时的含水量不超过15%，豆科牧草种子的含水量不超过13%。种子一般需要低温贮藏。

不同的种质库对种子的温度要求不一样。① 短期库：临时存放种质材料，分发种子用于研究、鉴定和利用，贮藏温度为10～15℃，相对湿度为45%～60%，种子装入纸袋或布袋，一般可存放5年左右。② 中期库：以中期贮存为目的，通过繁殖更新对种质进行描述鉴定并记录存档，向育种家提供种子，贮藏温度0～10℃，相对湿度小于60%，种子含水量8%左右，种子放入铝箔袋或带衬垫的螺纹铝盒、玻璃罐和塑料瓶，要求安全贮存10～20年。③ 长期库：长期贮藏种子，一般不提供分发利用，为确保种质遗传完整性，只在必要时才进行繁殖更新。贮藏温度-18℃，相对湿度小于50%；种子含水量除大豆8%以外，其他作物5%~8%；种子放入铝箔袋或带衬垫的螺纹铝盒、玻璃罐和塑料瓶。可以贮藏数十年至上百年。每5~10年检测种子发芽率，要求能安全贮存种子50~100年。

（5）检测。种子在入库前必须进行清选、检验、分级处理，除去杂质，按种子等级分别存放。依据田间种植档案，按水分、净度、色泽、纯度逐项逐户检验，合格种子装入包装袋，内外标签标识，注明种子来源。同时每户抽取种子样品，送检验室复检，发现不合格种子，要剔除。合格者过磅入库，检验合格的种子，全面及时杀虫消毒，按国家标准贮存。种子在贮藏期间必须经常检查，加强管理，防止受潮、升温，并加强防水、防虫、防鼠工作。种子保存好后，按照GB/T 3543.1~3543.7进行抽样和检验。种子质量必须达到GB 4407.2的要求，芥酸、硫苷含量必须达到NY 414的要求，才能用于繁育大田用种。

6. 数据记录

旱生牧草种子繁殖更新结束后，应及时对繁殖过程中所记录的数据进行整理，建立纸质档案。将数据采集表中采集的数据输入计算机，建立繁殖更新种质电子档案和数据库。对繁殖更新数据进行汇总、归类、统计和分析，如统计繁殖合格份数、对不合格材料要分析原因，形成当年的繁殖更新工作报告，以利于以后制定繁殖更新计划和进行资源利用参阅和使用。

第三节 繁殖更新的技术规程

技术规程是以规范的标准化繁种技术来指导旱生牧草的繁殖更新，将对提高旱生牧草繁殖更新的种子数量和品质具有极大的促进作用，也从源头上为旱生牧草种子质量提供了重要保障。

繁殖更新的技术规程主要涉及种质资源的保存、繁殖和更新的具体操作规程。主要包括繁殖和更新材料地点选择、种子准备、播种、苗期管理、中期管理、田间去杂、核对性状、收获、脱粒和干燥、种子核对和包装、清单编写和质量检查等。牧草种质资源繁殖更新技术规程涉及种质库、试管苗库和种质圃保存的牧草种质资源繁殖更新的技术程序、要求与标准。以下列举了牧草、绿肥、燕麦、高粱、鹰嘴豆、山黧豆的繁殖更新的技术规程。这些规程的实施有助于保护和利用这些种质资源,对我国种质资源的保存利用和草牧业发展具有重要意义。

1. 牧草繁殖更新技术

为规范牧草种质资源的繁殖更新技术,保持牧草种质的遗传完整性和种子质量,使其在牧草科学研究和生产中长期有效地得到利用,特制定牧草种质资源的繁殖更新技术规程。本规程规定了牧草种质资源的种子繁殖更新技术基本要求,适用于牧草包括古老的地方品种、育成品种、品系、国外引进品种、栽培牧草的野生祖先、野生牧草驯化种及野生牧草种等牧草种质资源的繁殖更新。

(1)繁殖更新方案。

计划及材料准备:根据库存种子的生活力和圃存植株的生长势监测结果,确定各年度繁殖更新份数;根据供种利用需求量,对需求量大的种质加大繁殖量。从库中提取种子和准备无性繁殖材料。

繁殖时间:根据不同牧草种质的生物学特性,选择最适的时间。

繁殖方式:营养无性繁殖和种子繁殖。

(2)地点选择。

繁殖地区:应选在拟繁殖种质的原产地、采集地或类似的生态区;国外引进种质选择类似生态区,经适应性鉴定后确定适合繁殖地点。种质圃保存种质的更新,必须在原圃地及附近繁殖田进行。

试验地:应选择交通方便,土壤类型和酸碱度适宜,肥力中等、均匀,排灌条件好,无污染,不易受洪水、病虫、畜禽危害的地方。

(3)隔离方式(异花、常异花授粉植物)。

异花或常异花授粉种质采用花期隔离措施,如空间隔离、时间隔离、高秆作物自然屏障隔离、小区网棚、单株网罩及单穗(花)套袋等。

(4)田间设计。

繁殖群体:繁殖更新群体的大小,应以繁殖后的新种质能最大限度保持原种质的遗传完整性为原则。

用地面积:用地面积=小区面积×小区数繁殖份数+走道面积+水渠面积+保护行

小区设计:每份种质设1个小区。网棚隔离的1个网棚为1个小区。种植群体株数和株行距确定小区面积。疏丛型多年生禾本科牧草行距为 35～40 cm，根茎型禾本科牧草和豆科牧草行距为 40～60 cm，植株高大、分蘖力强的牧草可适当加大为 70～80 cm。小区间留出人行道。

种植图：标明南北方向、小区排列顺序和小区号、人行道等（图6）。

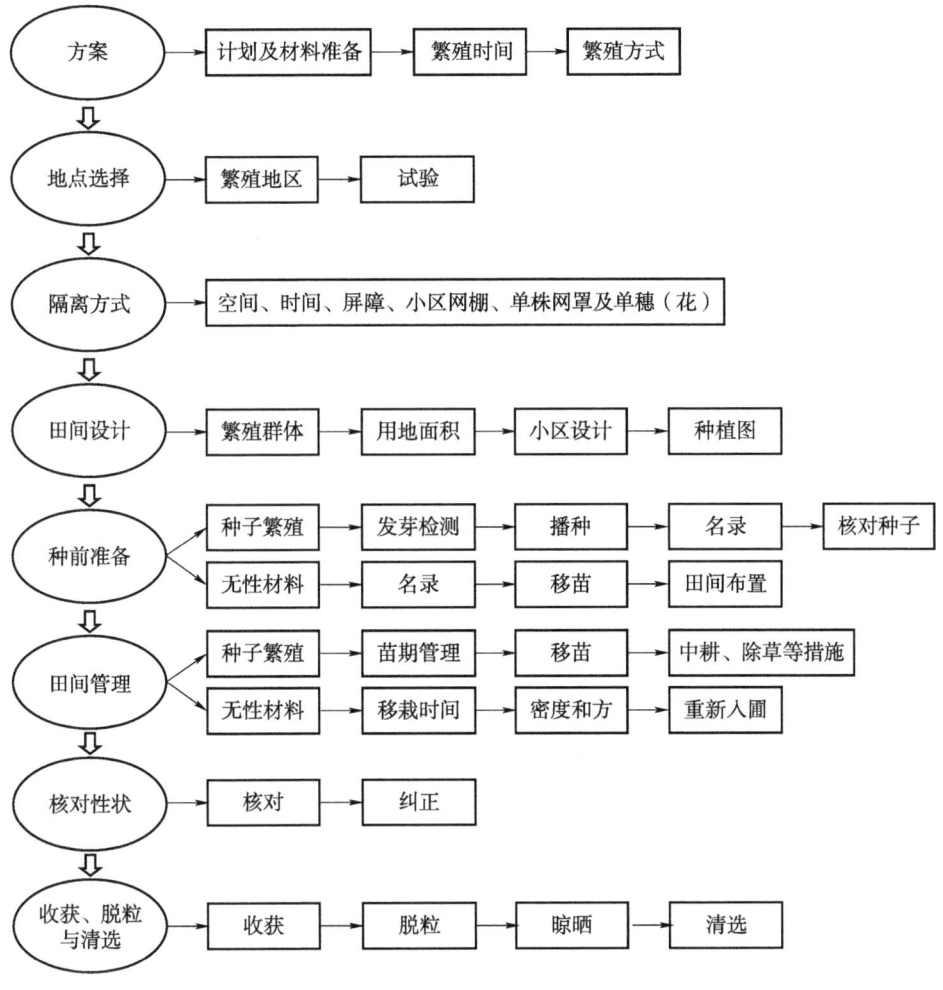

图 6　牧草繁殖更新操作程序

（5）种前准备。

• 种子繁殖。

发芽率检测：测定种子的发芽率，测定方法参照"GB2930.4 牧草种子检验规程中发芽试验"执行。

播种量：根据检测发芽率和更新群体确定。

计算公式：原种用量＝计划繁种量/种子发芽率。

更新名录：小区号、种植前编号、库编号、种质名称、繁殖更新量、入库时间、繁殖更新时间等。

核对种子：随机取样，保证繁殖材料的代表性，袋上标明种前编号，播前核对。

- 无性繁殖材料。

对株丛长势减弱，分枝分蘖减少，生物量下降，枯枝增多，生长期缩短等情况；且保存株数减少到原保存数量的50%，遇到严重的病虫为害等。

更新名录：小区号、圃位号、种质名称、株数、入圃时间、繁殖更新时间等。

移栽苗：选取或培育新生苗，每株取3～5个，挂牌标圃位号，送至繁殖区。

田间布置：小区插木质或塑料牌，注明小区号，将更新后植株移入原保存小区。

（6）田间管理。

- 种子繁殖管理。

苗期管理：禾本科分蘖及豆科第1片真叶长出前，晴天每日浇1次，阴天2～3 d浇1次，要间苗定苗。

移苗：苗长至10～15 cm时移栽小区内，植后浇定根水。

中耕除草：中耕疏松土壤、消灭杂草。

灌溉施肥：及时浇灌。播种或移苗前，施有机肥做底肥，再追施化肥以利生长。

病虫害防治：做好病虫害的预防工作。

- 无性材料管理。

移植时间：在适宜生长期进行。

移植密度：依地上部面积和地下根茎蔓延确定移植密度。

移植方法：每份材料确定1个更新小区，移栽后浇水。

重新入圃：于翌年4—5月将种株挖出，保留地上部20～25 cm的根茬，移栽至保存区内。

入圃后管理：在抽穗或现蕾期将植株上部割去，控制开花结实。在越冬前追施草木灰或冻前灌水。

（7）核对性状与去杂。

核对性状：性状核对应在繁殖材料特征性状明显表现时期进行。核对性状的观察记载，遵照《牧草种质资源的描述规范和数据标准》执行。种子繁殖更新时，对不同牧草的特征性状进行核对。无性材料繁殖时分蘖苗移栽成活后，应与圃内原株进行核对。

去杂：种子繁殖时，对个别与原性状不符的混杂株去除或标记按植株变异处理。对与原种质性状完全不符的应查明原因并纠正。无性材料繁殖时分蘖苗移栽成活后及时拔除杂株。

（8）收获、脱粒与清选。

收获：种子成熟期不同，群体小，采取人工收获，成熟一份（1个小区）收获一份。有落粒和裂荚习性，或荚果成熟不一致的种质，分期分批采收，落粒性强的种质在地面铺塑料布收集种子。收获种子多用纱网种子袋或布袋。

脱粒：收获的种子分开晾晒，干燥后采用人工脱粒，数量较大的可采用脱粒机，防止机械混杂。

晾晒：脱粒后的种子晾晒至入库保存所要求的含水量。参照《农作物种质资源保存技术规程》。在室内挂藏晾干或直接晒干，携带虫卵病菌种子，可进行熏蒸处理。

清选：种子入库前要清选，去除杂物、瘪粒等。

种子质量检验：测定千粒重，测定方法按照《牧草种质资源描述规范和数据标准》执行。参照"GB 2930.3 牧草种子检验规程净度分析"进行净度检验，繁殖更新种子的净度一般不低于98%。

入库：合格的种子经统一包装整理后送交入库。每份种质包装袋外要标注库编号、种质名称、繁殖年份、种子质量，袋内要放相同标注的标签。

（9）建立电子档案。

及时对繁殖过程中所记录的数据进行整理，建立纸质档案。采集的数据输入计算机，建立电子档案和数据库。

2. 绿肥繁殖更新技术

为规范绿肥作物种质资源的繁殖更新技术，保持绿肥作物种质的遗传完整性和种子质量，使其在绿肥科学研究和生产中长期有效地得到利用，特制定绿肥作物种质资源的繁殖更新技术规程。本规程规定了主要绿肥作物种质资源的种子繁殖更新技术基本要求，适用于绿肥作物的地方品种、选育品种、品系、遗传材料和突变体等种质资源的繁殖更新（图7）。

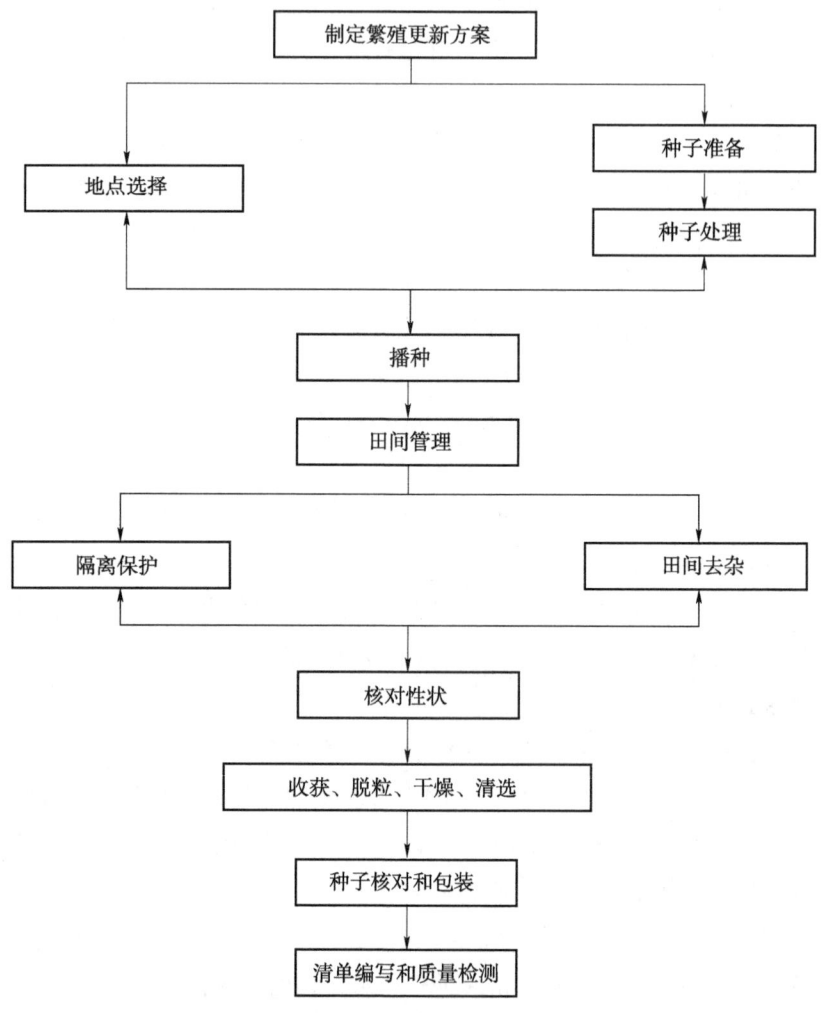

图7 绿肥繁殖更新技术路线

（1）制定原则。

根据不同类型种质的特征特性制定繁殖更新方案，更新方案应包括繁殖更新的所有程序。

明确更新工作负责人，负责人应熟悉繁殖更新程序及操作要求。

（2）方案要求。

地点选择：明确地点的地名、地理位置（经纬度）、种植制度及前茬作物，取基础土壤样品。

种子准备：核对种子名称、编号、种子特征。测量并记录发芽率，确定播种量。

种子处理：明确是否进行晒种、擦种、接种根瘤菌及具体操作程序。

播种：根据播种量、繁殖要求、小区设置要求等划分小区，画好小区示意图。确定播种时期和播种方式，确定播种时的施肥方式和施肥量，记载播种日期及主要技术措施，如覆膜、灌水等。

田间管理：做好田间管理的预判，如施肥、灌水、病虫草害防治、鼠雀害防治、防倒伏等。记载田间管理的主要措施及实施日期。

隔离保护：根据不同种质特性，明确隔离措施及具体操作程序。

田间去杂：根据种质特性，确定主要去杂时期及去杂措施。

核对性状：确定需要核对的性状、核对阶段，明确纠正措施。

收获、脱粒和干燥、清选：明确收获原则，如紫云英在全田黑荚率在80%左右时进行收获；提前准备好标签、纸袋以及编号等工作。

种子核对和包装：提前准备好所需的尼龙袋、布袋、纸袋等包装物，做好材料编号顺序整理和登记，仔细核对编号及种质，记载收获量（精确到0.1g/小区）。

清单编写和质量检查：提前制作好空白清单，清单内容包括田间小区号（繁殖更新的种质编号）、库编号、种质名称、繁殖单位、繁殖地点、繁殖时间、种子量等。测量并记录纯度、净度、水分和发芽率等。

（3）地点选择。

繁殖地区：应选种质原产地或与原产地生态环境条件相似的地区，能够满足繁殖更新材料的生长发育及其性状的正常表达，使其独特特性得到保持和复原。

试验地：应选择地势平坦、地力均匀、形状规整、排灌方便的田块；远离污染源，无人畜侵扰，附近无高大建筑物；避开病虫害多发区、重发区和检疫对象发生区。土质应具有当地绿肥作物土壤代表性。

试验地隔离条件：紫云英、肥田萝卜、油菜、二月兰等异花授粉种质，应1 000～2 000 m范围内避免其他同类种质资源的种植。

配套条件：应具备种子处理、播种、育苗、收获、晾晒、贮藏等试验条件和设施。

（4）种子准备。

核对种质：核对种质名称、编号、种子特征。

发芽率检验：全部繁殖种质，均抽样检测种子发芽率。

播种量：根据发芽率、更新群体以及播种方式确定。

分装编号：按种质类型进行分类、登记、分装和编号，每份种质一个编号，并在整个繁殖更新过程中保持不变。

（5）种子处理。

晒种：在播种前选晴天晒种 1~2 d，晒种时要摊匀勤翻、晒透。

擦种：硬籽率较高的种质，如紫云英，需要擦种。晒种后，按每 10 kg 种子：细沙 =5：1，装入布袋中揉搓 10 min。

接种根瘤菌：豆科绿肥一般应进行接种，但条件不具备时，可以不接种。在多年没有种植过豆科绿肥的地区，尽可能进行根瘤菌接种。接种用的根瘤菌菌剂必须是正规厂商生产的合格产品，按要求拌种即可。

（6）播种。

小区划分：利用南方稻田繁种时，起高垄；北方旱地繁种时，做低畦。每垄或每畦作为一个小区。整地时，要将大块土块敲碎、耙匀。按编号顺序每份种质播一个小区，稀播匀播，并插编号标签；各小区间充分隔开，必要时覆膜，避免种子错位和混杂。

播种时期：根据种质光温性、熟期性等特性适时播种。

播种方式：一般采用条播。矮秆豆科绿肥，如紫云英、箭筈豌豆、二月兰、黑麦草等，行距 40~50 cm、株距 10~20 cm；直立型高秆，如田菁、油菜、肥田萝卜，行距 90~100 cm、株距 40~50 cm；匍匐型绿肥，如毛叶苕子、光叶苕子，行距 90~100 cm、株距 10~20 cm。播种后需覆盖，小粒种子，如紫云英、油菜、二月蓝，覆土深 2 cm 左右，中大粒种子，如田菁、蓖麻、毛叶苕子、光叶苕子、箭筈豌豆，覆土深 4~5 cm 左右。如气候干旱，土质轻松，覆土可稍厚；若天气多雨，土壤黏重湿润，覆土宜浅。

种植示意图：图中标明南北方向、小区排列顺序、小区号、小区行数和人行道（垄沟、畦埂）。

有效更新群体：指每小区剔除四周边行后的收获株数。紫云英、肥田萝卜等异花授粉绿肥作物，有效更新群体 150 株；自花授粉绿肥作物，有效更新群体 100 株。

小区设置：根据群体大小、播种密度确定小区面积；长度与宽度比为（2~3）:1，采用顺序排列，留操作走道，设保护行。

查苗补苗：出苗后及早查苗补缺。

（7）田间管理。

施肥：一般基施即可，并根据土壤肥力和种质类型确定施肥量。肥力较高地块，如高产田块，一般少施肥。肥力较低的低产地块，应施肥，豆科绿肥作物资源采用当地大豆普通施肥水平，肥田萝卜采用当地萝卜施肥水平，油菜、二月蓝采用当地油菜施肥水平。

栽培措施：做好水管理、病虫草害防治、鼠雀害防治等措施。高秆、软秆品种做好防倒处理。

（8）隔离保护。

紫云英、肥田萝卜、油菜、二月蓝等异花授粉作物，在开花前用尼龙罩进行隔离处理。采用群体内隔离自由授粉。为了保证群体内各单株之间雌蕊充分授粉，提高每个单株的结实率，应进行人工辅助授粉，或昆虫传粉，但群体之间不能用同一批昆虫或授粉工具。

（9）田间去杂。

去杂时期：苗期、分枝期（分蘖期）、开花期（抽穗期）和荚果（角果）成熟期。

地方品种：开花期（抽穗期）、株型、穗型、粒型性状明显区别于主体类型的，则当作杂株拔除。

其他类型：对开花期（抽穗期）、株型、叶型和叶色等主要表型性状与主体类型不一致的个体，都当作杂株拔除。

（10）核对性状。

核对繁殖更新材料的株型、叶型、粒型以及茎、叶、颖色泽等性状是否具有原种质的特征特性，并对不符合原种质性状的材料应查明原因，及时纠正。

（11）收获、脱粒和干燥、清选。

收获：适时收获。每小区剔除四周边行后全部收获；按材料单收、单晾晒。其中，紫云英在全田黑荚率在 80% 左右时进行收获，箭筈豌豆 80% 荚果变褐黄时收获，毛叶苕子 70% 的荚果变黄白时收获，肥田萝卜、油菜、二月蓝在 80% 的角果变为淡黄时收获。

脱粒：每份材料脱粒前，须清扫干净脱粒场地、机械、用具等，严防混杂；按材料单脱粒、单装袋；种袋标签编号须与田间小区编号一致，袋内外各附标签，避免写（挂）错标签。

干燥：脱粒装袋后及时晾晒，防止发热霉变、鼠雀危害。

清选：去除瘪谷、病虫粒和泥沙等杂质。

（12）种子核对和包装。

整理：按材料编号顺序整理和登记，核对编号。

核对：对照标本和种质目录核对种质。

分装：根据入库种子需求量，用尼龙袋、布袋、纸袋等分装和称重。需要邮寄的种质避免用纸袋装种子。

（13）清单编写和质量检查。

清单编写：清单包括田间小区号（繁殖更新的种质编号）、库编号、种质名称、繁殖单位、繁殖地点、繁殖时间、种子量等。

质量检查：检测纯度、净度、水分和发芽率等。

3. 燕麦繁殖更新技术

为规范燕麦种质资源的繁殖更新技术，保持燕麦种质的遗传完整性和种子质量，使其在燕麦科学研究和生产中长期有效地得到利用，特制定燕麦种质资源的繁殖更新技术规程。本规程规定了燕麦种质资源的种子繁殖更新技术基本要求，适用于燕麦（*Avena* spp.）的地方品种、选育品种、品系、遗传材料和野生燕麦种质资源的繁殖更新（图 8）。

（1）地点选择。

繁殖地区：应选种质原产地或与原产地生态环境条件相似的地区，能够满足繁殖更新材料的生长发育及其性状的正常表达。

试验地：应选择地势平坦、地力均匀、形状规整、排灌方便的田块；远离污染源，无人畜侵扰，附近无高大建筑物；避开病虫害多发区、重发区和检疫对象发生区。土质应具有当地燕麦土壤代表性。

配套条件：应具备播种、收获、晾晒、贮藏等试验条件和设施。

（2）种子准备。

核对种质：核对种质名称、编号、种子特征。

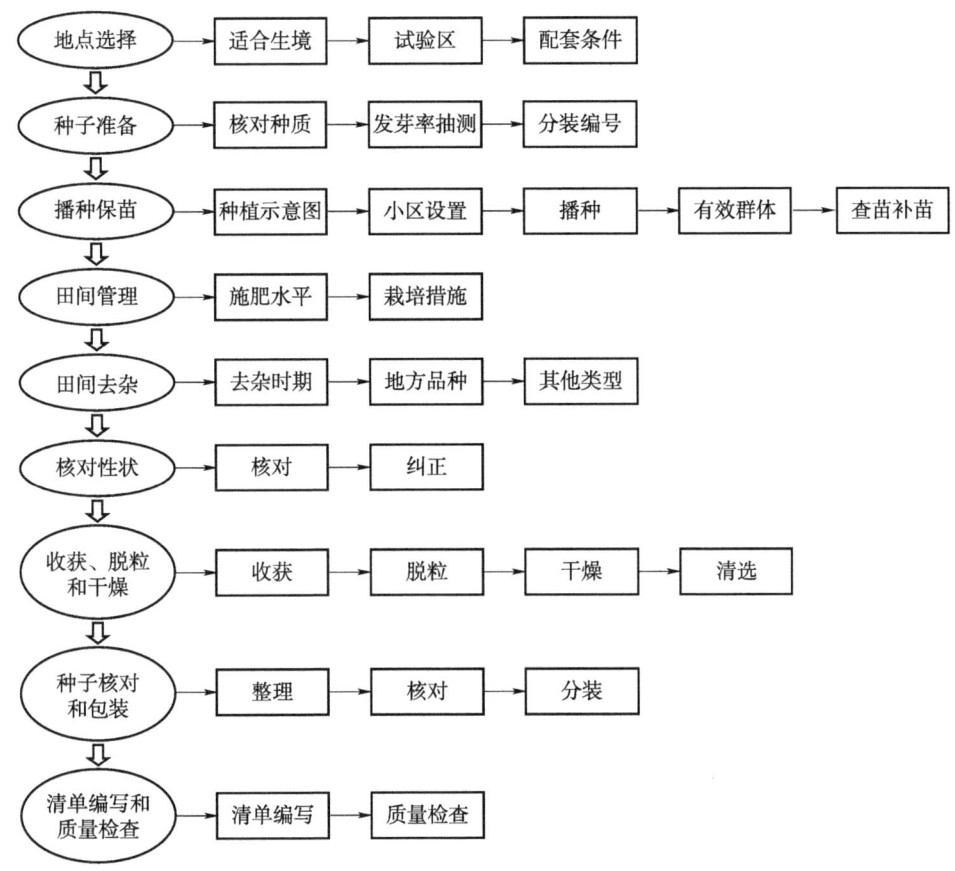

图8 燕麦繁殖更新操作程序

发芽率抽测：按照10%～15%的抽样比例，抽样检测种子发芽率。

播种量：根据抽测发芽率和更新群体确定。

分装编号：按种质类型进行分类、登记、分装和编号，每份种质一个编号，并在整个繁殖更新过程中保持不变。

（3）播种。

播种期：根据繁殖点的气候条件以及种质光温性、熟期性等特性，选择适宜的时间播种。

小区设置：每份材料一个小区。根据群体大小、种植密度确定小区面积；长宽比为（2～3）：1，采用顺序排列，留操作走道，设保护行。

种植示意图：图中标明南北方向、小区排列顺序、小区号、小区行数和人行道。

摆放种子：按种植示意图标示，把每份材料的种子摆放到对应小区的走道上，并认真核实确保不会出现差错。

播种：每个小区均由专人负责，稀播匀播，并插编号标签；各小区间充分隔开，避免种子错位和混杂。

有效群体：地方品种不少于150株、其余类型不少于100株，指每小区剔除四周边行后的收获株数。

查苗补苗：如出现缺苗应及早补种，以确保有效株数。

（4）田间管理。

水肥管理：根据土壤肥力和种质类型确定施肥量或不施肥。如果墒情不好，在播种前应灌水，以确保出苗齐全。在生长期间视降水量多少可浇1～2次水。

病虫草害管理：及时做好病虫草害防治，包括鼠雀害防治等。

（5）田间去杂。

去杂时期：分蘖期、抽穗期和黄熟期。

地方品种：群体内异质个体的数量极少，其抽穗期、株型、穗型、粒型性状明显区别于主体类型，则当作杂株拔除。

其他类型：对抽穗期、株型、叶型和叶色、穗型、粒型、颖壳色等主要表型性状与主体类型不一致的个体，都当作杂株拔除。

（6）核对性状。

核对繁殖更新材料的株型、叶型、穗型、粒型以及茎、叶、颖壳色等性状是否具有原种质的特征特性，并对不符合原种质性状的材料应查明原因，及时纠正。

（7）收获、脱粒和干燥。

收获：适时收获。每小区剔除四周边行后全部收获；按材料单收、单晾晒，每份材料均需加两个编号标签。

脱粒：每份材料脱粒前，须清扫干净脱粒场地、机械、用具等，严防混杂；按材料单脱粒、单装袋；把两个编号标签分别附在袋内外，避免写（挂）错标签。

干燥：脱粒装袋后及时晾晒，防止发热霉变、鼠雀为害。

清选：去除瘪谷、病虫粒和泥沙等杂质。

（8）种子核对和包装。

整理：按材料编号顺序整理和登记，核对编号。

核对：对照标本和种质目录核对种质。

分装：根据入库种子需求量，用尼龙袋、布袋、纸袋等分装和称重。需要邮寄的种质避免用纸袋装种子。

（9）清单编写和质量检查（表8）。

清单编写：清单包括田间小区号（繁殖更新的种质编号）、库编号、种质名称、繁殖单位、繁殖地点、繁殖时间、种子量等。

质量检查：检测纯度、净度、水分和发芽率等。

表8 燕麦资源繁殖更新数据整理清单

作物名称			繁殖地点		繁殖年份								
全国统一编号	保存单位编号	种质名称	种质类型	原产地	出苗日期	抽穗日期	成熟日期	穗型	小穗形	皮裸性	芒有无	粒型	粒色	备注

4. 高粱繁殖更新技术（图9）

为规范高粱种质资源的繁殖更新技术，保持高粱种质的遗传完整性和种子质量，使其在高粱科学研究和生产中长期有效地得到利用，特制定高粱种质资源的繁殖更新技术规程。本规程规定了高粱种质资源的种子繁殖更新技术基本要求，适用于栽培高粱（*Sorghum bicolor*）的近缘野生种、地方品种、选育品种、品系、杂交高粱资源、遗传材料和突变体等高粱种质资源的繁殖更新（图9）。

（1）地点选择。

繁殖地区：应选种质原产地或与原产地生态环境条件相似的地区，能够满足繁殖更新材料的生长发育及其性状的正常表达。

试验地：应选择地势平坦、地力均匀、形状规整、排灌方便的田块；远离污染源，无人畜侵扰，附近无高大建筑物；避开病虫害多发区、重发区和

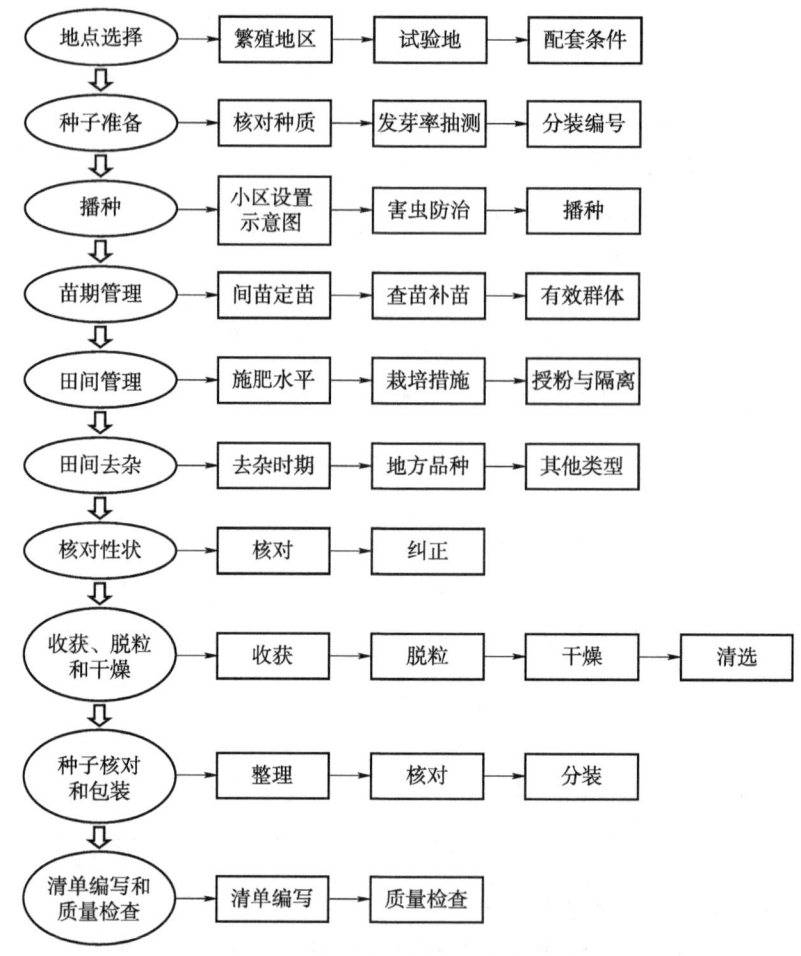

图 9　高粱繁殖更新操作程序

检疫对象发生区。土质应具有代表性。

配套条件：应具备播种、中耕除草、防止鸟害、收获、晾晒、贮藏等试验条件和设施。

（2）种子准备。

核对种质：核对种质名称、编号、种子特征。

发芽率抽测：按照10%～15%的抽样比例，抽样检测种子发芽率。

播种量：根据抽测发芽率和更新群体的大小确定，播种量至少是定苗密度的3倍以上。

分装编号：按种质类型进行分类、登记、分装，并赋予一个田间种植顺序号。

(3) 播种。

试验小区设置：根据群体大小确定小区的面积，规划小区的排列顺序、小区行数、小区走向并设置观察道和保护行。

地下害虫防治：在播种的同时，使用毒谷防治地下害虫，同时施用种肥。

播种：根据种质光温性、熟期性等特性适时播种。按编号顺序每份种质播一个小区，播种均匀，并插编号标签。一般播种深度 3～5 cm。

(4) 苗期管理。

间苗定苗：在 3～4 叶期间苗，5～6 叶期定苗，去除弱苗和杂苗，不留双株苗和二茬苗。间苗定苗过程中，应通过移栽进行查苗补缺。

中耕培土：结合定苗进行浅中耕，在拔节前第二次中耕结合培土，促进根系生长，铲除田间杂草，减少高粱倒伏。

有效群体：繁殖群体应不少于 30 株，地方品种和高粱不育系繁殖系数小，群体应不少于 40 株。

(5) 田间管理。

施肥水平：一般在播种时施用种肥，生长期不再施肥。如果土壤肥力中等偏下，在拔节后期可施用追肥，促进穗粒发育。

栽培措施：按当地生产的管理方法，做好水管理、病虫草害防治、鸟害防治等措施。高秆、软秆品种做好防倒处理。

隔离与授粉：高粱是常异花授粉作物，通常采用套袋隔离的方式避免接受外来花粉，实现同穗花自交或互交。在穗子基本抽出叶鞘时，即需要单穗套袋隔离，等籽粒膨大开始灌浆，再摘除隔离纸袋，减少因潮湿造成的穗部霉变。高粱不育系材料，应在盛花期用保持系的花粉进行人工授粉，采粉用的纸袋在同一季节只用一次，以免混杂。

(6) 田间去杂。

去杂时期：苗期、抽穗期和成熟期。

地方品种：个体间有较大的异质性，在抽穗期、株高、穗型、粒色等性状明显区别于主体类型，则当作杂株拔除。

其他类型：个体间异质性较小，在抽穗期、抽穗状态、穗形、穗型、叶色、粒色、粒型、芒性等主要表型性状与主体类型不一致的个体，都当作杂株拔除。

(7) 核对性状。

核对繁殖更新材料的抽穗状态、穗型、穗形、壳色、粒色、芒性等性状是否具有原种质的特征特性，并对不符合原种质性状的材料应查明原因，及时纠正。

(8) 收获、脱粒和干燥。

收获：适时收获。每小区单收、单晾晒，收获袋内放置田间小区编号牌两个。所有套袋隔离的穗子都要收获，没套袋隔离的穗子坚决淘汰。

脱粒：每份材料脱粒前，须清扫干净脱粒场地、机械、用具等，严防混杂；按材料单脱粒、单装袋，收获袋内的小区编号牌放到种子袋内；种子袋标签编号须与田间小区编号一致，并加注统一编号和品种名称。

干燥：脱粒装袋后及时晾晒，防止发热霉变、鼠雀为害。

清选：去除瘪谷、病虫粒和泥沙等杂质。

(9) 种子核对和包装。

整理：按材料编号顺序整理和登记，核对编号。

核对：对照标本和种质目录核对种质。

分装：根据入库种子需求量分装和称重。需要邮寄的种质避免用纸袋装种子。

(10) 清单编写和质量检查（表9）。

清单编写：清单包括统一编号、保存号、种质名称、学名、繁殖单位、繁殖地点、繁殖时间、种子量等。

质量检查：检测纯度、净度、水分和发芽率等。

表9 高粱资源繁殖更新数据整理清单

作物名称			繁殖地点				繁殖年份							
全国统一编号	保存单位编号	种质名称	种质类型	原产地	苗叶色	分蘖性	穗柄伸出状态	穗型	穗形	壳色	芒性	颖壳包被度	粒色	备注

5.鹰嘴豆繁殖更新技术

为规范鹰嘴豆种质资源的繁殖更新技术，保持鹰嘴豆种质的遗传完整性和种子质量，使其在鹰嘴豆科学研究和生产中长期有效地得到利用，特制定鹰嘴豆种质资源的繁殖更新技术规程。本规程规定了鹰嘴豆种质资源的种子繁殖更新技术基本要求，适用于鹰嘴豆（*Cicer arietinum* L.）地方品种、选育品种、品系、遗传材料和突变体等鹰嘴豆种质资源的繁殖更新（图10）。

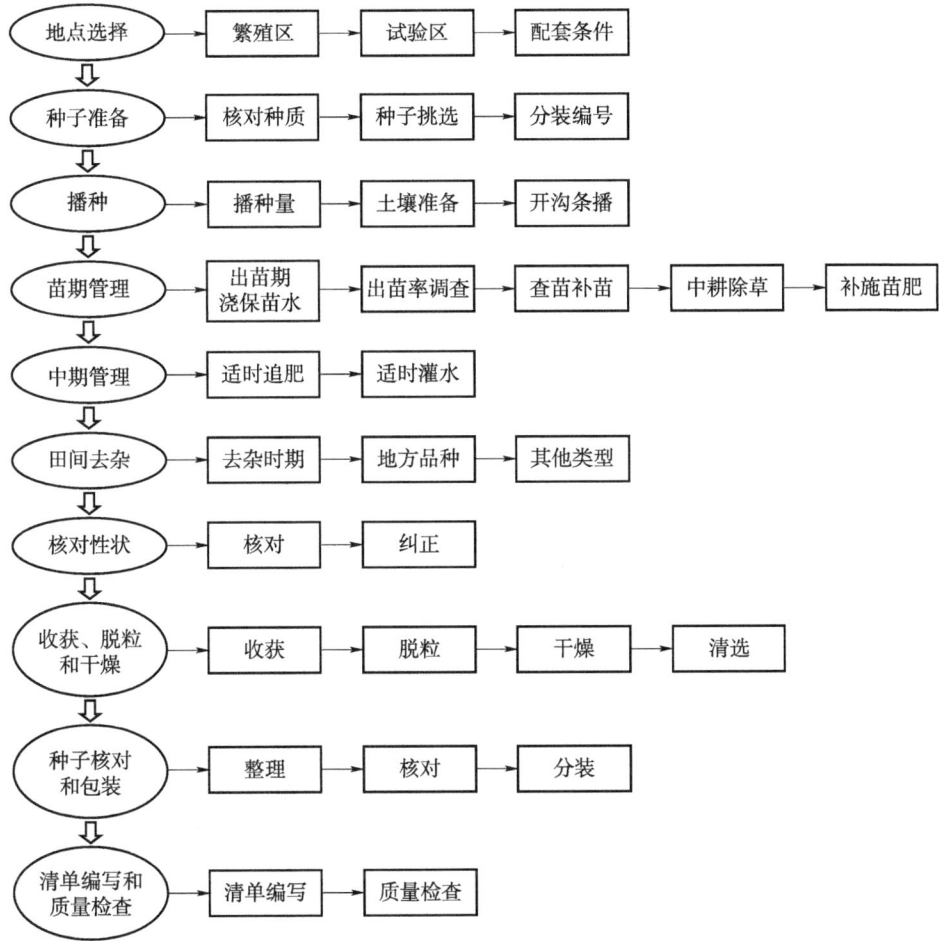

图10 鹰嘴豆繁殖更新操作程序

（1）地点选择。

繁种区：应选种质原产地或与原产地生态环境条件相似的地区，能够满足繁殖更新材料的生长发育及其性状的正常表达。

试验地：应选择中上等肥力水平的旱地或灌溉方便、无盐碱危害的地块，与小麦、玉米、高粱、棉花和甜菜等作物建立 3 年以上的轮作体系。土质以砂壤土为佳，盐碱地和重茬地都不宜种植鹰嘴豆。

除此之外，应选择地势平坦、地力均匀、形状规整、排灌方便的田块；远离污染源，无人畜侵扰，附近无高大建筑物；避开病虫害多发区、重发区和检疫对象发生区。

配套条件：应具备播种、收获、晾晒、贮藏等试验条件和设施。

（2）种子准备。

核对种质：核对种质名称、编号、种子特征。

种子挑选：对待繁资源的种子逐份进行挑选，选用成熟度好、饱满、无病虫害的种子。剔除病虫粒、破碎粒，以减少病虫侵染的可能性；剔除小粒、秕粒，以提高种子整齐度，确保出苗整齐一致；淘汰混杂粒、异色粒，以提高种子纯度。精选后的种子播种前晒种 2~3 d，可提高发芽率和发芽势。

分装编号：按种质类型进行分类、登记、分装和编号，每份种质一个编号，并在整个繁殖更新过程中保持不变。

（3）播种。

播种量：播种前，根据更新群体确定。

土壤准备：秋播区，鹰嘴豆多种在雨季末，生长在旱季，浅播苗期萎蔫病为害重，出苗时子叶不出土。整地以蓄水保墒为主。坡地上要防止地表径流和水土流失；雨季把降水蓄存在"土壤水库"中。春播区，前茬作物收获后应及时进行伏耕或秋耕，深松或深耕 25~30 cm。与未深耕的比较，播种后萎蔫病发病率从 7.3% 减少到 0.6%，每亩增产 34.5 kg。春季及时进行耙、耱保墒和整地。播前整地必须达到"齐、平、松、碎、净、墒"的六字标准，使土壤处于待播状态。整地时，将有机肥和饼肥作基肥直接撒入土壤，用量 15 t/hm^2。对于磷肥施用，P_2O_5 增产效果最好，依土壤和肥力不同，P_2O_5 的最佳用量通常介于 25~50 kg/hm^2，并作为种肥播种时开沟施入。

开沟条播：鹰嘴豆在华北和西北地区均为春播和夏播；在南方多为秋播。一般春播 4—5 月；夏播 6 月；秋播 10—11 月。

鹰嘴豆种质资源繁种一般采用条播方式，采用 45 cm 等行距和 35~50 cm 宽窄行，开沟深度 5~6 cm。按编号顺序每份种质播一个小区，稀播匀播，并插编号标签；各小区间充分隔开，避免种子错位和混杂。

（4）苗期管理。

出苗期浇保苗水：北方春播区，鹰嘴豆播种时，通常恰遇干旱、冷凉季节，播种到出苗需要 1~3 周，播种前的造墒水常常满足不了出苗后快速营养生长所需的土壤水分。鉴于此，当种苗基本出全后，需要一次透水灌溉，以充分满足鹰嘴豆苗期生长所需水分。南方秋播区，通常不存在上述问题。

出苗率调查：鹰嘴豆出苗 2~3 周后，对每份资源进行实际苗数调查，获得的实苗数除以播种粒数便可得到每份资源的出苗率。

查苗补苗：出苗率低于 50% 的资源，进行仔细检查，分析出苗率低的原因。在尚有多余的种子且时间来得及的情况下，补种缺苗断垄以获得较多的繁种数量。

中耕除草：鹰嘴豆苗期生长量小，易受到杂草的严酷竞争。然而，如果在生长的最初阶段，即播后的 66 d 内，保持田间无杂草，鹰嘴豆迅速生长的冠层会有效地控制住后期杂草的生长。据试验，播后第 30 d 和 60 d 中耕结合培土，对控制杂草最为有效，并可疏松土表，增加土壤通透性，切断土壤毛细管，有保墒的作用。苗期耕深以 12~15 cm 为宜，分枝期耕深以 18~20 cm 为宜；中后期田间杂草较多，可进行人工除草。

补施苗肥：在幼苗阶段，鹰嘴豆有效的共生固氮作用尚未产生以前，而且土壤中氮素不足时，应施用少量氮，使鹰嘴豆得以度过"氮饥饿"期。在初次种植鹰嘴豆或连续几年未种过鹰嘴豆的地块上，接种适当的根瘤菌也是必要的。

（5）中期管理。

适时追肥：鹰嘴豆对磷肥的需要量较大。磷对根瘤菌共生固氮和整株的生长有利。开花前追施 P_2O_5 40~50 kg/hm² 对于鹰嘴豆最合适，开花期叶面喷施 3 kg/hm² 的磷酸二氢钾和适量微肥，对于增强鹰嘴豆的抗旱性和防止花荚脱落十分有利。在砂质或受到严重侵蚀的土地上，每公顷追施 K_2O 22 kg，在鹰嘴豆产量和经济上都合算。

适时灌水：在鹰嘴豆的大部分冬播地区，由于播前和生长初期降雨较多，土壤湿度适宜，不需要灌溉。在春播地区和干旱的冬播区，由于播前和生长前期降雨较少，不能满足鹰嘴豆对水分的要求，需要适当的灌溉。灌溉应在鹰嘴豆需水临界期，即 4~6 真叶期和荚果形成期进行，灌溉对保证高产是必要的。超过两次的灌溉，从经济上讲一般不合适。具体的灌溉次数应根据当地的气候和土壤条件综合确定，以保证鹰嘴豆正常开花、结荚和鼓粒为前提。

（6）田间去杂。

去杂时期：苗期、分枝期、开花期和结荚期。

地方品种：鹰嘴豆为自花授粉作物，但仍有一定的异交率，群体内会有一定数量的异质个体，其开花期、株型、叶形、花色、粒色、粒型性状明显区别于主体类型，不应当作杂株拔除，应予以保留。

其他类型：对开花期、株型、叶形、花色、粒色、粒型等主要表型性状与主体类型不一致的个体，都当作杂株拔除。

（7）核对性状。

核对：核对繁殖更新材料的开花期、株型、叶形、花色、粒色、粒型等性状是否具有原种质的特征特性。

纠正：对不符合原种质性状的材料应查明原因，及时纠正。

（8）收获、脱粒和干燥。

收获：适时收获。每小区全部收获；按材料单收、单晾晒。

脱粒：每份材料脱粒前，须清扫干净脱粒场地、机械、用具等，严防混杂；按材料单脱粒、单装袋；种子袋标签编号须与田间小区编号一致，袋内外各附标签，避免写（挂）错标签。

干燥：脱粒装袋后及时晾晒，防止发热霉变、鼠雀为害。

清选：去除杂质和秕粒、破损粒、病虫粒等。

（9）种子核对和包装。

整理：按材料编号顺序整理和登记，核对编号。

核对：对照标本和种质目录核对种质。

分装：根据入库种子需求量，用尼龙袋、布袋、纸袋等分装和称重。需邮寄时避免用纸袋装种子。

（10）清单编写和质量检查。

清单编写：清单包括田间小区号（繁殖更新的种质编号）、库编号、种质名称、繁殖单位、繁殖地点、繁殖时间、种子量等。

质量检查：检测纯度、净度、水分和发芽率等。

6. 山黧豆繁殖更新技术

为规范山黧豆种质资源的繁殖更新技术，保持山黧豆种质的遗传完整性和种子质量，使其在山黧豆科学研究和生产中长期有效地得到利用，特制定山黧豆种质资源的繁殖更新技术规程。本规程规定了山黧豆种质资源的种子繁殖更新技术基本要求，适用于山黧豆 [*Lathyrus quinquenervius* (Miq.) Litv.] 地方品种、选育品种、品系、遗传材料和突变体等山黧豆种质资源的繁殖更新（图11）。

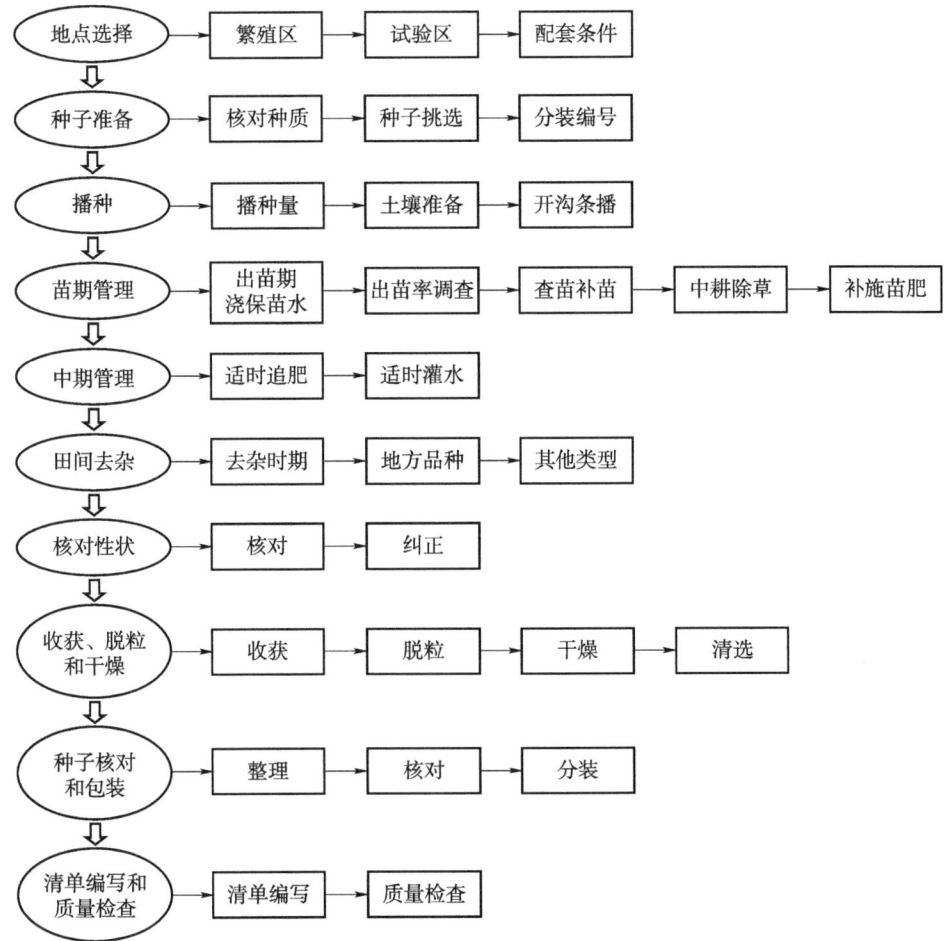

图 11　山黧豆繁殖更新操作程序

（1）地点选择。

繁种区：应选种质原产地或与原产地生态环境条件相似的地区，能够满足繁殖更新材料的生长发育及其性状的正常表达。

试验地：山蟳豆几乎在各种类型的土壤中都能生长，相对其他作物而言，在贫瘠的土壤上种植能获得较高的产量。山蟳豆适宜选择在土层深厚、持水力强的土地上种植，不宜种植在酸性土壤。除此之外，应选择地势平坦、地力均匀、形状规整、排灌方便的田块；远离污染源，无人畜侵扰，附近无高大建筑物；避开病虫害多发区、重发区和检疫对象发生区。

配套条件：应具备播种、收获、晾晒、贮藏等试验条件和设施。

（2）种子准备。

核对种质：核对种质名称、编号、种子特征。

种子挑选：对待繁资源的种子逐份进行挑选，选用成熟度好、饱满、无病虫害的种子。剔除病虫粒、破碎粒，以减少病虫侵染的可能性；剔除小粒、秕粒，以提高种子整齐度，确保出苗整齐一致；淘汰混杂粒、异色粒，以提高种子纯度。精选后的种子播种前晒种 2～3 d，可提高发芽率和发芽势。

分装编号：按种质类型进行分类、登记、分装和编号，每份种质一个编号，并在整个繁殖更新过程中保持不变。

（3）播种。

播种量：播种前，根据更新群体确定。

土壤准备：山蟳豆主根发达，入土深，侧根较多。要获得高产，播前应进行深翻改土，使土层疏松、保水保肥性好，以促进根系的生长。结合耕地，施足基肥，一般施腐熟的农家肥 15 000 kg/hm^2，过磷酸钙 300～450 kg/hm^2，硫酸钾 100～150 kg/hm^2。在北方春播区，一般在前茬作物收获后进行秋季深耕，晒垡，经过冬春土壤的冻融，翌年土壤结构疏松，春播前再进行浅耕，平整土地并结合施足基肥。在南方秋播区，应待前作收获后，及时清理茬口和田块残留枝叶，翻耕、整地、施肥。

开沟条播：山蟳豆不仅幼苗耐寒力强，成株耐寒力也很强，在早春和晚秋遭霜时，均可忍耐 -8～-6℃的低温而不致冻伤，日间仍能恢复生长，秋季播种能在低温下安全越冬。山蟳豆在南方多为秋播；在华北和西北地区均为早春播种，如山西中北部、甘肃定西、宁夏回族自治区彭阳、陕西定边、靖边多在 3 月下旬到 4 月上旬播种，内蒙古自治区在 5 月上旬或中旬播种。

山蟳豆种质资源繁种一般采用条播方式，行距一般 40～50 cm，开沟深度 5～8 cm。按编号顺序每份种子播一个小区，稀播匀播，并插编号标签；各小区间充分隔开，避免种子错位和混杂。

(4) 苗期管理。

出苗期浇保苗水：北方春播区，山黧豆播种时，通常恰遇干旱、冷凉季节，播种到出苗需要2周左右，播种前的底墒水常常满足不了出苗后快速营养生长所需的土壤水分；鉴于此，当种苗基本出全后，需要一次透水灌溉，以充分满足山黧豆苗期生长所需水分。南方秋播区，通常不存在上述问题。

出苗率调查：山黧豆出苗3~5 d后，对每份资源进行实际苗数调查，获得的实苗数除以播种粒数便可得到每份资源的出苗率。

查苗补苗：出苗率低于50%的资源，进行仔细检查，分析出苗率低的原因。在尚有多余的种子且时间来得及的情况下，补种缺苗断垄以获得较多的繁种数量。

中耕除草：山黧豆出苗初期生长较慢，应严防杂草滋生，避免草与豆争肥、争光。这个时期应做到勤中耕、清除杂草、松土保墒，保证幼苗在良好的环境下生长。一般间苗后中耕除草2~3次，封垄后再进行1次田间除草，之后山黧豆将地面完全封闭，杂草几乎无法生长。

补施苗肥：根据山黧豆苗期长势而定。如果需要，在第一次中耕除草后，将氮磷钾复合肥条施于距苗行5 cm以外的土壤中，苗期追施磷肥可以促进山黧豆早开花。

(5) 中期管理。

适时追肥：虽然山黧豆可以在土壤中累积大量氮素，但是花荚期是山黧豆施肥敏感期，宜根据土壤肥力和种质类型确定氮磷钾复合肥用量。选育品种、品系、遗传材料和突变体资源采用当地普通施肥水平，而地方品种少施肥或不施肥。

适时灌水：山黧豆因其主根发达而非常耐旱，在每年平均降水量380~650 mm的地方可以成功地种植山黧豆。为提高繁种产量，春播区山黧豆开花初期应浇头一次水，结荚期浇第二次水。灌溉方法宜采用细流沟灌，畦土湿润后停止。山黧豆不耐涝，在多雨季节还应做好排水防涝防渍工作。秋播区，开春后经常雨水偏多，必须及时清沟排水，防止沟中积水；在天气干旱的年份，应在开花前和荚果鼓粒期适当灌溉，使荚果饱满。

(6) 田间去杂。

去杂时期：苗期、分枝期、开花期和结荚期。

地方品种：山黧豆为自花授粉作物，但仍有一定的异交率，群体内会有一定数量的异质个体，其开花期、株型、叶形、花色、粒色、粒型性状明显区别于主体类型，不应当作杂株拔除，应予以保留。

其他类型：对开花期、株型、叶形、花色、粒色、粒型等主要表型性状与主体类型不一致的个体，都当作杂株拔除。

（7）核对性状。

核对：核对繁殖更新材料的开花期、株型、叶形、花色、粒色、粒型等性状是否具有原种质的特征特性。

（8）收获、脱粒和干燥。

收获：适时收获。每小区全部收获；按材料单收、单晾晒。

脱粒：每份材料脱粒前，须清扫干净脱粒场地、机械、用具等，严防混杂；按材料单脱粒、单装袋；种子袋标签编号须与田间小区编号一致，袋内外各附标签，避免写（挂）错标签。

干燥：脱粒装袋后及时晾晒，防止发热霉变、鼠雀为害。

清选：去除杂质和秕粒、破损粒、病虫粒等。

（9）种子核对和包装。

整理：按材料编号顺序整理和登记，核对编号。

核对：对照标本和种质目录核对种质。

分装：根据入库种子需求量，用尼龙袋、布袋、纸袋等分装和称重。需要邮寄的种质避免用纸袋装种子。

（10）清单编写和质量检查。

清单编写：清单包括田间小区号（繁殖更新的种质编号）、库编号、种质名称、繁殖单位、繁殖地点、繁殖时间、种子量等。

质量检查：检测纯度、净度、水分和发芽率等。

表 10 所示为禾本科牧草种质资源繁殖更新数据整理清单。

表 11 所示为豆科牧草种质资源繁殖更新数据整理清单。

表 10　禾本科牧草种质资源繁殖更新数据整理清单

作物名称						保存圃名			繁殖地点	省 县 乡						
繁殖单位						繁殖年份			繁殖方法							
繁殖材料						繁殖小区号			特殊管理							
种质圃编号	种质名称	全国统一编号	种质类型	入圃年份	更新原因	定植日期	种质类型	主要性状核查								繁殖有效株数	备注
								分蘖类型	茎生长习惯	茎秆节数	叶舌长度	叶片长度	叶片宽度	花序类型	小穗数	小穗长	颖长度	颖果形态	颖果长度	植株高度	生育天数	千粒重	发芽率		
							原种质																		
							繁殖种质																		
							原种质																		
							繁殖种质																		
							原种质																		
							繁殖种质																		

说明：表内（ ）的描述符按"农作物种质资源繁殖更新描述规范"填写；表内无（ ）的描述符按"多年生禾草种质资源描述规范和数据标准"要求填写。

表 11　豆科牧草种质资源繁殖更新数据整理清单

作物名称						保存圃名							繁殖地点					省　县　乡		
繁殖单位						繁殖年份							繁殖方法							
繁殖材料						繁殖小区号							特殊管理							
种质圃编号	种质名称	全国统一编号	种质类型	入圃年份	更新原因	定植日期	种质类型	主要性状核查												备注
								生长习性	茎形状	小叶片长度	小叶片宽度	花序类型	花序花多数	花冠颜色	荚果形状	单荚粒数	种子形状	种子长度	种子宽度	植株高度	生育天数	硬实率	千粒重	发芽率	繁殖有效株数	
							原种质																			
							繁殖种质																			
							原种质																			
							繁殖种质																			
							原种质																			
							繁殖种质																			

说明：表内（ ）的描述符按"农作物种质资源繁殖更新描述规范"填写；表内无（ ）的描述符按"豆科多年生草本类牧草种质资源描述规范和数据标准"要求填写。

附　录

附录一　旱生牧草资源共性描述规范及技术规程

自然科技资源共享平台是国家科技基础条件平台的重要内容，也是国家科技创新体系建设的重要组成部分。国家自然科技资源共享平台为规范管理国家自然科技资源共享平台，加强并规范自然科技资源的收集、整理、保存、利用与共享工作，提出了《国家自然科技资源共性描述规范》，以提升自然科技资源使用效率和科技创新支撑能力，加强自然科技资源的收集、整理、保存、利用与共享的使用效率，为自然科学研究、技术进步和社会发展提供规范化、网络化、社会化的资源共享服务。研究制定国家自然科技资源平台植物种质资源共性描述规范，以整合全国植物种质资源，规范植物种质资源的收集、保存、鉴定、评价、研究和利用，实现植物种质资源的充分共享和可持续利用。旱生牧草种质作为植物种质资源的一部分，其共性描述规范和数据标准均适用于植物种质的规范和标准。

第一节　旱生牧草种质资源描述规范和数据标准

虽然牧草种质资源种类繁多，特征特性各异，但基于它们具有的共同特点制定的牧草种质资源的描述项及其分级标准，对牧草种质资源进行标准化整理和数字化表达更加方便。牧草种质资源数据标准规定了牧草种质资源各描述项的字段名称、类型、长度、小数位、代码等，以便建立统一、规范的牧草种质资源数据库。牧草种质资源数据质量控制规范规定了牧草种质资源数据采集全过程中的质量控制内容和质量控制方法，以保证数据的系统性、可比性和可靠性。旱生牧草作为牧草种质资源重要的组成部分，其描述规范适用于《牧草种质资源描述规范和数据标准》。

1 旱生牧草种质资源描述规范制定的原则和方法

1.1 原则

1.1.1 优先采用现有数据库中的描述符合描述标准。

1.1.2 结合当前需要，以资源研究和牧草育种需求为主，兼顾生产和市场需要。

1.1.3 优先考虑我国现有基础，兼顾将来发展，尽量与国际接轨。

1.1.4 参考国际植物遗传资源研究所（IPGRI）发布的牧草描述符表。

1.2 方法和要求

1.2.1 描述符类别分为6类。

1 基本信息

2 形态特征和生物学特性

3 品质特性

4 抗逆性

5 抗病虫性

6 其他特征特性

1.2.2 描述符代号由描述符类别加两位顺序号组成。如"110""208""501"等。

1.2.3 描述符性质分为3类。

M 必选描述符（所有种质必须鉴定评价的描述符）

O 可选描述符（可选择鉴定评价的描述符）

C 条件描述符（只对特定种质进行鉴定评价的描述符）

1.2.4 描述符的代码应是有序的，如数量性状从细到粗、从低到高、从小到大、从少到多排列，颜色从浅到深，抗性从强到弱等。

1.2.5 每个描述符应有一个基本的定义或说明，数量性状应标明单位，质量性状应有评价标准和等级划分。

1.2.6 植物学形态描述符应附模式图。

1.2.7 重要数量性状应以数值表示。

2 旱生牧草种质资源数据标准制定的原则和方法

2.1 原则

2.1.1 数据标准中的描述符应与描述规范相一致。

2.1.2 数据标准应优先考虑现有数据库中的数据标准。

2.2 方法和要求

2.2.1 数据标准中的代号应与描述规范中的代号一致。

2.2.2 字段名最长 12 位。

2.2.3 字段类型分字符型（C）、数值型（N）和日期型（D）。日期型的格式为 YYYYMMDD。

2.2.4 经度的类型为 N，格式为 DDDFF；纬度的类型为 N，格式为 DDFF，其中 D 为度，F 为分；东经以正数表示，西经以负数表示；北纬以正数表示，南纬以负数表示。如"12136""3921"。

3 旱生牧草种质资源数据质量控制规范制定的原则和方法

3.1 采集的数据应具有系统性、可比性和可靠性。

3.2 数据质量控制以过程控制为主，兼顾结果控制。

3.3 数据质量控制方法应具有可操作性。

3.4 鉴定评价方法以现行国家标准和行业标准为首选依据；如无国家标准和行业标准，则以国际标准或国内比较公认的先进方法为依据。

3.5 每个描述项所需数据的质量控制应包括田间设计，样本数或群体大小，时间或时期；取样数和取样方法，计量单位、精度和允许误差，采用的鉴定评价规范和标准，采用的仪器设备，性状的观测和等级划分方法，数据校验和数据分析。

表 1 旱生牧草种质资源描述简表

序号	代号	描述符	描述符性质	单位或代码
1	101	全国统一编号	M	
2	102	种质库编号	M	

续表

序号	代号	描述符	描述符性质	单位或代码
3	103	圃编号	M	
4	104	引种号	C/国外资源	
5	105	采集号	C/野生资源和地方品种	
6	106	种质名称	M	
7	107	种质外文名	M	
8	108	科名	M	
9	109	属名	M	
10	110	学名	M	
11	111	原产国	M	
12	112	原产省	M	
13	113	原产地	M	
14	114	海拔	C/野生资源和地方品种	m
15	115	经度	C/野生资源和地方品种	
16	116	纬度	C/野生资源和地方品种	
17	117	来源地	M	
18	118	保存单位	M	
19	119	保存单位编号	M	
20	120	系谱	C/选育品种或品系	
21	121	选育单位	C/选育品种和品系	
22	122	育成年份	C/选育品种和品系	
23	123	选育方法	C/选育品种和品系	
24	124	种质类型	M	1：野生资源 2：地方品种 3：育成品种 4：品系 5：遗传材料 6：其他

续表

序号	代号	描述符	描述符性质	单位或代码
25	125	图像	M	
26	126	观测地点	M	
27	201	根系类型	M	1：直根系　2：须根系
28	202	茎	M	1：直立茎　2：斜生茎　3：斜倚茎 4：平卧茎　5：匍匐茎　6：攀缘茎 7：缠绕茎
29	203	地下茎	M	1：根状茎　2：块茎　3：球茎 4：鳞茎
30	204	叶的类型	M	1：单叶　2：单数羽状复叶　3：双数羽状复叶　4：掌状复叶　5：三出复叶
31	205	叶序	O	1：互生　2：对生　3：轮生　4：簇生
32	206	脉序	O	1：羽状脉　2：掌状脉　3：掌状三出脉 4：离基三出脉　5：平行脉　6：弧形脉
33	207	叶片形状	M	1：针形　2：条形　3：剑形　4：钻形 5：鳞形　6：披针形　7：矩圆形 8：椭圆形　9：卵形　10：圆形 11：心形　12：菱形　13：匙形 14：扇形　15：肾形　16：镰形 17：三角形　18：管形　19：带形
34	208	叶尖	O	1：急尖　2：渐尖　3：钝形　4：尖凹 5：微凹　6：倒心形　7：硬尖 8：凸尖　9：芒尖　10：尾状 11：圆形　12：截形
35	209	叶基	O	1：心形　2：耳形　3：箭形　4：戟形 5：楔形　6：渐狭　7：截形　8：偏斜 9：抱茎　10：穿茎　11：下延 12：圆形
36	210	叶缘	O	1：全缘　2：锯齿状　3：细锯齿缘 4：重锯齿缘　5：牙齿状　6：钝齿状 7：波状缘　8：深波状缘　9：睫毛状
37	211	叶裂	O	1：羽状浅裂　2：羽状深裂 3：羽状全裂　4：掌状半裂 5：倒向羽裂　6：大头羽裂

续表

序号	代号	描述符	描述符性质	单位或代码
38	212	花序类型	M	1：总状花序　2：穗状花序　3：葇荑花序　4：肉穗花序　5：圆锥花序　6：伞房花序　7：伞形花序　8：头状花序　9：单歧聚伞花序　10：二歧聚伞花序　11：多歧聚伞花序　12：轮伞花序　13：隐头花序
39	213	果实类型	M	1：聚合果　2：聚花果　3：蓇葖果　4：荚果　5：长角果　6：短角果　7：蒴果　8：瘦果　9：颖果　10：翅果　11：浆果　12：双悬果　13：小坚果　14：胞果
40	214	分蘖类型	O	1：根茎型　2：根蘖型　3：疏丛型　4：密丛型　5：根茎—疏丛型　6：匍匐型　7：鳞茎型　8：根颈丛生　9：无茎莲座状
41	215	叶层类型	O	1：上繁草　2：下繁草　3：莲座状草
42	216	染色体倍性	O	1：二倍体　2：四倍体　3：多倍体
43	217	播种期	M	
44	218	出苗期	M	
45	219	返青期	M	
46	220	分蘖期	M	
47	221	分枝期	M	
48	222	拔节期	M	
49	223	抽穗期	M	
50	224	现蕾期	M	
51	225	开花期	M	
52	226	成熟期	M	
53	227	生育天数	M	
54	228	果后营养期	M	
55	229	枯黄期	M	
56	230	生长天数	M	

续表

序号	代号	描述符	描述符性质	单位或代码
57	231	生活型	M	1：一年生　2：越年生　3：多年生
58	232	再生性	M	1：良好　2：中等　3：较差
59	233	落粒性	O	1：不落粒　2：稍易落粒　3：落粒 4：极易落粒
60	234	千粒重	M	g
61	235	草层高	O	cm
62	236	株高	O	cm
63	237	鲜草产量	O	kg/hm^2
64	238	干草产量	O	kg/hm^2
65	239	种子产量	O	kg/hm^2
66	240	茎叶比	O	
67	241	分枝数	O	个
68	242	分蘖数	O	个
69	301	粗蛋白质含量	O	%
70	302	粗脂肪含量	O	%
71	303	粗纤维素含量	O	%
72	304	粗灰分含量	O	%
73	305	磷含量	O	%
74	306	钙含量	O	%
75	307	氨基酸含量	O	%
76	308	水分含量	O	%
77	309	茎叶质地	O	1：柔嫩　2：中等　3：粗硬
78	310	适口性	O	1：嗜食　2：喜食　3：乐食　4：采食 5：少食　6：不食
79	401	抗旱性	O	1：强　2：较强　3：中等　4：弱 5：最弱
80	402	抗寒性	O	
81	403	耐霜冻性	O	1：耐霜冻　2：稍耐　3：不耐
82	404	耐热性	O	1：强　2：中　3：弱

续表

序号	代号	描述符	描述符性质	单位或代码
83	405	耐盐性	O	1：耐盐 2：中等耐盐 3：中等敏感 4：敏感
84	501	抗虫性	O	0：无害 1：轻 2：重 3：最重
85	502	抗病性	O	1：高抗 2：低抗 3：感病 4：高感
86	601	利用方式	O	1：鲜草 2：干草 3：青贮
87	602	核型	O	
88	603	指纹图谱与分子标记	O	
89	604	备注	O	

表2 旱生牧草种质资源数据采集表

1 基本信息			
全国统一编号（1）		种质库编号（2）	
圃编号（3）		引种号（4）	
采集号（5）		种质名称（6）	
种质外文名（7）		科名（8）	
属名（9）		学名（10）	
原产国（11）		原产省（12）	
原产地（13）		海拔（14）	
经度（15）		纬度（16）	
来源地（17）		保存单位（18）	
保存单位编号（19）		系谱（20）	
选育单位（21）		育成年份（22）	
选育方法（23）			
种质类型（24）	1：野生资源 2：地方品种 3：育成品种 4：品系 5：遗传材料 6：其他		
图像（25）		观测地点（26）	

续表

2 形态特征和生物学特性	
根系类型（27）	1：直根系 2：须根系
茎（28）	1：直立茎 2：斜生茎 3：斜倚茎 4：平卧茎 5：匍匐茎 6：攀缘茎 7：缠绕茎
地下茎（29）	1：根状茎 2：块茎 3：球茎 4：鳞茎
叶的类型（30）	1：单叶 2 单数羽状复叶 3：双数羽状复叶 4：掌状复叶 5：三出复叶
叶序（31）	1：互生 2：对生 3：轮生 4：簇生
脉序（32）	1：羽状脉 2：掌状脉 3：掌状三出脉 4：离基三出脉 5：平行脉 6：弧形脉
叶片形状（33）	1：针形 2：条形 3：剑形 4：钻形 5：鳞形 6：披针形 7：矩圆形 8：椭圆形 9：卵形 10：圆形 11：心形 12：菱形 13：匙形 14：扇形 15：肾形 16：镰形 17：三角形 18：管形 19：带形
叶尖（34）	1：急尖 2：渐尖 3：钝形 4：尖凹 5：微凹 6：倒心形 7：硬尖 8：凸尖 9：芒尖 10：尾状 11：圆形 12：截形
叶基（35）	1：心形 2：耳形 3：箭形 4：戟形 5：楔形 6：渐狭 7：截形 8：偏斜 9：抱茎 10：穿茎 11：下延 12：圆形
叶缘（36）	1：全缘 2：锯齿状 3：细锯齿状 4：重锯齿状 5：牙齿状 6：钝齿状 7：波状缘 8：深波状缘 9：睫毛状
叶裂（37）	1：羽状浅裂 2：羽状深裂 3：羽状全裂 4：掌状半裂 5：倒向羽裂 6：大头羽裂
花序类型（38）	1：总状花序 2：穗状花序 3：柔荑花序 4：肉穗花序 5：圆锥花序 6：伞房花序 7：伞形花序 8：头状花序 9：单歧聚伞花序 10：二歧聚伞花序 11：多歧聚伞花序 12：轮伞花序 13：隐头花序
果实类型（39）	1：聚合果 2：聚花果 3：蓇葖果 4：荚果 5：长角果 6：短角果 7：蒴果 8：瘦果 9：颖果 10：翅果 11：浆果 12：双悬果 13：小坚果 14：胞果
分蘖类型（40）	1：根茎型 2：根蘖型 3：疏丛型 4：密丛型 5：根茎-疏丛型 6：匍匐型 7：鳞茎型 8：根颈丛生 9：无茎莲座状
叶层类型（41）	1：上繁草 2：下繁草 3：莲座状草
染色体倍性（42）	1：二倍体 2：四倍体 3：多倍体

续表

2 形态特征和生物学特性			
播种期（43）		出苗期（44）	
返青期（45）		分蘖期（46）	
分枝期（47）		拔节期（48）	
抽穗期（49）		现蕾期（50）	
开花期（51）		成熟期（52）	
生育天数（53）		果后营养期（54）	
枯黄期（55）		生长天数（56）	
生活型（57）	1：一年生 2：二年生 3：多年生		
再生性（58）	1：良好 2：中等 3：较差		
落粒性（59）	1：不落粒 2：稍易落粒 3：落粒 4：极易落粒		
千粒重（60）	g	草层高（61）	cm
株高（62）	cm	鲜草产量（63）	kg/hm²
干草产量（64）	kg/hm²	种子产量（65）	kg/hm²
茎叶比（66）		分枝数（67）	个
分蘖数（68）	个		
3 品质特性			
粗蛋白质含量（69）	%	粗脂肪含量（70）	%
粗纤维素含量（71）	%	粗灰分含量（72）	%
磷含量（73）	%	钙含量（74）	%
氨基酸含量（75）	%	水分含量（76）	%
茎叶质地（77）	1：柔嫩 2：中等 3：粗硬		
适口性（78）	1：嗜食 2：喜食 3：乐食 4：采食 5：少食 6：不食		

续表

4 抗逆性	
抗旱性（79）	1：强 2：较强 3：中 3：弱 4：最弱
抗寒性（80）	
耐霜冻性（81）	1：耐霜冻 2：稍耐 3：不耐
耐热性（82）	1：强 2：中 3：弱
耐盐性（83）	1：耐盐 2：中等耐盐 3：中等敏感 4：敏感
5 抗病虫性	
抗虫害性（84）	0：无害 1：轻 2：重 3：最重
抗病性（85）	1：高抗 2：低抗 3：感病 4：高感
利用方式（86）	1：鲜草 2：干草 3：青贮
核型（87）	
指纹图谱与分子标记（88）	
备注（89）	

填表人：　　　　审核：　　　　日期：

注：本节内容和表格引自李志勇等编著的《牧草种质资源描述规范和数据标准》。

第二节　牧草种质资源田间评价技术规程

1　范围

本标准规定了牧草种质资源田间评价的技术要求和方法。

本标准适用于禾本科牧草和豆科牧草种质资源田间评价的评价地基本信息、建植与取样、形态特征、生物学特性和农艺性状的评价。

2　规范性引用文件

下列文件对于本文件的应用是必不可少的。凡是注日期的引用文件，仅注日期的版本适用于本文件。凡是不注日期的引用文件，其最新版本（包括所有的修改单）适用于本文件。

GB/T 2930.9　　　牧草种子检验规程　重量测定

NY/T 1310　　　农作物种质资源鉴定技术规程　豆科牧草

3 要求

3.1 评价地点的选择

一般要求开阔、通风、光照充足、耕层深厚、湿润、质地中等、土壤肥力水平中等、排灌良好的地块。

3.2 试验设计

采取随机区组设计，设 3 次重复，小区面积为 10 m²（2 m×5 m）。试验地周围应设 1 m 的保护行。一般采取条播，种子量少的可穴播或育苗移栽。

3.3 田间栽培管理

采用一致的中等水肥管理条件，及时防治病虫害和防除杂草，保证植株的正常生长。

3.4 评价地基本信息

3.4.1 试验地概况

包括经度、纬度、海拔、地形、坡度、坡向、土壤类型、土壤质地、土壤 pH、土壤养分（有机质、全氮、全磷、全钾、速效氮、速效磷、速效钾）、地下水位和前茬等。

3.4.2 气象资料

包括年均温、年降水量、无霜期、早霜晚霜时间、极端最高温度、极端最低温度以及灾害天气等。

3.4.3 田间栽培管理记录

记录田间施肥（施肥方式、施肥种类、施肥量、施肥次数）、灌溉（灌溉方式、灌溉量、灌溉次数）等相关栽培管理基本信息。

4 评价内容

4.1 禾本科牧草种质资源

包括禾本科牧草形态特征、生物学特性和农艺性状等内容。

4.2 豆科牧草种质资源

包括豆科牧草形态特征、生物学特性和农艺性状等内容。

5 评价方法

5.1 禾本科牧草种质资源评价

5.1.1 形态特征

(1) 根系疏密。开花期，随机选取 10 株（丛），按照图 1 以最大相似原则确定地下须根的根系密度类型，分为疏、中等、密。

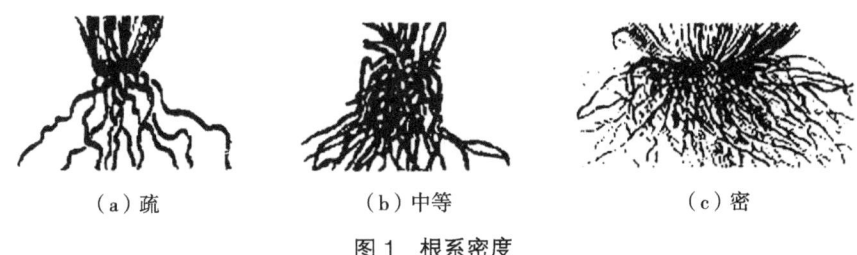

图 1 根系密度

(2) 分蘖类型。开花期，按照图 2 根据地表和地下分蘖枝条及不定根的生长情况以最大相似原则确定分蘖类型，分为根茎型、根茎-疏丛型、疏丛型、密丛型。

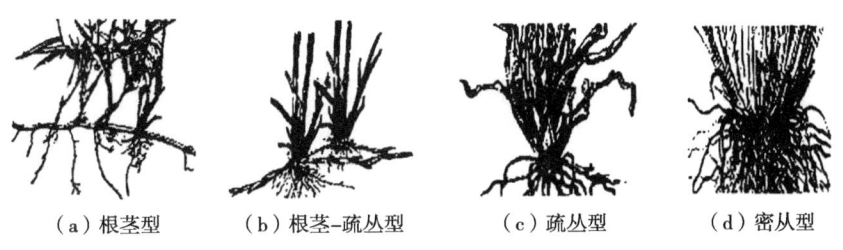

图 2 分蘖类型

(3) 茎生长习性。开花期，按照图 3 以最大相似原则确定茎生长习性类型，分为直立、基部膝曲、斜升、斜倚和匍匐。

(4) 茎秆节数。开花期，随机选取 10 株（丛），每株（丛）选 3 个枝条，计数植株茎秆的节数。自地面开始第一节数至花序以下的最末节。结果以平均值表示，精确到 1 节。

(a) 直立　　(b) 基部膝曲　　(c) 斜升　　(d) 斜倚　　(e) 匍匐

图 3　茎生长习性

（5）叶鞘开合状态。开花期，随机选取 10 株（丛），按照图 4 以最大相似原则确定植株茎中部叶叶鞘上端开合状态类型，分为开放、闭合。

（6）叶舌形态。用 5.1.1（5）的样本，在叶舌尚未撕裂的情况下，按照图 5 以最大相似原则确定叶舌形态类型，分为缺、截平、圆、钝、尖、啮蚀和纤毛状。

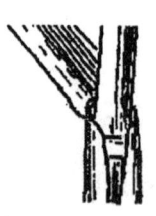 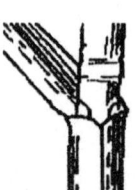

(a) 开放　　　　　　　(b) 闭合

图 4　叶鞘开合状态

(a) 截平　(b) 圆　(c) 圆　(d) 钝　(e) 尖　(f) 尖

(g) 啮蚀　(h) 啮蚀　(i) 纤毛状　(j) 纤毛状

图 5　叶舌形态

（7）叶舌长度。用5.1.1（5）的样本，测量植株中部叶的叶舌长度。结果以平均值表示，精确到0.1 mm。

（8）叶舌质地。用5.1.1（5）的样本，观测植株中部叶的叶舌质地，分为膜质、干膜质和纸质。

（9）叶耳有无。用5.1.1（5）的样本，观测植株中部叶叶耳的有无。

（10）叶片形状。用5.1.1（5）的样本，按照图6以最大相似原则确定叶片形状的类型，分为线状、条形、条状披针形、狭披针形、卵状披针形和披针状卵形。

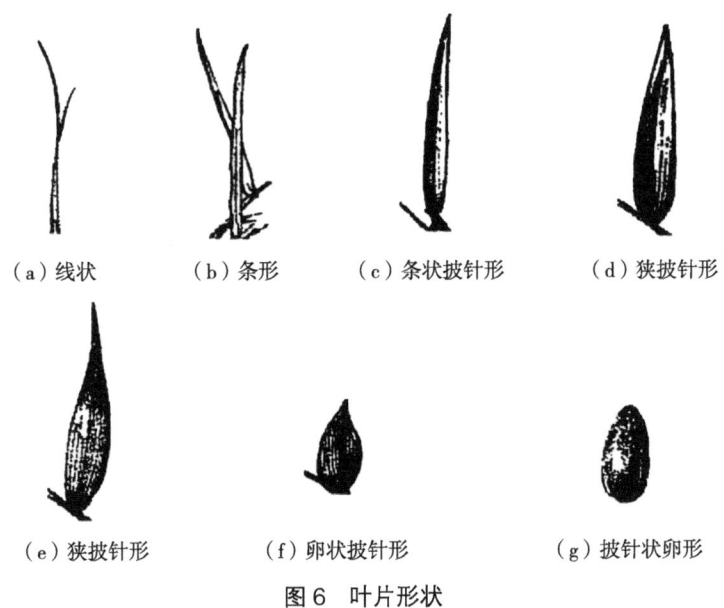

图6 叶片形状

（11）叶片形态。用5.1.1（5）的样本，按照图7以最大相似原则确定叶片形态的类型，分为扁平、对折、稍内卷、内卷和稍外卷。

图7 叶片形态

（12）叶片长度。用5.1.1（5）的样本，测量中部叶片从叶颈至叶尖的长度，总样本数为30。结果以平均值表示，精确到0.1 cm。

（13）叶片宽度。用5.1.1（5）的样本，测量中部叶片最宽处的长度，总样本数为30。内卷或反卷的叶片要展开测量。结果以平均值表示，精确到0.1 mm。

（14）叶片被毛。用5.1.1（5）的样本，用放大镜观测茎中部叶片是否被毛及被毛的疏密程度，分为无、疏、密。

（15）叶片颜色。用5.1.1（5）的样本，在正常一致的光照条件下，按照最大相似原则确定植株中部叶片正面的颜色，分为黄绿、蓝绿、浅绿、绿和深绿。

（16）花序类型。开花期，照图8以最大相似原则确定花序类型，分为穗状、穗状花序指（伞）状排列、总状、总状花序指（伞）状排列和圆锥状。

（17）花序长度。开花期，从试验小区随机取样10株（丛），按照图9测量花序主轴最基部至花序顶端的长度，总样本数为30。结果以平均值表示，精确到0.1 cm。

（18）花序宽度。用5.1.1（17）的样本，按照图9测量花序最宽处的自然长度（不含外伸的芒），总样本数为30。结果以平均值表示，精确到1 mm。

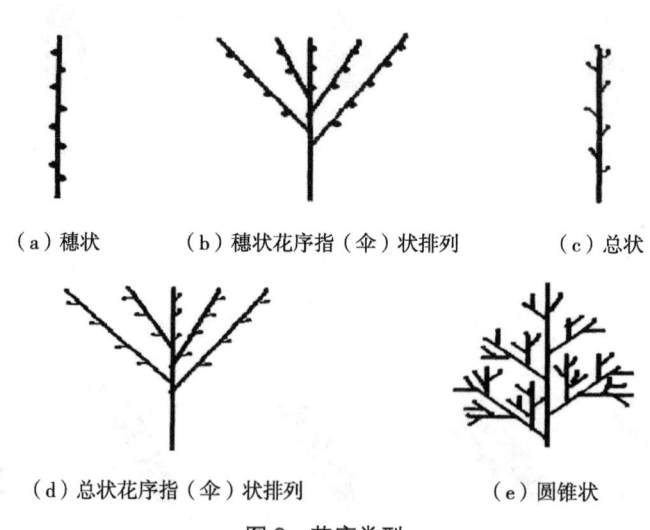

（a）穗状　　（b）穗状花序指（伞）状排列　　（c）总状

（d）总状花序指（伞）状排列　　（e）圆锥状

图8　花序类型

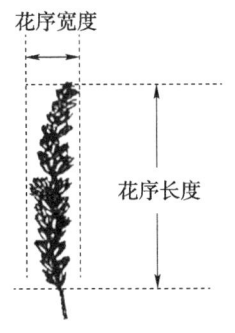 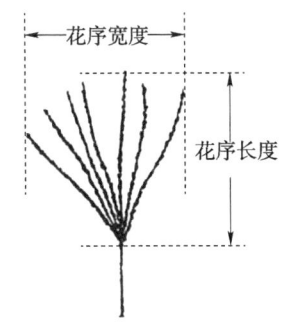 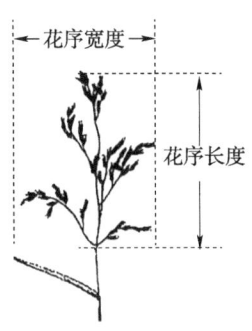

(a)穗状或总状花序　　（b）指（伞）状排列的穗状或总状花序　　（c）圆锥花序

图 9　花序长度、宽度

（19）小穗数。用 5.1.1（17）的样本，观测记载穗轴中部每节着生的小穗数，总样本数为 30，单位为枚 / 穗轴节（只对总状花序或穗状花序的牧草种质进行观测）。

（20）小穗形态。用 5.1.1（17）的样本，按照图 10 以最大相似原则确定花序中部小穗的形态，分为两侧压扁、圆筒状和背腹压扁。

（a）两侧压扁　　　（b）圆筒状　　　（c）背腹压扁

图 10　小穗形态

（21）小花数。用 5.1.1（17）的样本，观测记载花序中部小穗的完整小花数，总样本数为 30。记录最小值到最大值，如每小穗 4～7 枚。

（22）第一颖有无。用 5.1.1（17）的样本，观测花序中部小穗第一颖是否存在，分为无、有。

（23）颖形状。用 5.1.1（17）的样木，按照图 11 以最大相似原则确定花序中部小穗第一颖的形状。如果第一颖缺，观测第二颖。颖形状分为芒状、锥状、条状披针形、狭披针形、披针形、椭圆状披针形、卵状披针形、三角状披针形、条状矩圆形、矩圆形、椭圆形、卵形、近方形和矩形。

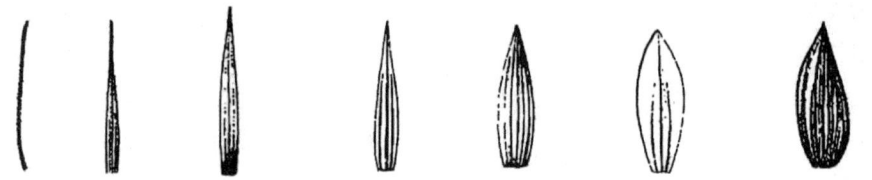

(a) 芒状 (b) 锥状 (c) 条状披针形 (d) 狭披针形 (e) 披针形 (f) 椭圆状披针形 (g) 卵状披针形

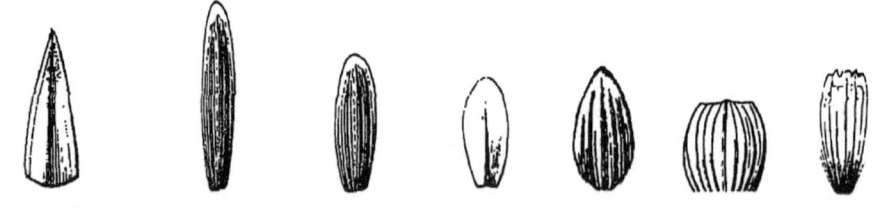

(h) 三角状披针形 (i) 条状矩圆形 (j) 矩圆形 (k) 椭圆形 (l) 卵形 (m) 近方形 (n) 矩形

图 11 颖形状

（24）颖长度。用 5.1.1（17）的样本，按照图 12 测量花序中部小穗第一颖的长度，总样本数为 30。如果第一颖缺，测量第二颖。结果以平均值表示，精确到 0.1 mm。

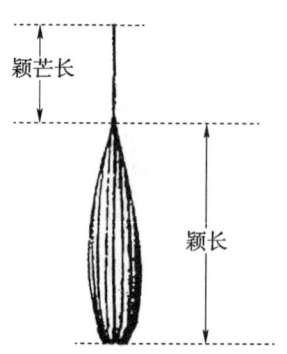

图 12 颖长度、颖芒长度

（25）颖芒长度。用 5.1.1（17）的样本，按照图 12 测量花序中部小穗第一颖芒的长度，总样本数为 30。如果第一颖缺，测量第二颖的芒长度。结果以平均值表示，精确到 0.1 mm（只对颖具芒的牧草种质进行观测）。

（26）外稃形状。用 5.1.1（17）的样本，按照图 13 以最大相似原则确定花序中部小穗第一外稃的形状，分为锥状披针形、披针形、卵状披针形、披针状卵形、披针状矩圆形、矩圆形、椭圆形、卵形、菱形和舟形。

（27）外稃质地。用5.1.1（17）的样本，观测花序中部小穗第一外稃稃片的质地。分为膜质、草质和纸质。

（28）外稃长度。用5.1.1（17）的样本，按照图14测量花序中部小穗第一外稃的长度，总样本数为30。结果以平均值表示，精确到0.1 mm。

（29）外稃芒长度。用5.1.1（17）的样本，按照图14测量花序中部小穗第一外稃芒的长度，总样本数为30。结果以平均值表示，精确到0.1 mm。

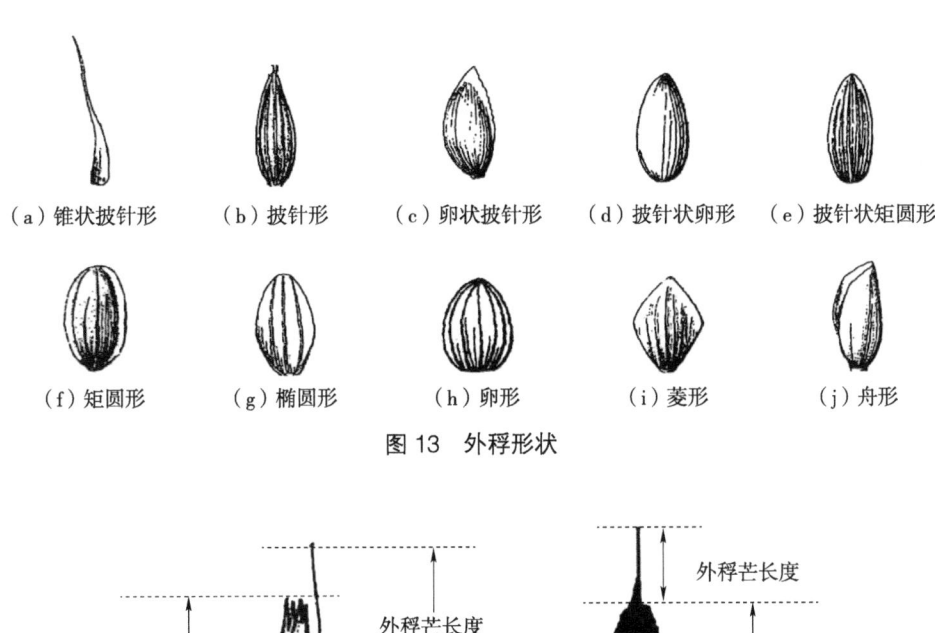

(a) 锥状披针形　(b) 披针形　(c) 卵状披针形　(d) 披针状卵形　(e) 披针状矩圆形
(f) 矩圆形　(g) 椭圆形　(h) 卵形　(i) 菱形　(j) 舟形

图13　外稃形状

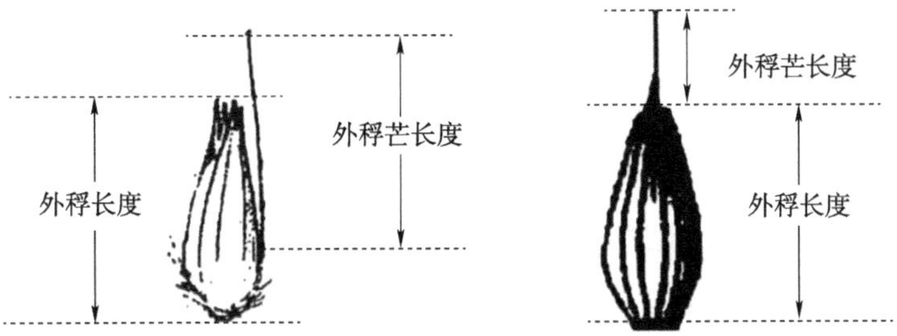

图14　外稃长度、外稃芒长度

（30）颖果形状。成熟期，从采收的颖果中随机取样30粒，按照图15以最大相似原则确定颖果的形状。分为球状、半球状、卵状、长卵状、倒卵状、长倒卵状、椭圆状、矩圆状、矩形、披针状、纺锤状、细纺锤状和圆柱状。

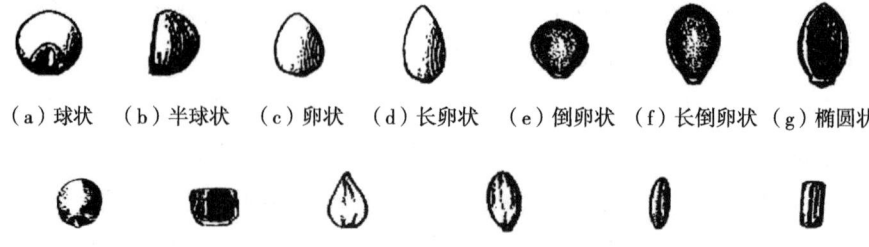

(a) 球状　(b) 半球状　(c) 卵状　(d) 长卵状　(e) 倒卵状　(f) 长倒卵状　(g) 椭圆状

(h) 矩圆状　(i) 矩形　(j) 披针状　(k) 纺锤状　(l) 细纺锤状　(m) 圆柱状

图 15　颖果形状

（31）颖果长度。成熟期，从采收的颖果中随机取样 20 粒，利用相关仪器测量颖果最长处的长度。结果以平均值表示，精确到 0.1 mm。

5.1.2　生物学特性

（1）播种期。观察并记录禾本科牧草种子播种的日期。表示方法为"YYYYMMDD"。

（2）移栽期。观察并记录植物营养体移栽到田间的日期。表示方法为"YYYYMMDD"。

（3）出苗期。观察并记录 50% 的幼苗露出地面的日期。表示方法为"YYYYMMDD"。

（4）返青期。观察并记录 50% 的植株返青的日期。表示方法为"YYYYMMDD"。

（5）分蘖期。观察并记录 50% 的植株分蘖的日期。表示方法为"YYYYMMDD"。

（6）拔节期。观察并记录 50% 的植株拔节的日期。表示方法为"YYYYMMDD"。

（7）孕穗期。观察并记录 50% 的植株孕穗的日期。表示方法为"YYYYMMDD"。

（8）抽穗期。观察并记录 50% 的植株抽穗的日期。表示方法为"YYYYMMDD"。

（9）开花期。观察并记录 50% 的植株开花的日期。表示方法为"YYYYMMDD"。

（10）乳熟期。观察并记录 50% 的植株达到乳熟的日期。表示方法为"YYYYMMDD"。

（11）蜡熟期。观察并记录50%的植株达到蜡熟的日期。表示方法为"YYYYMMDD"。

（12）完熟期。观察并记录80%的植株达到完熟的日期。表示方法为"YYYYMMDD"。

（13）枯黄期。观察并记录50%的植株达到枯黄的日期。表示方法为"YYYYMMDD"。

（14）生育天数。观察并记录试验小区植株由返青期到种子完熟期的总天数。单位为天（d）。

（15）生长天数。观察并记录试验小区植株从返青期到枯黄期的总天数。单位为天（d）。

（16）再生性。以每茬再生草产量之和占全年总产量的百分数表示。

（17）越冬率。按照NY/T 1310中4.2.12的规定执行。

5.1.3　农艺性状

（1）分蘖数。枯黄期，随机抽取10株，调查每一株丛的分蘖数。结果以平均值表示，精确到1枝/株。

（2）叶层高度。开花期，从试验小区随机取样10株（丛），上繁植物测量自地面到植株最上部叶片自然状态下的最高部位的高度，下繁植物测量至叶层自然状态下的最高部位的高度。结果以平均值表示，精确到0.1 cm。

（3）植株高度。开花期，从试验小区随机取样10株（丛），分别测量自地面到植株最高点（一般为生殖枝）的高度。结果以平均值表示，精确到0.1 cm。

（4）结实率。蜡熟期，从试验小区内随机抽取结实植株5株，每株分别测定6个果穗的小花总数（包括不孕和发育不全者）和发育正常的颖果数。用式（1）计算单株（丛）牧草的结实率，结果以平均值表示。

$$FR = \frac{N_1}{N} \times 100 \qquad (1)$$

式中，FR为结实率，单位为%；N为每一果穗的小花总数，单位为个；N_1为每一果穗发育正常的颖果数，单位为个。

（5）落粒性。完熟期，从试验小区观察10株（丛）颖果从植株上散落的程度。分为不脱落、少量脱落和脱落。

（6）茎叶比。刈割测产时，从中取不少于 10 株的样品，将茎（含叶鞘）、叶（含花序）分开，待风干后分别称重，精确到 0.1 g。然后用式（2）计算单株（丛）牧草的茎叶比，取平均数。表示方法为 1∶X，X 精确到 0.01。

$$X = \frac{W_1}{W_s} \tag{2}$$

式中，W_s 为茎重，单位为 g；W_1 为叶重，单位为 g。

（7）鲜草产量。初花期，将每个试验小区分为两半，其中一半用于鲜草产量测量。收割后立即称取重量，3 次重复，结果以平均值表示，精确到 1 g/m²。最终产量为一个生长周期中单位面积牧草鲜草的累计产量，以 g/m² 表示。

（8）干草产量。用 5.1.3（7）的样本，从每个小区中抽取 1 kg 鲜草，将 3 个重复小区的样品混合均匀，从中抽取 1 kg 自然风干或烘干后称重，计算出鲜干比，并折算出干草产量。结果以平均值表示，精确到 1 g/m²。最终产量为一个生长周期中单位面积牧草干草的累计产量，以 g/m² 表示。

（9）种子产量。完熟期，利用每个试验小区鲜草产量测产余下的另一半进行种子产量测量，3 次重复。结果以平均值表示，精确到 1 g/m²，以 g/m² 表示。

（10）千粒重。按照 GB/T 2930.9 的规定执行。

（11）茎叶质地。初花期，用手触摸的方式确定茎叶质地。茎叶质地分为柔软（手抓青草时柔软而无扎手感觉）、中等（柔软度中等，感观测试居于柔软与粗糙之间）和粗糙（牧草秆硬叶糙，植物体多被粗硬毛或具刺，手抓或触及时有扎手或刺痛感，用手折断其茎秆和枝叶时难度大）。

5.2 豆科牧草种质资源评价

5.2.1 形态特征

（1）根系深度。试验结束时，采用挖掘法，每小区挖掘 1 个宽 50 cm 的剖面观察确定根系分布深度，重复 3 次。分为浅根系、中间根系和深根系。

（2）根系类型。用 5.2.1（1）的样本，按照图 16 以最大相似原则确定根系类型，分为轴根型和分根型。

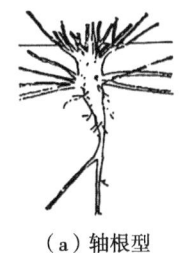 

(a)轴根型　　　　　(b)分根型

图 16　根系类型

（3）根颈深度和宽度。越冬前观测，每个小区取样 10 株测量根颈入土深度及根颈宽度。结果以平均值表示，单位为 cm。

（4）茎生长习性。开花期，按照图 17 以最大相似原则确定茎的生长习性，分为直立茎、斜升茎、平卧茎、匍匐茎、攀缘茎、缠绕茎、根蘖茎和根茎。

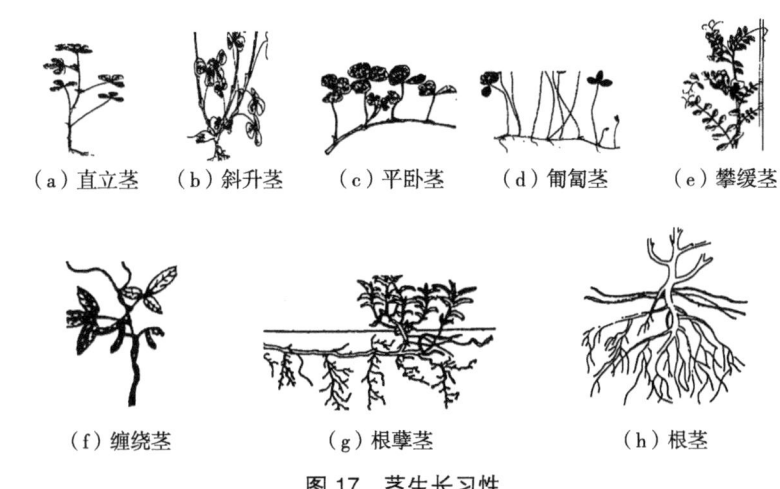

图 17　茎生长习性

（5）茎节数。开花期，随机选取植株 10 株，计数植株主茎第一个节到主茎末梢的节数，总样本数为 30。结果以平均值表示，精确到 1 节。

（6）茎直径。用 5.2.1（3）的样本，测量植株主茎第四个节间的直径，总样本数为 30。结果以平均值表示，精确到 0.1 mm。

（7）茎具刺。用 5.2.1（3）的样本，采用目测法确定茎具刺情况，分为无、疏和密。

（8）茎被毛。用 5.2.1（3）的样本，按照图 18 以最大相似原则确定茎被毛的有无及多少，分为无、疏和密。

（9）叶类型。开花期，随机选取植株 10 株，按照图 19 以最大相似原则确定叶的类型，分为奇数羽状复叶、偶数羽状复叶、掌状复叶、掌状三出复叶、羽状三出复叶和单叶。

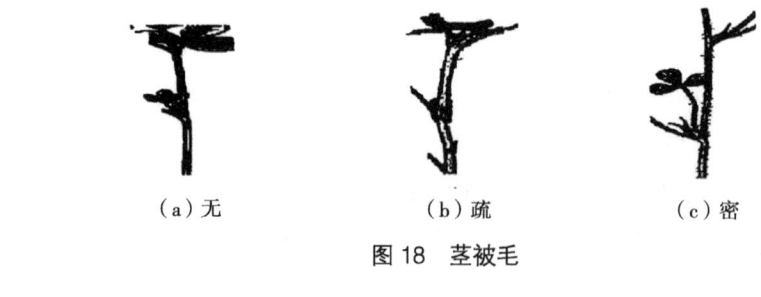

(a) 无　　　　　　(b) 疏　　　　　　(c) 密

图 18　茎被毛

(a) 奇数羽状复叶 (b) 偶数羽状复叶 (c) 掌状复叶 (d) 掌状三出复叶 (e) 羽状三出复叶 (f) 单叶

图 19　叶的类型

（10）叶序。用 5.2.1（7）的样本，按照图 20 以最大相似原则确定叶在茎或枝上的排列方式，分为对生和互生。

(a) 对生　　　　　　(b) 互生

图 20　叶序

（11）托叶形状。用 5.2.1（7）的样本，按照图 21 以最大相似原则确定托叶的形状，分为无、刚毛状、针刺状、条形、钻形、箭头形、半箭头形、戟形、半戟形、披针形、斜卵状披针形、卵形、心形和三角形。

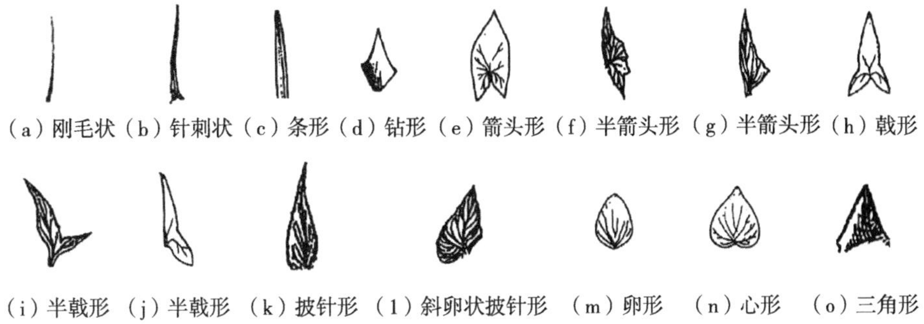

(a) 刚毛状 (b) 针刺状 (c) 条形 (d) 钻形 (e) 箭头形 (f) 半箭头形 (g) 半箭头形 (h) 戟形

(i) 半戟形 (j) 半戟形 (k) 披针形 (l) 斜卵状披针形 (m) 卵形 (n) 心形 (o) 三角形

图 21 托叶形状

（12）叶片形状。用 5.2.1（7）的样本，按照图 22 以最大相似原则确定叶片形状，分为近圆形、椭圆形、矩圆形、三角形、倒三角形、卵形、倒卵形、心形、倒心形、披针形、倒披针形和条形。

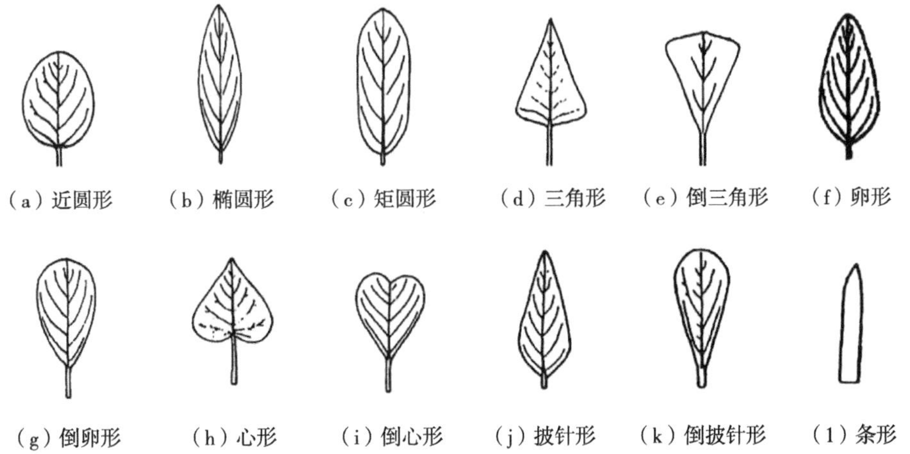

(a) 近圆形 (b) 椭圆形 (c) 矩圆形 (d) 三角形 (e) 倒三角形 (f) 卵形

(g) 倒卵形 (h) 心形 (i) 倒心形 (j) 披针形 (k) 倒披针形 (l) 条形

图 22 叶片形状

（13）叶尖。用 5.2.1（7）的样本，按照图 23 以最大相似原则确定叶尖形状，分为凹缺、微凹、截平、钝形、渐尖和锐尖。

(a) 凹缺 　　(b) 微凹 　　(c) 截平 　　(d) 钝形 　　(e) 渐尖 　　(f) 锐尖

图 23 叶尖形状

（14）叶缘。用 5.2.1（7）的样本，按照图 24 以最大相似原则确定叶缘类型，分为全缘、细锯齿状和锯齿状。

图 24　叶缘

（15）叶基。用 5.2.1（7）的样本，按照图 25 以最大相似原则确定叶片基部形状，分为截形、圆形、心形、阔楔形、楔形和渐狭。

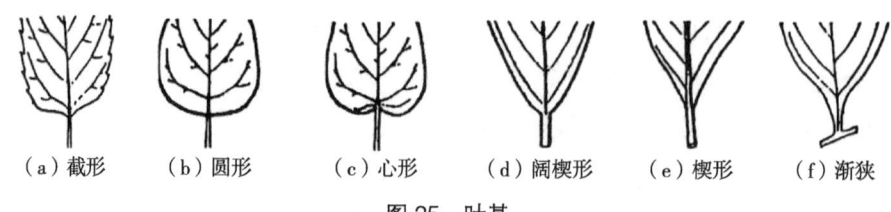

图 25　叶基

（16）叶片被毛。用 5.2.1（7）的样本，按照图 26 以最大相似原则确定叶片被毛情况，分为无、疏和密。

图 26　叶片被毛

（17）小叶长度。用 5.2.1（7）的样本，按照图 27 测量中部复叶顶生小叶的长度，总样本数为 30。结果以平均值表示，精确到 1 mm。

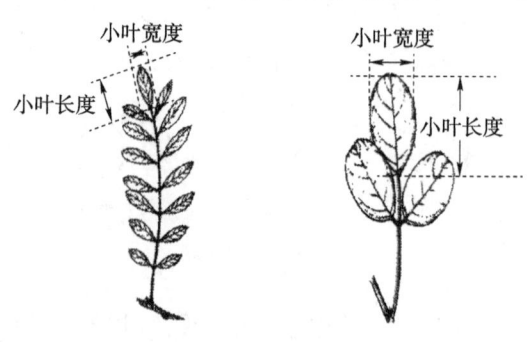

图 27　小叶长度、宽度

（18）小叶宽度。用5.2.1（7）的样本，按照图27测量中部复叶顶生小叶最宽处的长度，总样本数为30。结果以平均值表示，精确到1 mm。

（19）花序类型。盛花期，按照图28以最大相似原则确定花序类型，分为总状、圆锥状、头状、伞形状和单生花。

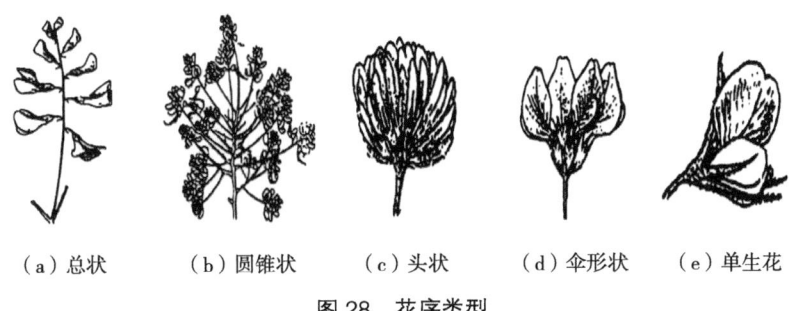

（a）总状　　（b）圆锥状　　（c）头状　　（d）伞形状　　（e）单生花

图28　花序类型

（20）花序长度。盛花期，随机抽取开花的植株10株，测量每株3个主枝中上部花序，样本数达30个，自花序梗最基部测至花序顶端的自然长度。结果以平均值表示，精确到0.1 cm。

（21）花序宽度。用5.2.1（20）的样本，测量主枝中上部花序最宽处的自然长度，总样本数为30。结果以平均值表示，精确到0.1 cm。

（22）花序数。用5.2.1（20）的样本，计数每个主枝上的花序数，总样本数为30。结果以平均值表示，精确到1个/主枝。花序数为主枝数/株 × 花序数/主枝，以花序数/株表示。

（23）花数。用5.2.1（20）的样本，选取主枝上从上往下数第二个花节上的花序，计数花序上的花数，总样本数为30。结果以平均值表示，精确到1枚/花序。

（24）花萼形状。用5.2.1（18）的样本，按照图29以最大相似原则确定花萼形状，分为钟状和筒状。

（a）钟状　　　　　　（b）筒状

图29　花萼形状

（25）花冠类型。用5.2.1（18）的样本，按照图30以最大相似原则确定花冠类型，分为蝶形、钟状和辐状。

（a）蝶形　　　　（b）钟状　　　　（c）辐状

图30　花冠类型

（26）花冠颜色。盛花期，在正常一致的光照条件下，观察花冠的基本颜色，分为白色、黄色、红色、蓝色和紫色。花色类型比较多的材料，记录不同花色的比例。

（27）荚果形状。成熟期，按照图31以最大相似原则确定荚果形态，分为近球状、半球状、矩圆状、菱形、卵状、倒卵状、圆柱状、长圆柱状、条状、镰刀状、螺旋状、盘卷状、肾形、念珠状和"之"字状。

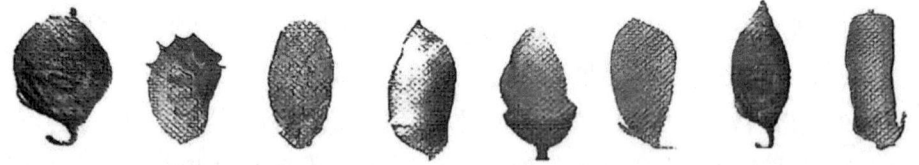

（a）近球状　（b）半球状　（c）矩圆状1（d）矩圆状2（e）菱形　（f）卵状　（g）倒卵状（h）圆柱状

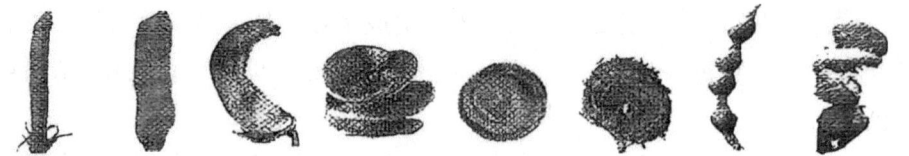

（i）长圆柱状　（j）条状（k）镰刀状　（l）螺旋状　（m）盘卷状　（n）肾形（o）念珠状（p）"之"字状

图31　荚果形状

（28）荚果长度。终花期与成熟期之间，随机抽取植株中下部充分生长发育的荚果10个，测量荚尖到荚尾的距离。结果以平均值表示，精确到0.1 mm。

（29）荚果宽度。用5.2.1（26）的样木，测量荚果最宽处的长度。结果以平均值表示，精确到 0.1 mm。

（30）荚果颜色。成熟期，在正常一致的光照条件下，观察荚果颜色，分为灰白色、灰绿色、黄褐色、褐色、褐紫色和黑色。

（31）荚果被毛。用 5.2.1（26）样本，采用目测法确定荚果的被毛情况，分为无、疏和密。

（32）种子形状。成熟期，从采收的种子中随机取样 30 粒，按照图 32 以最大相似原则确定种子形状，分为近球状、扁圆状、半圆状、矩圆状、矩形、方形、菱形、圆柱状、椭圆状、卵状、倒卵状、扁卵状、倒扁卵状、肾形、心形、二角状和斧形。

（33）种子长度。以风干后的成熟饱满干籽粒为观测对象，随机抽取 10 粒干种子，测量最长处的距离。结果以平均值表示，精确到 0.1 mm。

（34）种子宽度。用 5.2.1（33）的样本，测量最宽处的距离。结果以平均值表示，精确到 0.1 mm。

（35）种皮颜色。用 5.2.1（33）的样本，在正常一致的光照条件下，观察种皮颜色，分为浅黄色、黄色、深黄色、浅褐色、褐色、深褐色、浅绿色、绿色、深绿色、褐红色、褐紫色和黑色。

（36）种皮斑纹。用 5.2.1（33）的样本，用目测法确定种皮斑纹。分为无、浅和深。

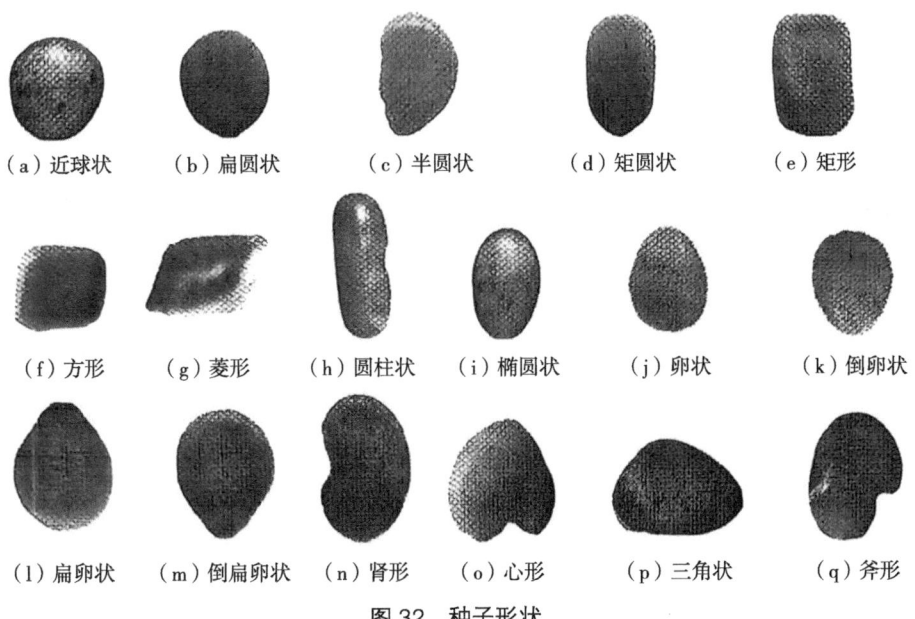

(a) 近球状　(b) 扁圆状　(c) 半圆状　(d) 矩圆状　(e) 矩形

(f) 方形　(g) 菱形　(h) 圆柱状　(i) 椭圆状　(j) 卵状　(k) 倒卵状

(l) 扁卵状　(m) 倒扁卵状　(n) 肾形　(o) 心形　(p) 三角状　(q) 斧形

图 32　种子形状

5.2.2 生物学特性

（1）播种期。观察并记录豆科牧草种子播种的日期。表示方法为"YYYYMMDD"。

（2）出苗期。观察并记录50%的幼苗露出地面的日期。表示方法为"YYYYMMDD"。

（3）返青期。观察并记录50%的植株返青的日期。表示方法为"YYYYMMDD"。

（4）分枝期。观察并记录50%的幼苗从其基部叶腋产生侧芽，并形成新枝的日期。表示方法为"YYYYMMDD"。

（5）现蕾期。观察并记录50%植株出现花蕾的日期。表示方法为"YYYYMMDD"。

（6）始花期。观察并记录20%的植株开花的日期。表示方法为"YYYYMMDD"。

（7）盛花期。观察并记录80%的植株开花的日期。表示方法为"YYYYMMDD"。

（8）结荚初期。观察并记录20%的植株出现绿色荚果的日期。表示方法为"YYYYMMDD"。

（9）结荚盛期。观察并记录80%的植株出现绿色荚果的日期。表示方法为"YYYYMMDD"。

（10）成熟期。观察并记录60%的植株种子成熟的日期。表示方法为"YYYYMMDD"。

（11）枯黄期。观察并记录50%的植株达到枯黄的日期。表示方法为"YYYYMMDD"。

（12）生育天数。记录牧草种质由出苗期或返青期到种子成熟的总天数。单位为天(d)。

（13）生长天数。记录牧草种质由出苗期或返青期到枯黄期的总天数。单位为天（d）。

（14）再生性。按5.1.2（16）的要求。

（15）越冬率。按照NY/T 1310中5.2.12的规定执行。

5.2.3 农艺性状

（1）主枝数。开花期，随机抽取植株10株，观测计数植株自基部齐地面处长出的枝条总数；根蘖型和根茎型种质则包括由根蘖和根茎处长出的枝条数。结果以平均值表示，精确到 1 枝 / 株。

（2）分枝数。用 5.2.3（1）的样本，在每一植株上取 1~2 主枝，观测记数主枝上的一级分枝数。结果以平均值表示，精确到 1 枝 / 主枝。

（3）植株高度。用 5.2.3（1）的样本，测量植株从地面到最高点的自然高度，总样本数为 30。结果以平均值表示，精确到 0.1 cm。

（4）主枝长度。用 5.2.3（1）的样本，测量主枝从基部到顶端的自然长度，总样本数为 30。结果以平均值表示，精确到 0.1 cm。

（5）株丛直径。用 5.2.3（1）的样本，测量株丛冠幅的最大直径和最小直径，计算最大直径和最小直径的平均值。精确到 1 cm。

（6）单荚粒数。成熟期，随机抽取植株 10 株，每株取 3 个荚果，计数荚果内所含的成熟籽粒数，结果以平均值表示，精确到 1 粒 / 荚。

（7）裂荚性。成熟期，随机抽取 10 个荚果，观察荚果开裂与否的情况，分为不裂、微裂和裂。

（8）熟性。根据生育天数的变幅具体确定，分为早熟、中熟和晚熟。

（9）茎叶比。刈割测产时，从中取不少于 10 株的样品，将茎、叶（包括叶柄、托叶和花序）分开，待风干后分别称重，精确到 0.1 g。然后用式（3）计算单株（丛）牧草的茎叶比，取平均数。表示方法为 $1:X$，X 精确到 0.01。

$$X = \frac{W_1}{W_s} \tag{3}$$

式中，W_s 为茎重，单位为 g；W_1 为叶重，单位为 g。

（10）鲜草产量。按 5.1.3（7）的要求。

（11）干草产量。按 5.1.3（8）的要求。

（12）种子产量。按 5.1.3（9）的要求。

（13）千粒重。按照 GB/T 2930.9 的规定执行。

（14）茎叶质地。按 5.1.3（14）的要求。

6 数据采集

6.1 禾本科牧草种质资源数据采集

禾本科牧草种质资源数据采集见附表 A1。

6.2 豆科牧草种质资源数据采集

豆科牧草种质资源数据采集见附表 A2。

附表 A1　禾本科牧草种质资源田间评价数据采集清单

1. 种质及田间试验栽培基本信息			
种质编号		种质名称	
种质外文名		科名	
属名		学名	
评价地点		评价地经度	
评价地纬度		评价地海拔	m
评价地坡度		评价地坡向	
评价地土壤类型		评价地土壤质地	
评价地土壤 pH 值		评价地土壤养分	
评价地地下水位		评价地前茬	
评价地年均温	℃	评价地年降水量	mm
评价地无霜期	d	评价地早霜时间	
评价地晚霜时间		评价地极端最高温度	℃
评价地极端最低温度	℃	种植方式	
田间施肥		田间灌溉	
病虫害防治		杂草防除	
2. 形态特征			
根系疏密		分蘖类型	
茎生长习性		茎秆节数	节
叶鞘开合状态		叶舌形态	
叶舌长度	mm	叶舌质地	
叶耳有无		叶片形状	
叶片形态		叶片长度	cm
叶片宽度	mm	叶片被毛	

续表

2. 形态特征			
叶片颜色		花序类型	
花序长度	cm	花序宽度	mm
小穗数	枚/穗轴节	小穗形态	
小花数	枚/小穗	第一颖有无	
颖形状		颖长度	mm
颖芒长度	mm	外稃形状	
外稃质地		外稃长度	mm
外稃芒长度	mm	颖果形状	
颖果长度	mm		
3. 生物学特性			
播种期			
出苗期		返青期	
分蘖期		拔节期	
孕穗期		抽穗期	
开花期		乳熟期	
蜡熟期		完熟期	
枯黄期		生育天数	d
生长天数	d	再生性	%
越冬率	%		
4. 农艺性状			
分蘖数	枝/株	叶层高度	cm
植株高度	cm	结实率	%
落粒性		茎叶比	1:X
鲜草产量	g/m^2	干草产量	g/m^2
种子产量	g/m^2	千粒重	g
茎叶质地			

附表 A2　豆科牧草种质资源田间评价数据采集清单

1. 种质及田间试验栽培基本信息			
种质编号		种质名称	
种质外文名		科名	
属名		学名	
评价地点		评价地经度	
评价地纬度		评价地海拔	m
评价地坡度		评价地坡向	
评价地土壤类型		评价地土壤质地	
评价地土壤 pH 值		评价地土壤养分	
评价地地下水位		评价地前茬	
评价地年均温	℃	评价地年降水量	mm
评价地无霜期	d	评价地早霜时间	
评价地晚霜时间		评价地极端最高温度	℃
评价地极端最低温度	℃	种植方式	
田间施肥		田间灌溉	
病虫害防治		杂草防除	
2. 形态特征			
根系深度		根系类型	
根茎深度	cm	茎生长习性	
茎节数	节	茎直径	mm
茎具刺		茎被毛	
叶类型		叶序	
托叶形状		叶片形状	
叶尖		叶缘	
叶基		叶片被毛	
小叶长度	mm	小叶宽度	mm
花序类型		花序长度	cm
花序宽度	cm	花序数	个/株

续表

2. 形态特征			
花数	枚/花序	花萼形状	
萼筒被毛		花冠类型	
花冠颜色		荚果形状	
荚果长度	mm	荚果宽度	mm
荚果颜色		荚果被毛	
种子形状		种子长度	mm
种子宽度	mm	种皮颜色	
种皮斑纹			
3. 生物学特性			
播种期		出苗期	
返青期		分枝期	
现蕾期		始花期	
盛花期		结荚初期	
结荚盛期		成熟期	
枯黄期		生育天数	d
生长天数	d	再生性	cm/d
越冬率	%		
4. 农艺性状			
主枝数	枝/株	分枝数	枝/主枝
植株高度	cm	主枝长度	cm
株丛直径	cm	单荚粒数	粒/荚
裂荚性		熟性	
茎叶比	1:X	鲜草产量	g/m^2
干草产量	g/m^2	种子产量	g/m^2
千粒重	g	茎叶质地	

（高洪文、工赞、孙桂枝、工学敏、陈志宏、李晓芳）

（引自：国家牧草产业技术体系编 .2014. 牧草标准化生产管理技术规范［M］）

第三节 牧草种质资源考察收集技术规程

1 范围

本规程规定了牧草种质资源考察收集的内容、方法、程序和技术要求。本规程适用于牧草种质资源的考察收集，以及数据库的建立。

2 规范性引用文件

下列文件中的条款，通过本规程的引用而成为本规程的条款。凡注日期的引用文件，其随后所有的修改单（不包括勘误的内容）或修订版均不适用于本规程。然而，鼓励根据本规程达成协议的各方研究是否可使用这些文件的最新版本。凡是不注日期的引用文件，其最新版本适用于本规程。

ISO 3166　Codes for the Representation of Names of Countries
GB/T 2659　世界各国和地区名称代码
GB/T 2260　中华人民共和国行政区划代码
GB/T 12404　单位隶属关系代码
GB/T 2930.1　牧草种子检验规程　扦样
GB/T 2930.2　牧草种子检验规程　净度分析
GB/T 2930.4　牧草种子检验规程　发芽试验
GB/T 2930.5　草种子检验规程　生活力的生物化学（四唑）测定
GB/T 2930.9　草种子检验规程　重量测定
GB 6142　禾本科草种子质量分级

3 术语和定义

3.1 收集（Collection）

收集是牧草种质资源工作的任务之一，是将分散在各地的种质资源采取不同的方式聚集在一起。收集主要通过考察性收集、征集和国外引种方式或途径进行。收集目的是要进行有效保存，为研究和利用提供种质资源。

3.2 考察收集（Exploration collection）

考察收集是牧草种质资源的收集方式之一，是指科技人员到牧草生长地，对牧草的种类、分布、生境、生长发育及利用状况等进行实地观察和调查。在此基础上去主动寻找所需要的种质资源，并采集其种子或其他繁殖体。同时，视研究和利用的需要，也采集植物标本及分析样品，并记录相关信息和数据。

3.3 生境（Habitat）

植物个体、居群或群落，在其生长发育和分布的具体地段上，各种生态因子的总和。也就是植物生长和发育的具体地点及其环境。

3.4 居群（Population）

在同一生态环境中，能自由交配、繁殖后代的同种个体的集合。居群内所有的基因型构成一个共同的基因库，执行其进化和生态功能。也称为种群或群体，不同学者的理解有所不同。

3.5 野生近缘植物（Wild relation plant）

自然分布的彼此亲缘关系相近的野生植物种。一般指与某种栽培植物亲缘关系相近或者对某种栽培植物基因组有贡献的野生植物种。这是扩大栽培植物遗传基础的潜力之所在，通常含有一些有用基因，如抗病基因、抗虫基因、抗旱基因等。

3.6 珍稀濒危植物（Rare and endangered plant）

包括珍贵、稀有和濒危的植物。珍贵植物是指在经济上有一定特殊价值或在科学上有重大意义的植物。稀有植物是指在分布区内个体数量很少，极为罕见的植物。濒危植物是指生存环境受到严重威胁，处于渐危或绝灭状态的植物。

3.7 样本（Sample）

在这里指的是有生命的繁殖体、标本和分析样品。植物繁殖体主要是种子（含种子的果实）及其他繁殖体，如枝条、块根、块茎、地下根茎、茎等用于繁殖的遗传材料。标本是采集的供制作蜡叶标本和浸制标本的器官。分析样品是采集的供营养成分分析用的植物地上器官部分。

3.8 遗传材料（Genetic stock）

遗传材料是指来自生物任何含有遗传功能单位的材料。在这里指来自植物体能进行有性或无性繁殖的细胞、组织和器官，如种子、枝条、根状茎、块根、块茎、鳞茎等材料。

3.9 分类群（Taxon）

分类群指分类学中的任何一个类群，是分类的等级和单位。如门、科、属、种等。

3.10 种（Species）

种是具有相对稳定形态特征，能自然杂交产生正常后代和占有一定自然分布区，并要求一定生态条件的类群，是分类学上的一个基本单位。在种之下，各个居群间在形态学上若有差异，可视差异程度大小再划分为亚种（Subspecies）、变种（Variety）和变型（Form）。

3.11 建群种（Constructive species）

建群种指对群落结构和环境的形成有明显控制作用的植物种，主要是那些个体数量多、投影盖度大、生物量高、体积较大、生存能力较强的植物种类。

3.12 优势种（Dominant species）

其含义同见建群种。

3.13 伴生种（Companion species）

伴生种是指植物群落中存在度（Presence）和优势度（Doinance）大致相等的生长而特定群落间并无联系的确限度（Fidelity）为二级的植物种类。对牧草而言，其伴生种是指伴随某些优势种或常见种而出现的种类。

3.14 野生种（Wild species）

野生种是指除栽培种外的所有其他植物种群，包含栽培种的野生祖先种。

3.15 逸生种（Feral plant）

逸生种也叫逸生植物，指从栽培转变为野生状态的植物。

3.16 品种（Cultivar）

品种是人类在生产活动中，经过人工选择和培育而形成的具有较一致的遗传性，能适应一定自然和栽培条件，在产量、品质等用途上更适合人类栽培要求的群体，主要包括地方品种（农家品种）和选育品种（育成或改良品种）。品种不是分类学上的分类单位，也不存在于野生植物中。

3.17 生态型（Ecotype）

生态型是指同一种植物在生态特性上具有某些形态或生理差异的类型。生态型是植物在不同自然环境或人为环境长期影响下，逐步通过变异、遗传和选择而形成的，也是同种植物对不同环境条件趋异适应的结果。主要有气候生态型、土壤生态型和生物生态型。

4 目的及任务

为了有效保护我国牧草种质资源的安全，达到永续利用的目的，必须广泛收集。考察性收集是其途径之一。主要任务是通过野外实地观察和调查，采集有保护和利用价值的牧草种子、其他繁殖体、标本和分析样品。包括重要栽培牧草的原始野生类型和野生近缘植物，有栽培价值和利用前景的野生优良草种及生态型，以及珍贵、稀有和濒危牧草种类等。同时，也可以在人工草地及其他场所收集有保存和利用价值的栽培牧草样本，并记录相关的信息和数据，为进一步保存、研究和利用提供遗传材料和信息。

5 内容及程序

考察收集工作的内容和过程可分为三个阶段，一是准备工作阶段，二是野外作业阶段，三是室内整理和总结阶段。准备工作主要包括方案制定、考察队组建、物资和技术资料准备、技术培训,这是考察收集的基础工作。野外作业主要是实地观察和了解,进行样本采集、相关信息和数据记载及图像拍摄,这是考察收集的关键。室内整理和总结,主要是对野外采集的样本和信息进行分类学鉴定、分析、整理和编目,种质材料人短期库临时保存,信息数据和图像录入数据库,编写考察收集名录,并提出总结报告。

牧草种质资源考察收集的工作程序见图1。

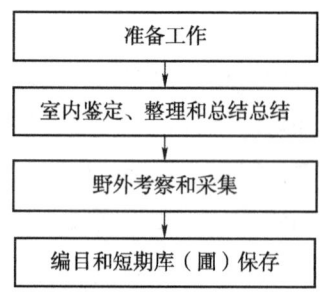

图 1　牧草种质资源考察收集工作程序

6　考察准备工作

6.1　组建考察队（组）

牧草种质资源的考察收集与农作物种质资源大型、综合性考察收集相比较：其专业比较单一,涉及学科较少和规模较小。考察队（组）的归集人员组成主要应以考察区域及任务大小而定。可分为大型、中型和小型考察收集。大型的考察队（组）一般5～10人,中型的4～7人,小型的2～4人。考察队（组）均应以中青年为主,实行队（组）长负责制。队（组）长应由知识面较广、熟悉本专业业务、具有一定组织协作能力的科学家担当。队（组）员应由熟悉业务、身体健康、能吃苦和能协作共事的人组成。在考察队（组）内部既要分工明确,各司其职,又要互相协作,团结共事。

6.2　技术培训

在考察队（组）规模较大、新队员较多和有协作单位人员参加的情况下,为了统一和规范考察收集的内容和方法,提高队员的技术水平和实际操作能力，保证任务的顺利完成，在准备工作阶段，有必要对队员进行技术培训。其培训方式可以多样，可以办技术培训班，开技术讲座，举办座谈讨论会等。请业务熟悉和经验丰富的专家讲课，主要讲授考察区的自然地理条件、畜牧业生产及社会经济发展；讲授考察内容、方法和具体技术要求，仪器和设备的使用和维护；特别应讲授野外识别植物的方法，以及野外工作的注意事项。

6.3 文献资料收集

收集和了解与考察区和考察收集有关的文献资料。主要收集：一是自然地理方面的资料，包括地形、地貌、水文、气候、土壤、植被以及自然区划等资料信息；二是植物及牧草方面的资料，包括植物志、植物分类、植物地理、牧草种类利用及保护等资料信息；三是草地畜牧业生产、草地利用及保护现状等资料信息。

6.4 制订计划

在了解考察区基本情况的基础上，根据各地区不同的自然地理条件及任务，拟定出初步的考察收集计划。其主要内容包括重点考察地区、考察时间、考察行动路线以及日程安排等。

6.5 物资准备

6.5.1 交通工具

在野外考察收集时，需要配备或租用专门用于考察的汽车。由于牧区或乡村公路及草地车道路面差，最好有越野汽车，并配备有野外驾驶经验的司机。若汽车不能进入的考察小区或点，可以步行或乘马和骆驼。

6.5.2 一般器具

（1）放大镜 用于观察植物形态和识别植物种类。

（2）全球定位系统（GPS） 用于定位考察取样点的地理方位、海拔高度、坡地坡度及计算面积和导航。GPS最好具有GIS功能。

（3）照相机 拍照生境、植被以及植株自然状态等，最好用500万以上像素的数码相机。

（4）摄像机 拍摄生境、植被以及植株等自然状态下的动态图像，便于室内补充记载。

(5) SC-2 测高器　用于测量树高幅度。

(6) 卷尺和卡尺　用于测量植株高度及各部长度等。

(7) 采集箱　装采集的新鲜标本。可从市场上选购的标本采集箱如图 2 所示。

图 2　采集箱

(8) 标本夹　一种是轻便和有背带的，便于野外携带、就地可装压的标本夹（图 3）；一种是较坚固的，供室内更换标本和吸水纸用的标本夹（图 3）。还应准备捆标本夹的线绳或尼龙绳。

图 3　标本夹

(9) 吸水纸　用于压制植物标本。

(10) 小铁铲　用于挖掘草本植物和矮小灌木。

(11) 剪刀　一种是一般用的剪刀，用于剪取草本植物的样品；另外一种是枝剪，用于剪取木本植物或灌木枝条。

(12) 镊子　用于解剖标本。

(13) 解剖镜　小型手提解剖镜，用于鉴定标本。

(14) 弹簧秤　用于称样品重量。

（15）尼龙袋或布袋　粗细不同的尼龙网袋或布袋用于装采集的种子和分析样品。

（16）指南针　用于测定方位，防止迷路。

（17）望远镜　观察远处的生境和植被，以判断是否有必要设采集点。

（18）手机　用于相互联系，互通信息。

（19）笔记本电脑　存储有关信息和查阅相关资料。

（20）文具　铅笔、红蓝铅笔、记号笔、小刀、橡皮、曲别针、橡皮筋等。

6.5.3　观察记录物品

（1）记录簿或表格　一是考察采集点生境的观察记载表格；二是种子或其他繁殖体采集记载表；三是分析样品采集记载表；四是标本采集记录簿。

（2）号牌（标签）　用于挂在标本（样品）上的编号牌。

（3）工作日记簿　用于记录每日工作情况。

6.5.4　生活用品

生活用品视考察收集时间的长短、季节、地区以及考察方式等而准备。一般准备背包、雨具、水壶（或瓶装矿泉水）、风镜（或有色眼镜），药品箱及药品等。若在野外露宿，应准备帐篷、蚊帐、被子、手电筒（蜡烛）等。

6.5.5　其他用品

（1）袖珍计算器　用于野外的统计和计算。

（2）其他资料　植物检索表、重要的植物志等有关资料。

（3）有关证件　在公安部门办理的有关证件等。

7　野外考察收集

7.1　拟订实施方案

到考察区后，首先应向政府有关部门领导汇报考察的目的、任务及内容，征求意见，取得当地领导支持。若有必要，可请派技术人员或向导参加考察。再根据考察项目计划，结合具体情况，拟定野外行动计划，进一步确定考察重点、路线和时间安排等事项。

7.2 座谈与访问

在考察区，可以通过召开有当地领导和技术人员参加的小型座谈会，也可以通过对当地技术专家或农牧民进行访问，了解考察区自然、社会、畜牧业经济、饲料生产、草地利用、保护和建设以及牧草种质资源等信息，并获取有关文献资料。

7.3 考察点的设置

考察点的设置，其目的是要能采集到遗传多样性的样本。一般应选择生境条件和植物种类有差异、种类较丰富、分布较集中、植被保护较好的地段。

牧草种质资源野外考察采集的主要场所是天然草地，如森林草原、草甸草原、典型草原、荒漠化草原、半荒漠、荒漠、草甸、草山草坡、高寒草甸和草原以及林间和林缘草地等。这些地区是放牧牲畜的场所，饲用植物多被牲畜采食，难以采集到牧草种子、标本和分析样品。因此，在这些地区考察可以在有围栏保护的草场、铁路和公路两侧有保护设施的地段上设点。

7.4 生境观测与记载

牧草的种类、分布及生长发育状况都与生境有密切的联系。因此，每到一个考察点都要对生境条件进行观测，按牧草种质资源考察收集描述规范及数据采集表中的各项内容进行记载和填写。其目的是为采集样本提供生境材料。同时，应对周围环境进行拍照和摄像，便于到住地或室内工作进行补充和核实。

7.5 样本采集

鉴于在天然草地上采集样本，特别是采集种子的难度较大，在具体的采集方式和要求上应视收集点上饲用植物种类保护、生长发育及分布状况（建群种、伴生种、常见种、偶见种、珍稀、濒危、群居、散生、偶见、稀缺等）和牧草的繁育方式（自花授粉、异花授粉等）而定，使样本具有代表性和包含尽可能多的遗传变异及最佳样本类型以获得最高成活率。但特殊情况，应特殊对待，不宜太严。

7.5.1 种子采集

这是野外作业的中心工作和任务。在收集点上，首先要认真观察和识别饲用植物的种类，了解植株生长发育和分布状况。在此基础上，尽量采集到具有遗传多样性和成熟的种子。对分散和零星分布的种类，应尽量在不同植株上，用手撸其果实或种子；对成片分布的种类，可按随机取样方法，用镰刀割其果穗和果枝。分别装入布口袋中，并挂上号签和填写表格。

7.5.2 其他繁殖体的采集

在收集点上若有保护价值和利用前景的无性繁殖或有性繁殖能力极低的牧草，可视情况采集植株的根茎、块根、块茎、鳞茎、幼株（苗）等器官。在每收集点上，可随机在 3~7 个植株上采集，每一植株可采集 1~3 个样本，分别装入能保持一定湿度的袋子，挂上标签，填写表格。

7.5.3 标本采集

在收集点上，在采集种子、无性繁殖体样本的同时，有必要采集相应的植株标本。这是室内植物分类鉴定和定名的重要依据，也是进一步研究的原始材料。植物的花和果实是鉴定植物最重要的器官，因此，在采集标本时，一定要采到有花或果实的植株。采集草本植物时，植株矮小的可挖取全株；较高大的草本、藤本、灌木、小乔木等，可剪取其带枝叶的花和果实器官。此外，也应该注意基生叶与茎生叶（草本植物）、老枝与幼枝上所着生叶的不同，雌雄异株花的不同等，应分别采集。采集标本的大小，以适合标准的台纸尺度为合格。一般每号采集 3 份标本，并挂上标签，最好现场用标本夹压制，若时间紧也可放入采集箱到住地压制。

7.6 样本的编号

给样本编号是一项非常细致而又重要的工作。牧草种质资源野外采集的样本主要是种子，其次是标本、分析样品等实物。对采集的每一份实物都应给予一个编号，将写有编号的号牌（标签）挂在样本上，并与数据采集表的编号一致，千万不能张冠李戴。

7.6.1 种子采集号

由种子采集年份加采集地区省（自治区、直辖市）的代码号加采集顺序号组成。如 2006110123 号，代表 2006 年在北京采集的 123 号种子。

7.6.2 标本采集号

由标本采集年份加采集标本顺序号组成，并在数码之前冠以"P"，表示植物标本号与其他编号相区别，如 P2006204 号，代表 2006 年采集的 204 号植物标本。

7.6.3 分析样品采集号

由分析样品采集年份加采集样品顺序号组成，并在数码前冠以"A"，表示分析样品号与其他编号相区别，如 200512 号，表示 200 年采集的 12 号牧草分析样品。

7.7 样本的记载

一个完整和合格的采集样本，除了实物外，还必须有野外采集的原始记录。这是样本身份证明和基本档案信息，十分重要。在野外采集的种子（包括其他繁殖体）、标本、分析样品等实物，每一份除了必须在野外给予编号外，还必须在考察采集数据采集表上按设置的项目和内容进行填写和记录。基本信息记载表的格式、项目、内容和填写说明，依照牧草种质资源收集描述规范执行。

7.8 摄影与录像

摄影与录像是野外考察信息和档案资料的组成部分。从野外和室内工作的需要出发，可以对采集点的全景或某一部分、采集样本自然生长植株或某一部分特征等进行摄影或录像，以显示采集点的生境（地形、土壤、群落的主要植物成分等）。采集样本生长的自然环境，自然生长状态以及特征等，对在室内进一步补充和完善采集信息具有重要作用。

7.9 清理样本和记录

在每天完成野外工作回到住地后，或遇雨天时，或安排休整时，都应该抓紧时机对采集的样本进行清理、翻晒和压制；对野外记录、摄影和录像要进行核对、检查或补充。

7.9.1 清理种子

对采集的牧草种子，视具体情况，可以翻晒、脱粒或清选。将装种子的布口袋或尼龙纱袋放在空气流通的地方阴干。对采集的无性繁殖体，要保持一定湿度和通气,避免腐烂失去生命力。

7.9.2 翻压标本

对野外采集的新鲜标本,若没有上标本夹的要上夹压制。对以上夹的标本,要经常更换吸水纸(草纸)。在换纸和翻压过程中,进一步将标本压平展,将标本夹捆紧,并将换过的吸水纸晒干,或放在干燥或阴凉通风处晾干,以备后用。

7.9.3 清理分析样品

由于采集的新鲜分析样品主要是茎(秆)、枝和叶,含水量高,因此,必须及时放在阴凉处翻晒或放在布口袋或尼龙纱袋中,挂在通风处阴干。

7.9.4 整理记录

在清理种子、标本和分析样品的同时,首先要核对每一份样本的实物与记录的编号是否一致,也要核对摄影与录像的编号,并进一步检查和补充记载项目和内容。

7.10 注意事项

野外考察,第一要重视和注意安全,特别是坐专用汽车进行路线性布点考察时,一定要注意行车和人身安全。若遇有危险的道路及突发性自然灾害,一定要果断处理,将考察人员转移到安全地方,不能为赶考察进度导致严重后果。同时,也要防止国家和个人的财物被盗。在草地、林间草地考察要防止迷路。考察队(组)若有女同志,最好有2人同行参加考察。第二要注意防火,在草地、林间和林缘考察,一定要遵守当地防火的有关规定,用火(如抽烟等)一定要在安全处。第三防止生病和意外受伤,应带常用的医药。第四在少数民族地区考察,一定要了解和尊重当地民族的风俗习惯,搞好民族团结。第五遇有重大事故,应主动向当地政府有关部门报告,并取得帮助和谅解,使考察工作能安全顺利进行。

8 室内工作

室内工作非常重要,是整个考察收集项目中最重要的环节。在野外考察收集工作结束,回到单位稍休息后,应立即开展样本和资料的整理,业务和工作的总结等。

8.1 样本整理

8.1.1 种子脱粒与清选

首先要对野外采集的种子样本进行系统的检查和清理，对脱粒种子应进一步清选；尚未脱粒的应尽快翻晒、脱粒和清选；凡经过清选的种子，最后称重和登记，保持种子的干燥；采集的无性繁殖体应尽快移栽和处理。

8.1.2 标本换纸和制作

对野外采集的标本应尽快翻压和换草纸，在此过程中应对标本和记录进行全面检查和清理；对已压干和定型的标本，可以上台纸。上台纸最好用棉线固定，并在上台纸的右上角贴标本野外记录签，在左下角贴鉴定签，供专家定名时填写。

8.1.3 分析样品的处理

在检查和清理分析样品的基础上，将样品放在阴凉通风的地方翻晒或挂（注意不能在烈日下暴晒），待干至重量基本保持不变时，进行称重和登记，放到干燥通风处，以备分析之用。

8.2 标本的鉴定和定名

鉴定标本和定名，是一项细致而严肃的重要工作，既可在标本上台纸之前也可在上台纸之后进行。对一般常见种，能定名的应写好鉴定签，放在标本上或贴在台纸上。若需要在室内进一步解剖和鉴定的种，应利用《中国植物志》、地方植物志及有关文献鉴定和定名。对个别疑难种，可由分类专家作深入鉴定和分类研究。若是新的分类群，应在形态解剖特征的细致观察和国内外文献考证研究的基础上进行描述、命名和发表。

同时，在标本鉴定过程中，应注意同一个种在不同地形、气候、土壤等自然条件下所形成的生态型。

8.3 资料的清理和完善

首先对野外的摄影和录像进行清理和冲洗，并清理和检查野外记录和记载表格，一方面对没有填写的项目和内容进行补充；另一方面对有错误的进行改正，使野外记录和填写的项目和内容进一步完善、准确和可靠。同时，进一步收集和整理有关文献资料。

8.4 临时编目和保存

对野外采集的牧草种子，经清选后应编写牧草种质资源考察收集名录。名录的项目包括采集号、种名（中文名、学名）、植物类型、采集地点、生境、经度、纬度、海拔、重量等。对编入名录的种子应妥善短期保存。对采集的分析样品，经阴干和整理后，也应编写出牧草分析样品名录，名录的项目包括采集号、种名称（中文名、学名）、采集地点、生境、鲜重、干重等，并送有关部门进行化学分析。

8.5 技术总结

在对样本、资料信息的整理和完善，标本的鉴定和编目的基础上，通过对已获得的数据和信息进行整理、分析和研究，撰写出牧草种质资源考察收集报告。其内容如下：①考察的目的及任务，包括提出考察收集的依据、内容、目的及意义；②考察区的自然环境条件，包括地形地貌、气候、水文、土壤、植被、人为活动状况等；③考察收集的基本情况，主要是考察收集计划的实施过程和基本情况；④考察收集取得的进展和初步成果，主要是考察收集的数量、种类、类型及特征特性、新发现的类型及生态型等，考察所获得的样本和信息在遗传育种、栽培草种的发掘利用、生物多样性的保护以及在科学上的价值和作用；⑤保护及利用建议；⑥附件，主要是种子收集名录和分析样品名录。

同时，也可提出考察收集工作报告，主要内容包括：①考察收集的内容及目的；②计划实施情况；③经费收支概况；④经验和教训。

8.6 建立数据库及资料归档

对考察收集所获得的资料信息，都应规范、准确和完整地输入计算机，建立牧草种质资源考察收集数据库，并录入牧草种质资源信息网络系统，以便实现资源和信息共享。

最后，应按科研资料归档的规定和要求，立卷归档。

（引自：赵来喜等著.2015.牧草种质资源收集技术规程［M］）

第四节 牧草种质资源征集技术规程

1 范围

本规程规定了牧草种质资源征集的内容、技术和要求。

本规程适用于牧草种质资源的征集。

2 规范性引用文件

下列文件中的条款通过本规程的引用而成为本规程的条款。凡注日期的引用文件，其随后所有的修改单（不包括勘误的内容）或修订版均不适用于本规程。然而，鼓励根据本规程达成的协议的各方研究是否可使用这些文件的最新版本。凡不注日期的引用文件，其最新版本适用于本规程。

ISO 3166　Codes for the Representation of Names of Countries

GB/T 2659　世界各国和地区的名称代码

GB/T 2260　中华人民共和国行政区代码

GB/T 12404　单位隶属关系代码

GB/T 2930.1　牧草种子检验规程　扦样

GB/T 2930.2　草种子检验规程　净度分析

GB/T 2930.4　牧草种子检验规程　发芽试验

GB/T 2930.5　牧草种子检验规程　生活力的生物化学（四唑）测定

GB/T 2930.9　种子检验规程量测定

GB 6142　禾本科草种子质量分级

3 术语和定义

征集

征集是收集的方式之一。一般是通过行政或业务关系发文而进行的收集。牧草种质资源征集是将分散在国内各有关部门（单位、企业、公司、育种家等）或生长在某一地区有保护价值或有利用前景的种质资源，通过拟发征集通知或征集函将牧草种质资源收集起来和统一保存。征集既可是全国性征集，也可地区征集，或个别单位征集。

4 内容及程序

4.1 内容

牧草种质资源征集，是征集种质资源样本及其相关数据和信息的工作。其征集工作的内容主要包括：由本项目主持单位制订征集工作计划；拟发征集通知（征集函）；由接受任务部门（单位、企业、公司、育种家等）清理或采集牧草种质资源样本，并填写数据采集表；整理、包装种质资源样本和数据采集表，送至发函单位；由发函单位统一试种繁殖、鉴定、编目和入库保存。

4.2 程序

牧草种质资源征集工作程序见图1。

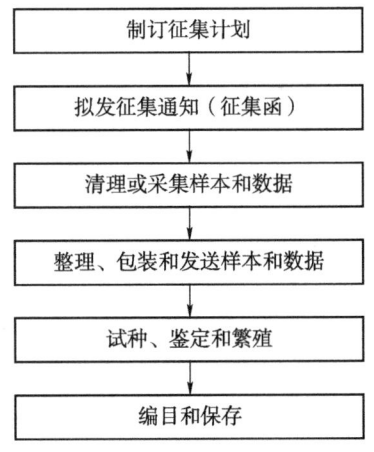

图1 牧草种质资源考察搜集工作程序

5 制订计划

根据全国牧草种质资源的发展现状和需要，由国家或农业部设立征集项目，全国牧草种质资源研究的组织协调单位主持具体的征集工作，并制订牧草种质资源的征集计划。征集计划主要包括：征集的目的及意义；征集的牧草种质资源类型或牧草种类；征集的地区、部门（单位、企业、公司、育种家等）。征集的相关要求等。

6　拟发征集通知（或征集函）

牧草种质资源的征集通知是由农业部拟定，而征集函是由全国牧草种质资源研究的组织协调单位拟定。征集通知或征集函的主要内容基本相同，包括征集的目的、征集的种类、具体任务及要求等，并附相关的数据信息采集表（包括填写说明）。征集通知发至全国各省（自治区、直辖市）政府或有关政府部门，征集函发至与牧草种质资源有关的科研和育种单位以及种子公司等。

7　清理和采集

收到农业部关于牧草种质资源征集通知的各省（自治区、直辖市）政府有关行政部门，可组织下属部门（如县、市）或业务单位；收到全国组织协调单位征集函的有关科研、育种、种子公司等业务单位，都应对本部门或单位已有的种质资源进行清理，或在本地区进行采集。清理或采集样本（主要是种子）的方法及具体要求，依照牧草种质资源考察收集技术规程执行。同时，填写牧草种质资源征集数据采集表。数据采集表及填写说明，依照牧草种质资源收集描述规范执行。

8　整理、包装和发送

对清理出来和采集到的样本（种子）要进一步翻晒、脱粒和清选。同时，逐步检查、完善数据采集表及编号。对符合征集通知或征集函要求的样本装袋和包装。对相应的数据采集表装订成册。包装一定要牢实和防潮，并尽快发送至牧草种质资源征集工作的主持单位。

9　鉴定、繁殖和保存

9.1　试种、鉴定和繁殖

全国牧草种质资源研究的组织协调单位，对从各省（自治区、直辖市）

有关部门或业务单位征集到的样本（种子或其他繁殖体）和数据采集表，应及时集中进行清理和整理，入牧草种质资源中期库或资源圃保存。同时，编写"牧草种质资源征集名录"，并尽快组织试种，开展一般农艺性状初步鉴定。按进入国家作物种质资源库的要求，进行试种和繁殖种子。试种、鉴定和繁殖的方法与标准依照《牧草种质资源描述规范和数据标准》的要求实施。

9.2 编目及保存

在初步鉴定和繁种的基础上，进行种子清选，编写《牧草种质资源入库目录》。目录的栏目包括统一编号（CF号）、原编号（采集号或引种号）、种名（中名及学名）、品种名、材料来源、材料原产地、播种期、出苗（返青）期、抽穗（现蕾）期、开花期、株高、生育天数、枯黄期、收种期、发芽率、千粒重、送种单位、类型及备注。将附有目录的种子送国家作物种质资源库保存。最后，完成《牧草种质资源征集工作报告》。

（引自：赵来喜等著.2015.牧草种质资源收集技术规程［M］）

第五节　草种引种技术规程

1　范围

本标准规定了草种引种的基本原则、程序和主要技术要求。

本标准适用于有目的的从境外或外地引入草种。

2　规范性引用文件

下列文件中的条款通过本标准的引用而成为本标准的条款。凡是注日期的引用文件，其随后所有的修改单（不包括勘误的内容）或修订版均不适用于本标准，然而，鼓励根据本标准达成协议的各方研究是否可使用这些文件的最新版本。凡是不注日期的引用文件，其最新版本适用于本标准。

NY/T 634　草坪质量分级

《中华人民共和国进出口动植物检疫条例》

3 术语与定义

3.1 草种 forage and turfgrass germplasm

用于动物饲养、生态建设、绿化美化等用途的草本植物及饲用灌木的种或品种。

3.2 引种 introduction

从异地引进优良品种、品系或其他种质资源在当地种植的过程。

3.3 检疫 quarantine

防止植物有害生物的传入、传出和（或）扩散，确保其官方控制的一切活动。

3.4 引种材料 materials for introduction

引进种植的籽实、果实、根、茎、苗、叶、芽等种植或繁殖材料。

4 引种原则

4.1 安全性

引进的草种不能携带国家或地方公布的植物检疫性以及限定的非检疫性有害生物。

4.2 生态性

草种在一定的生态环境范围内形成特定的植物生态型。从与本地区生态环境相似的地区引种，或从相同纬度的地区引种。

4.3 需求性

根据生产和生活的需要，引入当地缺少的某些优质、专用的资源或品种。

5 引种程序

5.1 草种的确定

根据引种的目的,在分析引种的可行性,并防止传播危险性病、虫、杂草,以及造成有害生物入侵等风险评估的基础上,确定要引进的草种。

5.2 材料的获取

引种材料的获得方式主要包括合法购买、采集、交换、赠送等。

5.3 材料的登记

5.3.1 原始资料登记

引入草种的来源和系谱等原始材料应详细记载,填写草种引种原始资料登记表,见附表A。

5.3.2 其他资料的收集

(1)草种的分类学地位、生物学特性、地理分布、起源中心、分布区的生境。

(2)草种在原产地的生长发育特性、适应性、病虫害及其防治。

(3)草种在原产地的栽培技术。

(4)草种在原产地的生产用途、经济价值与市场状况。草种在各地的引种与利用情况。

5.4 引种检疫

从国外引种的材料,检疫按照《中华人民共和国进出口动植物检疫条例》的规定,应送交国家指定的检疫部门进行检疫,由检疫部门出具检疫报告,获得许可后方可引种。国内引种的材料,检疫按照《中华人民共和国植物检疫条例》的规定进行。

5.5 引种材料的管理

引种材料应妥善保管,严格管理。

6 引种试验

观测引进草种的生物学特性、适应性和生产性能等表现，掌握其生长发育规律，作为分析引种成败、提出相应栽培技术与草种改良的参考依据。

6.1 隔离试种

6.1.1 隔离措施

6.1.1.1 检疫隔离

隔离试种的地址应选在无危险性有害生物分布的地区，并有自然隔离屏障（如山、河、湖、海等）或远离同类作物的生产地；气候、土质等生态条件适合所试种作物的生长、发育；交通比较方便，隔离场所四周应有防护屏障；有不受病、虫、草害污染的水源，能满足试种的需要；有具有一定理论基础和实践经验的作物栽培、植物保护等方面的技术人员。

6.1.1.2 生物学隔离

生态隔离，草种种植在同一地区，但生长在不同的生境，彼此之间不产生杂交；

时间隔离，使草种的盛花期不同，避免杂交；

机械隔离，阻止花粉传送；

配子隔离，使雌雄配子不能互相吸引，花粉在柱头上没有生活力。

6.1.2 种或品种的真实性测定

在隔离种植区，至少一个生长季内，根据明确的植物分类学特征或品种特性，确定引种材料种或品种的真实性。

6.1.3 生物学测定及适应性鉴定

在隔离种植区，对初次引进的草种，特别是从生境差异较大的地区和国外引进的草种，必须进行小区试种观察，初步鉴定草种的适应性和生产利用价值。鉴定指标包括：生育期（附表 B）；形态学特征（附表 C）；越冬（夏）性、抗病虫能力和抗逆性（附表 D）；栽培条件（附表 E）。

对草坪草的观测需填写草坪草生物学特征观测登记表（附表 F）。

6.1.4 生产性能及草坪用性状的测定

在隔离种植区，应对引种材料进行产草量、饲用价值、繁殖类型与结实率、种子产量等生产性能测定（附表 G）。

对于草坪草，应在隔离种植区，按照 NY/T 634 的规定对草坪草的坪用性状进行测定（附表 H）。

7 引种评价

7.1 适应性评价

（1）引进草种是否适应当地生境条件；是否适应当地管理水平。
（2）引进草种能否完成生长发育周期。
（3）引进草种抵御病虫害及杂草危害的能力。

7.2 效益评价

（1）引进草种有无生态风险。
（2）引进草种的生产能力及经济效益。
（3）引进草种的生态效益。

8 建立技术档案

8.1 建档

技术资料应当及时建立档案，内容包括调查登记表格、原始记录、试验方案、图表、照片、分析整理的资料、技术管理文件及引种试验总结等。

8.2 档案管理

引种技术档案应及时整理、归档。

9 申请品种审定

草种隔离试种完成后，按照新草品种审定程序对品种进行审定，审定登记后方可推广应用。

附表 A
(规范性附表)
草种引种原始资料登记表

序号	引入编号	原编号	草种名称			系谱(父本、母本、选育人、年份、单位)	产地			材料提供者	材料数量/g	引种途径、发送单位及发送人	收到日期(年月日)	对本批材料处理的意见
			种名	学名	品种名		国家或地区	海拔/m	经纬度					

试验地点：　　　　　　年份：　　年　月　日至　　年　月　日　　填表人：

附表 B
（规范性附表）
禾本科牧草及饲料作物生育期观测记载表

序号	引入编号	原编号	草种名称	播种期	出苗期（返青期）	分蘖期	拔节期	孕穗期	孕穗期株高	抽穗期	开花期	成熟期			完熟期株高/cm	生育天数/d	枯黄期	生长天数/d
												乳熟	蜡熟	完熟				

备注：对营养繁殖的草种，将移植期填入播种期。

试验地点：　　　　　年份：　　　年　月　日至　　年　月　日　填表人：

附表 C
（规范性附表）
豆科牧草及饲料作物生育期观测记载表

序号	引入编号	原编号	草种名称	播种期	出苗期（返青期）	分枝期	现蕾期	现蕾期株高/cm	开花期初花	开花期盛花	开花期株高/cm	结荚期	成熟期	成熟期株高/cm	生育天数/d	枯黄期	生长天数/d

试验地点：　　　　年份：　　　　年　月　日至　年　月　日　填表人：

附表 D
（规范性附表）
块根及块茎饲料作物生育期观测记载表

序号	引入编号及原编号	草种名称	播种期	出苗期	块根（茎）膨大期	块根（茎）收获期	产量/(kg/hm²)		母根种植期	萌发期	抽穗期	开花期	结实期	种子采收期	生育天数/d
							茎叶	块根（茎）							

试验地点：　　　　　年份：　　　年　月　日至　　年　月　日　填表人：

附表 E
（规范性附表）
引种材料形态学特征观察登记表

序号	引入编号	原编号	草种名称	根	根蘖（分枝）方式	茎	叶	花	果实	种子

试验地点：　　　年份：　年　月　日至　年　月　日　填表人：

附表 F
（规范性附表）
引种材料适应性观测登记表

序号	引入编号	原编号	草种名称	越冬（夏）率	耐热性	耐旱性	抗病性	抗虫性	耐淹性	耐盐碱性

试验地点：　　　年份：　年　月　日至　年　月　日　填表人：

附表 G
（规范性附表）
引种材料田间试验栽培条件登记表

序号	引入编号	原编号	草种名称	地理位置		坡度	坡向	海拔/m	土壤类型	土壤pH值	土壤养分/%			地下水位/m	前茬	底肥	整地情况
				经度	纬度						全N	全P	全K	腐殖质含量				

试验地点：　　　　　　　年份：　　年　月　日至　　年　月　日　　填表人：

附表 H
（规范性附表）
草坪草生物学特征记载表

序号	引入编号	原编号	草种名称	播种期	（返青期）出苗期	抽穗（现蕾）期	抽穗（现蕾）期株高/m	开花期	成熟期	成熟期株高/m	生育天数/d	枯黄期	绿期

年份：　　　　　年　月　日至　年　月　日　　填表人：

试验地点：

附表 I
（规范性附表）
引种材料生产性能测定登记表

序号	引入编号	原编号	草种名称	产量/(kg/hm²)		适口性	饲用价值				繁殖类型	结实率/%	种子产量/(kg/hm²)
				鲜重	干物质		粗蛋白质含量/%	干物质消化率/%	NDF/%	ADF/%			

试验地点：　　　　　年份：　　年　月　日至　　年　月　日　填表人：

附表 J
（规范性附表）
草坪坪用性状观测记载表

序号	引入编号	原编号	草种名称	色泽	高度	生长速度	盖度	密度	叶片质地	草皮根层厚度/cm	均一性	硬度	病虫侵害度

试验地点：　　　　　年份：　　年　月　日至　　年　月　日　填表人：

（余鸣、尹晓飞、马金星、王赞文、陈志宏、汪玺、李存福、李玉荣、刘芳、石守定）

（引自：国家牧草产业技术体系编.2014.牧草标准化生产管理技术规范 [M]）

附录二 部分旱生牧草种子和植株图片

（一）部分旱生牧草种子（果实）图片

紫花苜蓿　　　　　　　红豆草

白花草木樨　　　　　　箭筈豌豆

毛苕子　　　　　　　　小苜蓿

多变小冠花　　　　　　　　沙打旺

白三叶（白车轴草）　　　　红三叶（红车轴草）

百脉根　　　　　　　　　　达乌里胡枝子

柠条锦鸡儿

高粱

燕麦

苏丹草

玉米

高丹草

披碱草

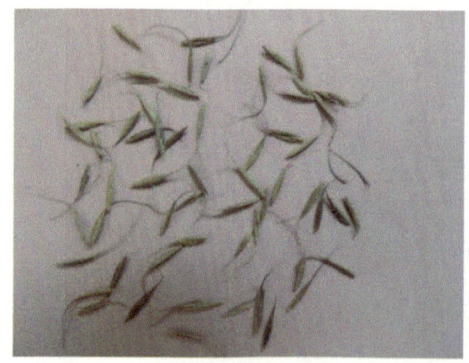

垂穗披碱草

老芒麦

鹅观草

无芒雀麦

新麦草

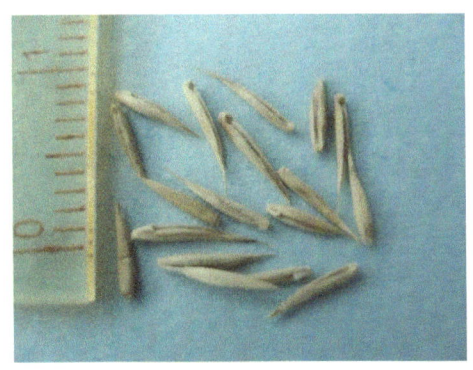
冰草

沙生冰草

沙芦草

长穗偃麦草

中间偃麦草

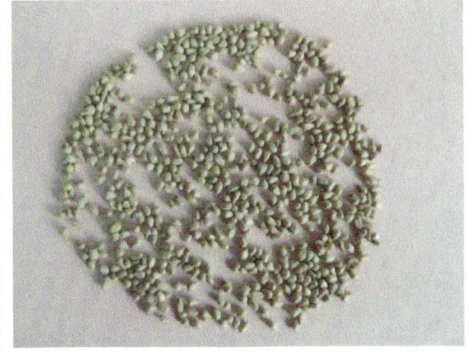
杂交狼尾草

多花黑麦草

多年生黑麦草

早熟禾

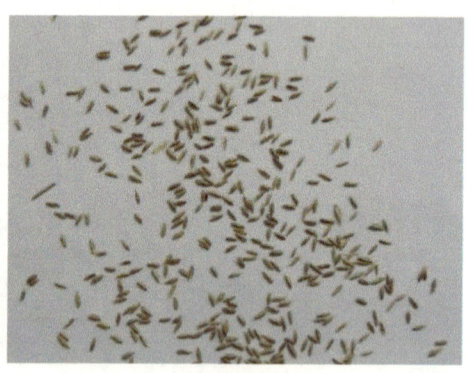
冷地早熟禾

羊茅

苇状羊茅

鸭茅

芨芨草

柳枝稷

串叶松香草

菊苣

全叶苦苣菜

白沙蒿

尖叶盐爪爪

防风

黄花补血草

白刺

泡泡刺

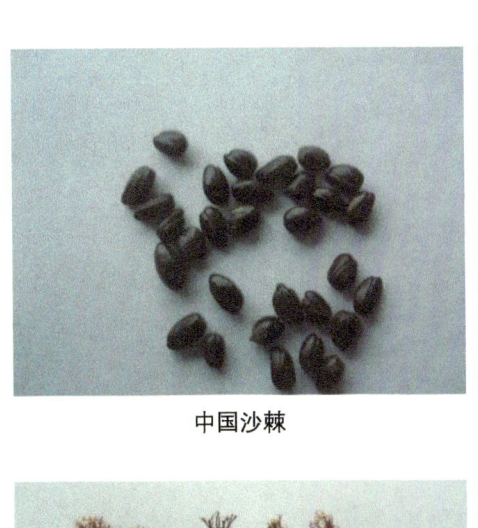
中国沙棘

酸模

沙拐枣

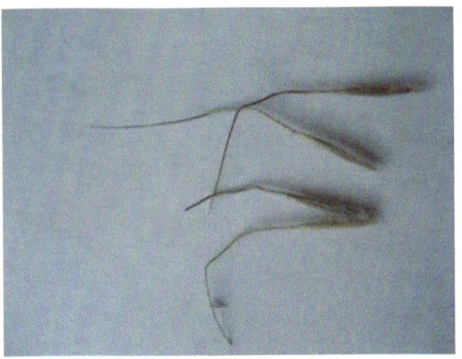
针茅

短柄草

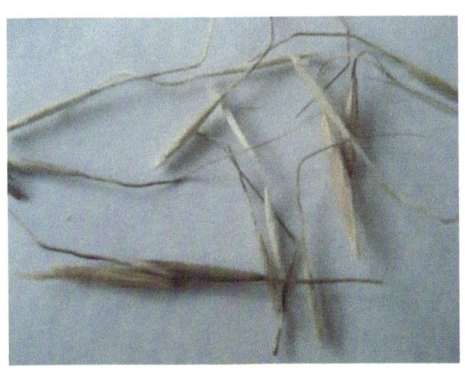
针异茅

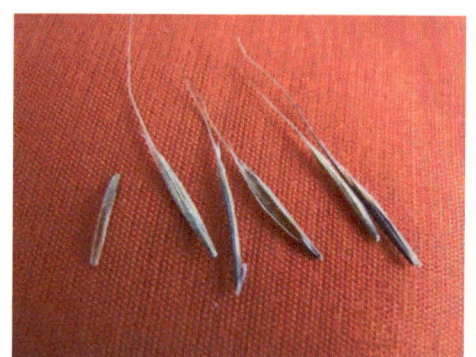
旱雀麦

醉马草

草地早熟禾

中华羊茅

小叶锦鸡儿

苦豆子

沙蒿

臭蒿

铁杆蒿

黄帚橐吾

牛蒡

玛曲薹草

珠牙蓼

露蕊乌头

小花草玉梅

钝裂银莲花

马蔺

平车前

打碗花

白花枝子花

狼毒

阿拉善马先蒿

中麻黄

骆驼蓬

藜

西伯利亚滨藜

四翅滨藜

梭梭

白茎盐生草

祁州漏芦

（二）部分旱生牧草（群体）植株图片

黄花角蒿　　　　　　　　祁州漏芦

全叶苦苣菜　　　　　　　小冠花

红豆草　　　　　　　　　沙打旺

大赖草　　　　　　　　　短柄草

白花草木樨　　　　　　　狗尾草

达乌里胡枝子　　　　　　沙生冰草

紫花苜蓿　　　　　　　　　　黄花苜蓿

黄花草木樨　　　　　　　　　箭筈豌豆

毛苕子　　　　　　　　　　　白三叶（白车轴草）

红三叶(红车轴草)　　　　　山黧豆

百脉根　　　　　垂穗披碱草

鹅观草　　　　　䅟草

冰草　　　　　　　　　　翠雀

老瓜头　　　　　　　　　蒙古莸

中麻黄　　　　　　　　　霸王

骆驼蓬　　　　　　　　　　　西伯利亚滨藜

四翅滨藜　　　　　　　　　　泡泡刺

肥披碱草　　　　　　　　　　一年生鹳草

杂交狼尾草

长穗偃麦草

多花黑麦草

多年生黑麦草

早熟禾

苇状羊茅

鸭茅　　　　　　　　　　　芨芨草

柳枝稷　　　　　　　　　　乳苣

防风　　　　　　　　　　　黄花补血草

白沙蒿 赖草

虎尾草 拂子茅

醉马草 甘草

针茅　　　　　　　　旱雀麦

芦苇　　　　　　　　茅香

牛蒡　　　　　　　　矮蔍草

油蒿　　　　　　　　葵花大蓟

白刺　　　　　　　　中国沙棘

沙拐枣　　　　　　　沙蒿

大火草　　　　　　　　　　　地榆

苦豆子　　　　　　　　　　　甘肃棘豆

沙木蓼　　　　　　　　　　　小花草玉梅

二色补血草　　　　　　　　　大叶补血草

柽柳　　　　　　　　　　　　石竹

独一味　　　　　　　　　　　狼毒

罗布麻　　尖叶盐爪爪

华北驼绒藜　　梭梭

盐角草　　白茎盐生草

主要参考文献

曹一化，刘旭，等，2006.国家自然科技资源平台：自然科技资源共性描述规范［M］.北京：中国科学技术出版社.

陈默君，贾慎修，2000.中国饲用植物［M］.北京：中国农业出版社.

高凯等，2022.沙地紫花苜蓿水肥管理技术研究［M］.北京：中国农业科学技术出版社.

国家牧草产业技术体系，2014.牧草标准化生产管理技术规范［M］.北京：科学出版社.

韩建国，2000.牧草种子学［M］.北京：中国农业大学出版社.

蒋高明，2004.植物生理生态学［M］.北京：高等教育出版社.

李锦华，2017.抗霜霉病与耐寒苜蓿选育研究［M］.兰州：甘肃科学技术出版社.

李辛，赵文智，2019.一年生盐生植物耐盐碱机理研究进展［J］.甘肃农业大学学报，54（2）：1-10.

李志勇，李鸿雁，黄帆，等，2016.草种子综合保存技术［M］.北京：中国农业科学技术出版社.

李志勇等，2005.牧草种质资源描述规范和数据标准［M］.北京：中国农业出版社.

南志标，王彦荣，傅华，等，2021.乡土草抗逆生物学［M］.北京：科学出版社.

南志标，王彦荣，贺金生，等，2022.我国草种业的成就、挑战与展望［J］.草业学报，31（6）：1-10.

农业农村部畜牧兽医局，全国畜牧总站，2022.中国审定登记草品种集（1987—2020）［M］.北京：中国农业出版社.

全国畜牧总站，2018.中国草种管理［M］.北京：中国农业出版社.

师尚礼，2011.草类植物种子学［M］.北京：科学出版社.

苏大学，2013.中国草地资源调查与地图编制［M］.北京：中国农业大学出版社.

田福平等, 2020. 新疆昌吉州草类植物资源及优质牧草栽培利用技术 [M]. 北京: 中国农业科学技术出版社.

田福平等, 2019. 甘肃主要栽培与天然牧草植物图谱 [M]. 北京: 中国农业科学技术出版社.

王根轩等, 1997. 作物干旱生理生态方法与进展 [M]. 兰州: 兰州大学出版社.

王建光, 2001. 牧草饲料作物栽培学 [M]. 北京: 中国农业出版社.

王述民, 卢新雄, 李立会, 2014. 作物种质资源繁殖更新技术规程 [M]. 北京: 中国农业科技出版社.

徐青果, 2020. 牧草及草坪草育种学 [M]. 北京: 中国林业出版社.

徐柱, 2008. 西部地标: 中国的草原 [M]. 上海: 上海科学技术文献出版社.

张英俊、李兵等(译); J M.Suttie 等, 2011. 世界草原 [M]. 北京: 中国农业出版社.

赵来喜等, 2015. 牧草种质资源收集技术规程 [M]. 北京: 中国农业出版社.

中国科学院中国植物志编辑委员会, 1990. 中国植物志(第十卷) [M]. 北京: 科学出版社.

中国科学院中国植物志编辑委员会, 1993. 中国植物志(第四十二卷) [M]. 北京: 科学出版社.

中国科学院中国植物志编辑委员会, 1994. 中国植物志(第四十卷) [M]. 北京: 科学出版社.

中国科学院中国植物志编辑委员会, 1995. 中国植物志(第十卷) [M]. 北京: 科学出版社.

中国科学院中国植物志编辑委员会, 1996. 中国植物志(第二十六卷) [M]. 北京: 科学出版社.

中国科学院中国植物志编辑委员会, 2000. 中国植物志(第十二卷) [M]. 北京: 科学出版社.

中国科学院中国植物志编辑委员会, 2002. 中国植物志(第九卷) [M]. 北京: 科学出版社.